21世纪高等学校数学系列教材

线性代数同步学习辅导

■ 陈绍林 唐道远 卞兰芸 李海霞 编

WUHAN UNIVERSITY PRESS
武汉大学出版社

图书在版编目(CIP)数据

线性代数同步学习辅导/陈绍林,唐道远,卞兰芸,李海霞编.—武汉:武汉大学出版社,2011.7
21世纪高等学校数学系列教材
ISBN 978-7-307-08718-7

Ⅰ.线… Ⅱ.①陈… ②唐… ③卞… ④李… Ⅲ.线性代数—高等学校—教学参考资料 Ⅳ.O151.2

中国版本图书馆CIP数据核字(2011)第077785号

责任编辑:李汉保　　责任校对:刘　欣　　版式设计:杜　枚

出版发行:**武汉大学出版社**　(430072　武昌　珞珈山)
(电子邮件:cbs22@whu.edu.cn 网址:www.wdp.whu.edu.cn)
印刷:武汉理工大印刷厂
开本:787×1092　1/16　印张:9　字数:188千字　插页:1
版次:2011年7月第1版　2011年7月第1次印刷
ISBN 978-7-307-08718-7/O·452　定价:15.00元

21世纪高等学校数学系列教材

编　委　会

内容简介

本书是作者所编的《线性代数》(武汉大学出版社 2011 年出版)的配套学习辅导书,主要面向使用该教材的读者。

全书与教材一致分为 5 章,内容涉及行列式,矩阵和矩阵的初等变换,向量组的线性相关性,线性方程组,相似矩阵与二次型。每章内容包括基本要求、内容提要、学习要点、释疑解难、习题解答五个栏目。针对学生在学习中常常遇到的问题,在"释疑解难"部分中编选出若干个问题予以分析和解答,以帮助读者加深对学习内容的理解。"习题解答"部分对教材中全部习题作出解答,注重阐明解题的思路和方法,并作出规范解答。本书相对于教材有一定的独立性,可以作为线性代数课程的学习参考书。

内容简介

[illegible]

序

数学是研究现实世界中数量关系和空间形式的科学。长期以来，人们在认识世界和改造世界的过程中，数学作为一种精确的语言和一个有力的工具，在人类文明的进步和发展中，甚至在文化的层面上，一直发挥着重要的作用。作为各门科学的重要基础，作为人类文明的重要支柱，数学科学在很多重要的领域中已起到关键性、甚至决定性的作用。数学在当代科技、文化、社会、经济和国防等诸多领域中的特殊地位是不可忽视的。发展数学科学，是推进我国科学研究和技术发展，保障我国在各个重要领域中可持续发展的战略需要。高等学校作为人才培养的摇篮和基地，对大学生的数学教育，是所有的专业教育和文化教育中非常基础、非常重要的一个方面，而教材建设是课程建设的重要内容，是教学思想与教学内容的重要载体，因此显得尤为重要。

为了提高高等学校数学课程教材建设水平，由武汉大学数学与统计学院与武汉大学出版社联合倡议，策划，组建21世纪高等学校数学课程系列教材编委会，在一定范围内，联合多所高校合作编写数学课程系列教材，为高等学校从事数学教学和科研的教师，特别是长期从事教学且具有丰富教学经验的广大教师搭建一个交流和编写数学教材的平台。通过该平台，联合编写教材，交流教学经验，确保教材的编写质量，同时提高教材的编写与出版速度，有利于教材的不断更新，极力打造精品教材。

本着上述指导思想，我们组织编撰出版了这套21世纪高等学校数学课程系列教材，旨在提高高等学校数学课程的教育质量和教材建设水平。

参加21世纪高等学校数学课程系列教材编委会的高校有：武汉大学、华中科技大学、云南大学、云南民族大学、云南师范大学、昆明理工大学、武汉理工大学、湖南师范大学、重庆三峡学院、襄樊学院、华中农业大学、福州大学、长江大学、咸宁学院、中国地质大学、孝感学院、湖北第二师范学院、武汉工业学院、武汉科技学院、武汉科技大学、仰恩大学(福建泉州)、华中师范大学、湖北工业大学等20余所院校。

高等学校数学课程系列教材涵盖面很广，为了便于区分，我们约定在封首上以汉语拼音首写字母缩写注明教材类别，如：数学类本科生教材，注明：SB；理工类本科生教材，注明：LGB；文科与经济类教材，注明：WJ；理工类硕士生教材，注明：LGS，如此等等，以便于读者区分。

武汉大学出版社是中共中央宣传部与国家新闻出版署联合授予的全国优秀出版社之一。在国内有较高的知名度和社会影响力、武汉大学出版社愿尽其所能为国内高校的教学与科研服务。我们愿与各位朋友真诚合作，力争将该系列教材打造成为国内同类教材中的精品教材，为高等教育的发展贡献力量！

21世纪高等学校数学系列教材编委会

2007年7月

前　言

本书是作者所编的《线性代数》(武汉大学出版社 2011 年出版)的配套学习辅导书。全书按教材的章节顺序逐章编写，每章包括以下几部分内容：

一、基本要求，主要根据国家教育部高教司颁布的“工科类本科数学基础课程教学基本要求”确定，同时也根据当前的教学实际作了少量修改并细化。

二、内容提要，归纳本章的主要内容。

三、学习要点，概括地阐明本章的重点和学习的关键。

四、释疑解难，针对本章的重点内容和较难理解的内容，以及学生在学习本章时常常遇到的问题，编选出若干个问题予以分析和解答。

五、习题解答，对教材中全部习题作出解答，注重阐明解题的思路和方法，并作出规范解答。

本书由陈绍林、唐道远、卞兰芸、李海霞集体编写。其中李海霞负责第 1 章，卞兰芸负责第 2 章，陈绍林负责第 3 章、第 4 章，唐道远负责第 5 章。全书由陈绍林、唐道远统稿，刘金舜主审。

限于作者的水平，书中不足之处在所难免，恳请同行和读者批评指正。

作　者

2011 年 3 月

目　录

第1章　行　列　式

§1.1　基本要求

1. 会用对角线法则计算二阶行列式和三阶行列式.
2. 掌握 n 阶行列式的定义及性质.
3. 了解代数余子式的定义及性质.
4. 会利用行列式的性质及按行(列) 展开计算简单的 n 阶行列式.
5. 掌握克莱姆法则.

§1.2　内容提要

1.2.1　全排列及其逆序数

1. 全排列:把 n 个不同的元素排成一列,称为这 n 个元素的全排列.

2. 逆序和逆序数:在一个排列 $(i_1,i_2,\cdots,i_s,i_t,\cdots,i_n)$ 中,若 $i_s>i_t$,则称这两个数组成一个逆序.

一个排列中逆序的总数称为该排列的逆序数,记为 $t(i_1,i_2,\cdots,i_n)$,若 t 为奇数,则称 $(i_1,i_2,\cdots,i_n)$ 为奇排列,若 t 为偶数,则称 $(i_1,i_2,\cdots,i_n)$ 为偶排列.

1.2.2　n 阶行列式的定义.

1. 行列式的定义

定义 1.1　n 阶行列式

$$D=\begin{vmatrix} a_{11} & a_{12} & \cdots & a_{1n} \\ a_{21} & a_{22} & \cdots & a_{2n} \\ \vdots & \vdots & & \vdots \\ a_{n1} & a_{n2} & \cdots & a_{nn} \end{vmatrix}=\sum_{(p_1p_2\cdots p_n)}(-1)^t a_{1p_1}a_{2p_2}\cdots a_{np_n}$$

其中,$(p_1,p_2,\cdots,p_n)$ 为自然数 $1,2,\cdots,n$ 的一个排列,t 为这个排列的逆序数,求和符号 $\sum\limits_{(p_1,p_2,\cdots,p_n)}$ 是对所有排列 $(p_1p_2\cdots p_n)$ 求和.

n 阶行列式 D 中所含的 n^2 个数称为 D 的元素,位于第 i 行第 j 列的元素 a_{ij} 称为

D 的(i,j)元.

2. 二阶行列式和三阶行列式适用对角线法则.

3. 由 n 阶行列式的定义可以得到一些特殊行列式:

(1) 上三角形行列式、下三角形行列式等于主对角线上元素之积,即

$$\begin{vmatrix} a_{11} & a_{12} & \cdots & a_{1n} \\ 0 & a_{22} & \cdots & a_{2n} \\ \vdots & \vdots & \ddots & \vdots \\ 0 & 0 & \cdots & a_{nn} \end{vmatrix} = \begin{vmatrix} a_{11} & 0 & \cdots & 0 \\ a_{21} & a_{22} & \cdots & 0 \\ \vdots & \vdots & \ddots & \vdots \\ a_{n1} & a_{n2} & \cdots & a_{nn} \end{vmatrix} = a_{11}a_{22}\cdots a_{nn}$$

(2) 主对角行列式等于对角线元素之积,即

$$\begin{vmatrix} \lambda_1 & 0 & \cdots & 0 \\ 0 & \lambda_2 & \cdots & 0 \\ \vdots & \vdots & \ddots & \vdots \\ 0 & 0 & \cdots & \lambda_n \end{vmatrix} = \lambda_1\lambda_2\cdots\lambda_n$$

(3) 次对角行列式为

$$\begin{vmatrix} 0 & \cdots & 0 & \lambda_1 \\ 0 & \cdots & \lambda_2 & 0 \\ \vdots & \iddots & \vdots & \vdots \\ \lambda_n & \cdots & 0 & 0 \end{vmatrix} = (-1)^{\frac{n(n-1)}{2}}\lambda_1\lambda_2\cdots\lambda_n$$

1.2.3 对换

定义 1.2 在排列中,将任意两个元素对调,其余的元素不动,这种作出新排列的操作称为对换,将相邻两个元素对换,称为相邻对换.

定理 1.1 一个排列中的任意两个元素对换,排列改变奇偶性.

推论 1.1 奇排列变成标准排列的对换次数为奇数,偶排列变成标准排列的对换次数为偶数.

定义 1.3 n 阶行列式也可以定义为

$$D = \sum (-1)^t a_{p_1 1} a_{p_2 2} \cdots a_{p_n n}$$

其中 t 为行标排列 $p_1 p_2 \cdots p_n$ 的逆序数.

1.2.4 行列式的性质

性质 1.1 行列式 D 与 D 的转置行列式 D^{T} 相等.

性质 1.2 对换行列式的两行(列),行列式变号.

性质 1.3 行列式的某一行(列)中所有的元素都乘以同一数 k,等于用数 k 乘该行列式.

推论 1.2 行列式中某一行(列)的所有元素的公因子可以提到行列式的符号外面.

性质 1.4 行列式中如果有两行(列)元素成比例,则该行列式等于零.

性质 1.5 若行列式的某一列(行)的元素都是两数之和,例如第 i 列的元素都是两数之和

$$D=\begin{vmatrix} a_{11} & a_{12} & \cdots & a_{1i}+a'_{1i} & \cdots & a_{1n} \\ a_{21} & a_{22} & \cdots & a_{2i}+a'_{2i} & \cdots & a_{2n} \\ \vdots & \vdots & & \vdots & & \vdots \\ a_{n1} & a_{n2} & \cdots & a_{ni}+a'_{ni} & \cdots & a_{nn} \end{vmatrix}$$

则 D 等于下列两个行列式之和,即

$$D=\begin{vmatrix} a_{11} & a_{12} & \cdots & a_{1i} & \cdots & a_{1n} \\ a_{21} & a_{22} & \cdots & a_{2i} & \cdots & a_{2n} \\ \vdots & \vdots & & \vdots & & \vdots \\ a_{n1} & a_{n2} & \cdots & a_{ni} & \cdots & a_{nn} \end{vmatrix}+\begin{vmatrix} a_{11} & a_{12} & \cdots & a'_{1i} & \cdots & a_{1n} \\ a_{21} & a_{22} & \cdots & a'_{2i} & \cdots & a_{2n} \\ \vdots & \vdots & & \vdots & & \vdots \\ a_{n1} & a_{n2} & \cdots & a'_{ni} & \cdots & a_{nn} \end{vmatrix}$$

性质 1.6 把行列式的某一行(列)的各元素乘以同一数然后加到另一行(列)对应的元素上去,行列式不变.

例如以数 k 乘第 j 列加到第 i 列上(记为 c_i+kc_j),有

$$D=\begin{vmatrix} a_{11} & a_{12} & \cdots & a_{1i} & a_{1j} \cdots & a_{1n} \\ a_{21} & a_{22} & \cdots & a_{2i} & a_{2j} \cdots & a_{2n} \\ \vdots & \vdots & & \vdots & \vdots & \vdots \\ a_{n1} & a_{n2} & \cdots & a_{ni} & a_{nj} \cdots & a_{nn} \end{vmatrix} \xlongequal{c_i+kc_j} \begin{vmatrix} a_{11} & a_{12} & \cdots & a_{1i}+ka_{1j} & a_{1j} \cdots & a_{1n} \\ a_{21} & a_{22} & \cdots & a_{2i}+ka_{2j} & a_{2j} \cdots & a_{2n} \\ \vdots & \vdots & & \vdots & \vdots & \vdots \\ a_{n1} & a_{n2} & \cdots & a_{ni}+ka_{nj} & a_{nj} \cdots & a_{nn} \end{vmatrix}$$

(以数 k 乘第 j 行加到第 i 行上,记为 r_i+kr_j) $(i\neq j)$

1.2.5 行列式按行(列)展开

代数余子式 把 n 阶行列式中 (i,j) 元 a_{ij} 所在的第 i 行和第 j 列划去后所成的 $n-1$ 阶行列式称为 (i,j) 元 a_{ij} 的余子式,记为 M_{ij},记 $A_{ij}=(-1)^{i+j}M_{ij}$,则称 A_{ij} 为元 a_{ij} 的代数余子式.

引理 1.1 一个 n 阶行列式,如果其中第 i 行所有元素除 (i,j) 元 a_{ij} 外都为零,那么该行列式等于 a_{ij} 与其代数余子式的乘积,即 $D=a_{ij}A_{ij}$

定理 1.2 行列式等于该行列式的任一行(列)的各元素与其对应的代数余子式乘积之和,即为行列式按行(列)展开法则,有

按第 i 行展开 $D=a_{i1}A_{i1}+a_{i2}A_{i2}+\cdots+a_{in}A_{in}$ $(i=1,2,\cdots,n)$

按第 j 列展开 $D=a_{1j}A_{1j}+a_{2j}A_{2j}+\cdots+a_{nj}A_{nj}$ $(j=1,2,\cdots,n)$

推论 1.3 行列式某一行(列)的元素与另一行(列)的对应元素的代数余子式乘积之和等于零,即

$$a_{i1}A_{j1}+a_{i2}A_{j2}+\cdots+a_{in}A_{jn}=0,i\neq j$$

或

$$a_{1i}A_{1j}+a_{2i}A_{2j}+\cdots+a_{ni}A_{nj}=0,i\neq j.$$

范德蒙行列式

n 阶范德蒙行列式的形式和结果为

$$D=\begin{vmatrix}1 & 1 & \cdots & 1\\ x_1 & x_2 & \cdots & x_n\\ x_1^2 & x_2^2 & \cdots & x_n^2\\ \vdots & \vdots & & \vdots\\ x_1^{n-1} & x_2^{n-1} & \cdots & x_n^{n-1}\end{vmatrix}=\prod_{n\geqslant i>j\geqslant 1}(x_i-x_j).$$

1.2.6 克莱姆法则

克莱姆法则:考虑含有 n 个方程的 n 元线性方程组:

$$\begin{cases}a_{11}x_1+a_{12}x_2+\cdots+a_{1n}x_n=b_1\\ a_{21}x_1+a_{22}x_2+\cdots+a_{2n}x_n=b_2\\ \quad\vdots \qquad\quad \vdots \qquad\qquad\quad \vdots \qquad \vdots\\ a_{n1}x_1+a_{n2}x_2+\cdots+a_{nn}x_n=b_n\end{cases}$$

当 $b_1,b_2,\cdots,b_n$ 全为零时,称为齐次线性方程组,否则,称为非齐次线性方程组.

1. 如果上述方程组的系数行列式 $D\neq 0$,那么,该方程组有唯一解:$x_i=\dfrac{D_i}{D}(i=1,2,\cdots,n)$,其中 $D_i(i=1,2,\cdots,n)$ 是把 D 中第 i 列元素用方程组的右端的自由项替代后所得到的 n 阶行列式.

2. 如果齐次线性方程组的系数行列式 $D\neq 0$,那么,该方程组只有零解,如果齐次线性方程组有非零解,那么,该方程组的系数行列式必定等于零.

§1.3 学习要点

本章的中心议题是行列式的计算.对于排列及其逆序数只需掌握最基本的计算方法、n 阶行列式的定义只需了解其大概的意思;对于行列式各条性质的证明只需了解其基本思路;对于克莱姆法则只需掌握其理论来分析方程个数和未知数相等的线性方程组是否有解的问题.本章的重点是行列式的计算,要学会利用这些性质及按行(列)展开等基本方法来简化行列式的计算,并掌握行列式两行(列)交换、某行(列)乘数、某行(列)加上另外一行(列)的 k 倍这三类运算.

§1.4 释疑解难

1. 行列式与行列式的值有什么区别?

答 这是一个"形式"与"内涵"的问题,以二阶行列式为例,式子$\begin{vmatrix}a & b\\ c & d\end{vmatrix}$称为二阶行列式,该行列式表示一个数

$$ad-bc$$

这个数称为二阶行列式的值,并记为

$$\begin{vmatrix} a & b \\ c & d \end{vmatrix} = ad - bc.$$

注意上式中的等号是“记为”的意思，但由于等号通常理解为两边的数相等，因此上式左边的行列式记号也就表示行列式的值，两个行列式相等是指这两个行列式的值相等.

由于行列式的记号既表示行列式，又表示行列式的值，因此教材中没有明确提出“行列式的值”这一名称，把“行列式的值”也称为“行列式”.

2. 如何理解行列式的定义？

答 n 阶行列式 $D = \det(a_{ij})$ 的定义

$$D = \sum (-1)^t a_{1p_1} a_{2p_2} \cdots a_{np_n}$$

其中 t 是排列 $p_1 p_2 \cdots p_n$ 的逆序数，对于这个定义应注意三点：

(1) 和式记号 $\sum$ 是对集合 $\{p_1 p_2 \cdots p_n \mid p_1 p_2 \cdots p_n$ 是 $1,2,\cdots n$ 的一个排列$\}$作和，因 n 个不同元素的排列总个数是 $n!$，于是该和共有 $n!$ 项；

(2) 和式中的任一项是取自 D 中不同行、不同列的元素之积. 由排列知识知，D 中这样不同行、不同列的 n 个元素之积共有 $n!$ 个.

(3) 和式中任一项都带有符号 $(-1)^t$，其中 t 是列标排列 $p_1 p_2 \cdots p_n$ 的逆序数，即根据该排列的逆序数为偶数或奇数，每一项依次取“+”或“−”. 根据排列的性质，和式中各有 $\frac{n!}{2}$ 项取“+”和取“−”.

由上所述可知，n 阶行列式 D 恰好是 D 中的不同行、不同列的 n 个元素之积的代数和，是一个“积和式”，其中一半带有正号，一半带有符号.

3. (1) 余子式与代数余子式有什么特点？(2) 它们之间有什么联系？

答 (1) 对于给定的 n 阶行列式 $D = \det(a_{ij})$，(i,j) 元 a_{ij} 的余子式 M_{ij} 与代数余子式 A_{ij} 仅与位置 (i,j) 有关，而与 D 的 (i,j) 元的数值无关.

(2) 余子式与代数余子式之间的联系是 $A_{ij} = (-1)^{i+j} M_{ij}$，因而当 $i+j$ 为偶数时，二者相同；当 $i+j$ 为奇数时，二者符号相反.

§1.5 习题解答

1. 计算下列行列式

(1) $\begin{vmatrix} \cos\alpha & -\sin\alpha \\ \sin\alpha & \cos\alpha \end{vmatrix}$；
(2) $\begin{vmatrix} a & b & c \\ b & c & a \\ c & a & b \end{vmatrix}$；

(3) $\begin{vmatrix} 1 & 1 & 1 \\ a & b & c \\ a^2 & b^2 & c^2 \end{vmatrix}$；
(4) $\begin{vmatrix} x & y & x+y \\ x & x+y & x \\ x+y & x & y \end{vmatrix}$.

解 (1) 原式 $=\cos^2\alpha+\sin^2\alpha=1$.

(2) 原式 $=acb+bac+cba-c^3-a^3-b^3=3abc-a^3-b^3-c^3$.

(3) 原式 $=1\cdot b\cdot c^2+1\cdot c\cdot a^2+1\cdot a\cdot b^2-1\cdot b\cdot a^2-1\cdot c\cdot b^2$

$-1\cdot a\cdot c^2=b\cdot c^2+c\cdot a^2+a\cdot b^2-b\cdot a^2-c\cdot b^2-a\cdot c^2$.

(4) 原式 $=x(x+y)y+yx(x+y)+x(x+y)y-(x+y)^3-x^3-y^3$

$=-2(x^3+y^3)$.

2.计算下列排列的逆序数,并判断其奇偶性:

(1)(146532);　　(2)24513;

(3)$n(n-1)\cdots321$;　　(4)$(2k)1(2k-1)2\cdots(k+1)k$.

解 (1) 该排列的首位元素1的逆序数为0;第2位元素4的逆序数为0;第3位元素6的逆序数为0;第4位元素5的逆序数为1;第5位元素3的逆序数为3;第4位元素2的逆序数为4,故该排列的逆序数为 $t=0+0+0+1+3+4=8$,从而其为偶排列.

(2) 该排列的首位元素2的逆序数为0;第2位元素4的逆序数为0;第3位元素5的逆序数为0;第4位元素1的逆序数为3;第5位元素3的逆序数为2,故该排列的逆序数为 $t=0+0+0+3+2=5$,从而其为奇排列.

(3) 在这 n 个数构成的排列中,首位元素 n 的逆序数为0;$n-1$ 的逆序数为1;依次下去,1的逆序数为 $n-1$,故该排列的逆序数为 $t=0+1+\cdots+(n-1)=\frac{n(n-1)}{2}$,当 $n=4k,4k+1$ 时为偶排列,当 $n=4k+2,4k+3$ 时为奇排列.

(4) 在这 $2k$ 个元素构成的排列中,首位元素 $2k$ 的逆序数为0;1的逆序数为1;$2k-1$ 的逆序数为1,依次下去 $k+1$ 的逆序数为 $k-1$,k 的逆序数为 k,故该排列的逆序数为 $t=2(1+2+\cdots+k-1)+k=k^2$,当 k 为奇数时,其为奇排列,当 k 为偶数时,其为偶排列.

3.在六阶行列式 $|a_{ij}|$ 中,下列各元素应取什么符号?

(1)$a_{11}a_{26}a_{32}a_{44}a_{53}a_{65}$;　(2)$a_{31}a_{42}a_{63}a_{24}a_{56}a_{15}$.

解 (1) 要判断这一项的符号,只需看其列标构成排列的奇偶性,设 t 为162435构成排列的逆序数,故 $t=0+0+1+1+2+1=5$,所以元素前面的符号应为 $(-1)^5=-1$.

(2) 要判断这一项的符号,只需看其列标构成排列的奇偶性,设 t 为123465构成排列的逆序数,故 $t=0+0+0+0+0+1=1$,所以元素前面的符号应为 $(-1)^1=-1$.

4.计算下列行列式

(1) $\begin{vmatrix} 4 & 1 & 2 & 4 \\ 1 & 2 & 0 & 2 \\ 10 & 5 & 2 & 0 \\ 0 & 1 & 1 & 7 \end{vmatrix}$;　　(2) $\begin{vmatrix} 2 & 1 & 4 & 1 \\ 3 & -1 & 2 & 1 \\ 1 & 2 & 3 & 2 \\ 5 & 0 & 6 & 2 \end{vmatrix}$;

(3) $\begin{vmatrix} -ab & ac & ae \\ bd & -cd & de \\ bf & cf & -ef \end{vmatrix}$；

(4) $\begin{vmatrix} a & 1 & 0 & 0 \\ -1 & b & 1 & 0 \\ 0 & -1 & c & 1 \\ 0 & 0 & -1 & d \end{vmatrix}$；

(5) $\begin{vmatrix} 1 & 1 & 1 & 1 \\ 2 & 4 & 3 & -1 \\ 4 & 16 & 9 & 1 \\ 8 & 64 & 27 & -1 \end{vmatrix}$；

(6) $\begin{vmatrix} 0 & a & 0 \\ b & 0 & c \\ 0 & d & 0 \end{vmatrix}$

(7) $\begin{vmatrix} 0 & x & y & z \\ x & 0 & z & y \\ y & z & 0 & x \\ z & y & x & 0 \end{vmatrix}$；

(8) $\begin{vmatrix} 1 & -1 & 1 & x-1 \\ 1 & -1 & x+1 & -1 \\ 1 & x-1 & 1 & -1 \\ x+1 & -1 & 1 & -1 \end{vmatrix}$.

解 (1) 原式 $= D \xlongequal[r_2 \leftrightarrow r_4]{r_1 \leftrightarrow r_2} (-)^2 \begin{vmatrix} 1 & 2 & 0 & 2 \\ 0 & 1 & 1 & 7 \\ 10 & 5 & 2 & 0 \\ 4 & 1 & 2 & 4 \end{vmatrix} \xlongequal[r_4 - 4r_1]{r_3 - 10r_1} \begin{vmatrix} 1 & 2 & 0 & 2 \\ 0 & 1 & 1 & 7 \\ 0 & -15 & 2 & -20 \\ 0 & -7 & 2 & -4 \end{vmatrix}$

$\xlongequal[r_4 \leftrightarrow 7r_2]{r_3 + 15r_2} \begin{vmatrix} 1 & 2 & 0 & 2 \\ 0 & 1 & 1 & 7 \\ 0 & 0 & 17 & 85 \\ 0 & 0 & 9 & 45 \end{vmatrix} \xlongequal{\text{(三，四行成比例)}} 0.$

(2) 原式 $= D \xlongequal{r_2 + r_1} \begin{vmatrix} 2 & 1 & 4 & 1 \\ 5 & 0 & 6 & 2 \\ 1 & 2 & 3 & 2 \\ 5 & 0 & 6 & 2 \end{vmatrix} = 0.$

(3) 原式 $= D \xlongequal{\substack{r_1 \div a \\ r_2 \div d \\ r_3 \div f}} adf \begin{vmatrix} -b & c & e \\ b & -c & e \\ b & c & -e \end{vmatrix} \xlongequal[r_3 + r_1]{r_2 + r} abcdef \begin{vmatrix} -1 & 1 & 1 \\ 0 & 0 & 2 \\ 0 & 2 & 0 \end{vmatrix} = 4abcdef.$

(4) 原式 $= D \xlongequal{r_1 + ar_2} \begin{vmatrix} 0 & 1+ab & a & 0 \\ -1 & b & 1 & 0 \\ 0 & -1 & c & 1 \\ 0 & 0 & -1 & d \end{vmatrix} = (1+ab)(1+cd) + ad.$

(5) 原式 $= D = (4-2)(3-2)(-1-2)(3-4)(-1-4)(-1-3) = 120.$

(6) 原式 $= D = a\,(-1)^{1+2} \begin{vmatrix} b & c \\ 0 & 0 \end{vmatrix} = 0.$

(7) 原式 =

$$D \xlongequal{r_1+r_2+r_3+r_4} \begin{vmatrix} x+y+z & x+y+z & x+y+z & x+y+z \\ x & 0 & z & y \\ y & z & 0 & x \\ z & y & x & 0 \end{vmatrix}$$

$$\xlongequal[r_4-r_1]{\substack{r_2-r_1\\ r_3-r_1}} (x+y+z)\begin{vmatrix} 1 & 0 & 0 & 0 \\ x & -x & z-x & y-x \\ y & z-y & -y & x-y \\ z & y-z & x-z & -z \end{vmatrix}$$

$$\xlongequal{\text{按第一行展开}} (x-y-z)(x+z-y)(x-z+y).$$

(8) $\text{原式}=D\xlongequal{C_1+C_2+C_3+C_4}\begin{vmatrix} x & -1 & 1 & x-1 \\ x & -1 & x+1 & -1 \\ x & x-1 & 1 & -1 \\ x & -1 & 1 & -1 \end{vmatrix}$

$$=x\begin{vmatrix} 1 & -1 & 1 & x-1 \\ 1 & -1 & x+1 & -1 \\ 1 & x-1 & 1 & -1 \\ 1 & -1 & 1 & -1 \end{vmatrix} \xlongequal[r_4+r_1]{\substack{r_2+r_1\\ r_3-r_1}} x\begin{vmatrix} 1 & 0 & 0 & x \\ 1 & 0 & x & 0 \\ 1 & x & 0 & 0 \\ 1 & 0 & 0 & 0 \end{vmatrix}$$

$$=\frac{4\times 3}{2}x^4=x^4.$$

5.求解下列方程

(1) $\begin{vmatrix} x & a & b & c \\ a & x & b & c \\ a & b & x & c \\ a & b & c & x \end{vmatrix}=0$；　　(2) $\begin{vmatrix} 1 & 1 & 1 & 1 \\ x & a & b & c \\ x^2 & a^2 & b^2 & c^2 \\ x^3 & a^3 & b^3 & c^3 \end{vmatrix}=0$；

(3) $\begin{vmatrix} 1 & 1 & 1 & \cdots & 1 \\ 1 & 1-x & 1 & \cdots & 1 \\ 1 & 1 & 2-x & \cdots & 1 \\ \vdots & \vdots & \vdots & & \vdots \\ 1 & 1 & 1 & \cdots & (n-1)-x \end{vmatrix}=0.$

解

(1) $f(x)=D\xlongequal{c_1+c_2+c_3+c_4}\begin{vmatrix} x+a+b+c & a & b & c \\ x+a+b+c & x & b & c \\ x+a+b+c & b & x & c \\ x+a+b+c & b & c & x \end{vmatrix}$

$$=(x+a+b+c)\begin{vmatrix} 1 & a & b & c \\ 1 & x & b & c \\ 1 & b & x & c \\ 1 & b & c & x \end{vmatrix}$$

$$\xlongequal[c_4 - cc_1]{\substack{c_2 - ac_1 \\ c_3 - bc_1}} (x+a+b+c)\begin{vmatrix} 1 & 0 & 0 & 0 \\ 1 & x-a & 0 & 0 \\ 1 & b-a & x-b & 0 \\ 1 & b-a & c-b & x-c \end{vmatrix}$$

$$= (x+a+b+c)(x-a)(x-b)(x-c) = 0$$

所以 $x = -(a+b+c)$ 或 $x = a, x = b, x = c$.

(2) $f(x) = D = (a-x)(b-x)(c-x)(b-a)(c-a)(c-b) = 0$，所以 $x = a$ 或 $x = b, x = c$.

$$(3)\ f(x) = D \xlongequal[r_n - r]{\substack{r_2 - r_1 \\ r_3 - r_1 \\ \vdots}} \begin{vmatrix} 1 & 1 & \cdots & 1 \\ 0 & -x & \cdots & 0 \\ \vdots & \vdots & & \vdots \\ 0 & 0 & \cdots & n-2-x \end{vmatrix}$$

$$= (-x)(1-x)(2-x)\cdot\cdots\cdot(n-2-x) = 0\ .$$

所以 $x = 0$ 或 $x = 1, x = 2, \cdots, x = n-2$.

6. 证明

$$(1)\ \begin{vmatrix} a^2 & ab & b^2 \\ 2a & a+b & 2b \\ 1 & 1 & 1 \end{vmatrix} = (a-b)^3;$$

$$(2)\ \begin{vmatrix} y+z & z+x & x+y \\ x+y & y+z & z+x \\ z+x & x+y & y+z \end{vmatrix} = 2\begin{vmatrix} x & y & z \\ z & x & y \\ y & z & x \end{vmatrix};$$

$$(3)\ \begin{vmatrix} a_{11} & a_{12} & 0 & 0 \\ a_{21} & a_{22} & 0 & 0 \\ c_{11} & c_{12} & b_{11} & b_{12} \\ c_{21} & c_{22} & b_{21} & b_{22} \end{vmatrix} = \begin{vmatrix} a_{11} & a_{12} \\ a_{21} & a_{22} \end{vmatrix}\begin{vmatrix} b_{11} & b_{12} \\ b_{21} & b_{22} \end{vmatrix};$$

$$(4)\ \begin{vmatrix} a^2 & (a+1)^2 & (a+2)^2 & (a+3)^2 \\ b^2 & (b+1)^2 & (b+2)^2 & (b+3)^2 \\ c^2 & (c+1)^2 & (c+2)^2 & (c+3)^2 \\ d^2 & (d+1)^2 & (d+2)^2 & (d+3)^2 \end{vmatrix} = 0;$$

$$(5)\ \begin{vmatrix} 1 & 1 & 1 & 1 \\ a & b & c & d \\ a^2 & b^2 & c^2 & d^2 \\ a^4 & b^4 & c^4 & d^4 \end{vmatrix} = (a-b)(a-c)(a-d)(b-c)(b-d)(c-d)(a+b+c+d);$$

$$(6)\ \begin{vmatrix} x & -1 & 0 & \cdots & 0 & 0 \\ 0 & x & -1 & \cdots & 0 & 0 \\ \vdots & \vdots & \vdots & & \vdots & \vdots \\ 0 & 0 & 0 & \cdots & x & -1 \\ a_0 & a_1 & a_2 & \cdots & a_{n-1} & a_n \end{vmatrix} = a_n x^n + a_{n-1}x^{n-1} + \cdots + a_1 x + a_0.$$

证明

(1) 左式 $\xlongequal[c_2-c_3]{c_1-c_3}\begin{vmatrix} a^2-b^2 & ab-b^2 & b^2 \\ 2(a-b) & a-b & 2b \\ 0 & 0 & 1 \end{vmatrix} \xlongequal{c_1-2c_2} \begin{vmatrix} (a-b)^2 & ab-b^2 & b^2 \\ 0 & a-b & 2b \\ 0 & 0 & 1 \end{vmatrix} =$

$(a-b)^3$ = 右式.

(2) 左式 $= \begin{vmatrix} y & z+x & x+y \\ x & y+z & z+x \\ z & x+y & y+z \end{vmatrix} + \begin{vmatrix} z & z+x & x+y \\ y & y+z & z+x \\ x & x+y & y+z \end{vmatrix} = \begin{vmatrix} x & y & z \\ z & x & y \\ y & z & x \end{vmatrix} + \begin{vmatrix} x & y & z \\ z & z & y \\ y & x & x \end{vmatrix}$

$$= 2\begin{vmatrix} x & y & z \\ z & x & y \\ y & z & x \end{vmatrix}.$$

(3) 由拉普拉斯定理直接可得

(4) 左式 $\xlongequal[\substack{c_3-c_2 \\ c_2-c_1}]{c_4-c_3} \begin{vmatrix} a^2 & 2a+1 & 2a+3 & 2a+5 \\ b^2 & 2b+1 & 2b+3 & 2b+5 \\ c^2 & 2c+1 & 2c+3 & 2c+5 \\ d^2 & 2d+1 & 2d+3 & 2d+5 \end{vmatrix} \xlongequal[c_3-c_2]{c_4-c_3} \begin{vmatrix} a^2 & 2a+1 & 2 & 2 \\ b^2 & 2b+1 & 2 & 2 \\ c^2 & 2c+1 & 2 & 2 \\ d^2 & 2d+1 & 2 & 2 \end{vmatrix} = 0.$

(5) 将行列式添加一行和一列构造

$$D' = \begin{vmatrix} 1 & 1 & 1 & 1 & 1 \\ x & a & b & c & d \\ x^2 & a^2 & b^2 & c^2 & d^2 \\ x^3 & a^3 & b^3 & c^3 & d^3 \\ x^4 & a^4 & b^4 & c^4 & d^4 \end{vmatrix}.$$

由于欲证的等式左边行列式 D_4 恰好是辅助行列式 $f(x)$ 的元素 x^3 的余子式 M_{41}，即 $D_4 = M_{45} = -A_{45}$，而由

$f(x) = (x-a)(x-b)(x-c)(x-d)(d-a)(d-b)(d-c)(c-a)(c-b)(b-a)$

知 x^3 的系数为

$$A_{41} = -(a+b+c+d)(a-b)(a-c)(a-d)(b-c)(b-d)(c-d)$$

于是得

左 $= D_4 = -A_{41} = (a+b+c+d)(a-b)(a-c)(a-d)(b-c)(b-d)(c-d) =$ 右.

(6) 记左边 n 阶行列式为 D_n，按最后一行展开，得

$$左 = D_n = (-1)^{n+1}\begin{vmatrix} -1 & & & \\ x & -1 & & \\ & \ddots & \ddots & \\ & & x & -1 \end{vmatrix} + (-1)^{n+2}a_{n-1}\begin{vmatrix} x & & & \\ 0 & -1 & & \\ & \ddots & \ddots & \\ & & x & -1 \end{vmatrix}$$

$$+\cdots+(-1)^{2n-1}a_2\begin{vmatrix} x & -1 & & \\ \ddots & & \ddots & \\ & x & & 0 \\ & & & -1 \end{vmatrix} + (-1)^{2n}(a_1+x)\begin{vmatrix} x & -1 & & \\ & x & \ddots & \\ & & \ddots & -1 \\ & & & x \end{vmatrix}$$

$$= (-1)^{n+1}(-1)^{n-1}a_n + \cdots + (-1)^{2n-1}(-1)a_2x^{n-2} + (-1)^{2n}(a_1+x)x^{n-1}$$
$$= a_n + a_{n-1}x + \cdots + a_2x^{n-2} + a_1x^{n-1} + x^n = \text{右}.$$

7.计算下列行列式

(1) $\begin{vmatrix} 1 & -1 & 1 & x-1 \\ 1 & -1 & x+1 & -1 \\ 1 & x-1 & 1 & -1 \\ x+1 & -1 & 1 & -1 \end{vmatrix}$； (2) $\begin{vmatrix} a_1 & 0 & 0 & b_1 \\ 0 & a_2 & b_2 & 0 \\ 0 & b_3 & a_3 & 0 \\ b_4 & 0 & 0 & a_4 \end{vmatrix}$；

(3) $\begin{vmatrix} 3 & 2 & 0 & \cdots & 0 & 0 \\ 1 & 3 & 2 & \cdots & 0 & 0 \\ 0 & 1 & 3 & \cdots & 0 & 0 \\ \vdots & \vdots & \vdots & & \vdots & \vdots \\ 0 & 0 & 0 & \cdots & 3 & 2 \end{vmatrix}$；

(4) $D_n = \begin{vmatrix} a & & 1 \\ & \ddots & \\ 1 & & a \end{vmatrix}$，其中对角线上元素都是 a，未写出的元素都是 0；

(5) $D_n = \begin{vmatrix} x & a & \cdots & a \\ a & x & \cdots & a \\ \vdots & \vdots & & \vdots \\ a & a & \cdots & x \end{vmatrix}$；

(6) $\begin{vmatrix} a^n & (a-1)^n & \cdots & (a-n)^n \\ a^{n-1} & (a-n)^{n-1} & \cdots & (a-n)^{n-1} \\ \vdots & \vdots & & \vdots \\ a & a-1 & \cdots & a-n \\ 1 & 1 & \cdots & 1 \end{vmatrix}$；

(7) $D_n = \det(a_{ij})$，其中 $a_{ij} = |i-j|$；

(8) $\begin{vmatrix} 1+a_1 & 1 & \cdots & 1 \\ 1 & 1+a_2 & \cdots & 1 \\ \vdots & \vdots & & \vdots \\ 1 & 1 & \cdots & 1+a_n \end{vmatrix}$；

(9) $\begin{vmatrix} 1-a & a & 0 & 0 & 0 \\ -1 & 1-a & a & 0 & 0 \\ 0 & -1 & 1-a & a & 0 \\ 0 & 0 & -1 & 1-a & a \\ 0 & 0 & 0 & -1 & 1-a \end{vmatrix}$.

解 (1) 原式$=D\xlongequal{C_1+C_2+C_3+C_4}\begin{vmatrix}x & -1 & 1 & x-1\\ x & -1 & x+1 & -1\\ x & x-1 & 1 & -1\\ x & -1 & 1 & -1\end{vmatrix}$

$$=x\begin{vmatrix}1 & -1 & 1 & x-1\\ 1 & -1 & x+1 & -1\\ 1 & x-1 & 1 & -1\\ 1 & -1 & 1 & -1\end{vmatrix}\xlongequal[r_4+r_1]{r_2+r_1,\ r_3-r_1}x\begin{vmatrix}1 & 0 & 0 & x\\ 1 & 0 & x & 0\\ 1 & x & 0 & 0\\ 1 & 0 & 0 & 0\end{vmatrix}$$

$$=\frac{4\times3}{2}x^4=x^4.$$

(2) 原式$=D\xlongequal{r_2\leftrightarrow r_4}-\begin{vmatrix}a_1 & 0 & 0 & b_1\\ b_4 & 0 & 0 & a_4\\ 0 & b_3 & a_3 & 0\\ 0 & a_2 & b_2 & 0\end{vmatrix}=\begin{vmatrix}a_1 & b_1\\ b_4 & a_4\end{vmatrix}\begin{vmatrix}a_3 & b_3\\ b_2 & a_2\end{vmatrix}$

$$=(a_1a_4-b_1b_4)(a_3a_2-b_2b_3).$$

(3) 原式$=D\xlongequal{r_2-r_1}\begin{vmatrix}3 & 2 & 0 & \cdots & 0\\ 0 & \frac{7}{3} & 2 & \cdots & 0\\ 0 & 0 & \frac{7}{3} & \cdots & 0\\ \vdots & \vdots & & \ddots & \vdots\\ 0 & 0 & 0 & \cdots & \frac{7}{3}\end{vmatrix}=3\cdot\frac{7^{n-1}}{3^{n-1}}=\frac{7^{n-1}}{3^{n-2}}(n\geqslant2).$

(4) 把行列式按第一行展开，得

$$D_n=a\cdot(-1)^{1+1}\begin{vmatrix}a & & & \\ & a & & \\ & & \ddots & \\ & & & a\end{vmatrix}+(-1)^{1+n}\begin{vmatrix}0 & a & & \\ & 0 & \ddots & \\ & & \ddots & a\\ 1 & & & 0\end{vmatrix}$$

$$=a^n+(-1)^{n+1}\cdot(-1)^{n-1+1}\cdot\begin{vmatrix}a & & \\ & \ddots & \\ & & a\end{vmatrix}=a^n+(-1)^{2n+1}a^{n-2}$$

$$=a^{n-2}(a^2-1)$$

故
$$D_n=a^{n-2}(a^2-1).$$

(5) 原式$=D_n\xlongequal{r_1+\cdots+r_n}\begin{vmatrix}1 & 1 & \cdots & 1\\ a & x & \cdots & a\\ \vdots & \vdots & \vdots & \vdots\\ a & a & \cdots & x\end{vmatrix}$

$$\xlongequal[r_n - ar_1]{r_2 - ar_1 \quad \vdots} x+(n-1)a\begin{vmatrix} 1 & 1 & \cdots & 1 \\ 0 & x-a & \cdots & 0 \\ \vdots & \vdots & \vdots & \vdots \\ 0 & 0 & \cdots & x-a \end{vmatrix}$$

$$=(x-a)^{n-1}[x+(n-1)a].$$

(6) 原式 $= D_{n+1} = \begin{vmatrix} 1 & 1 & \cdots & 1 \\ a-n & a-n+1 & \cdots & a \\ \vdots & \vdots & & \vdots \\ (a-n)^n & (a-n+1)^n & \cdots & a^n \end{vmatrix} = \prod_{1\leqslant j<i\leqslant n+1}(i-j).$

(7) 原式 $= D_n = \begin{vmatrix} 0 & 1 & 2 & \cdots & n-1 \\ 1 & 0 & 1 & \cdots & n-2 \\ 2 & 1 & 0 & \cdots & n-3 \\ \vdots & \vdots & \vdots & & \vdots \\ n-1 & n-2 & n-3 & \cdots & 0 \end{vmatrix}$

$$\xlongequal[r_{n-1} - r_n]{r_1 - r_2 \quad r_2 - r_3 \quad \vdots} \begin{vmatrix} -1 & 1 & 1 & \cdots & 1 \\ -1 & -1 & 1 & \cdots & 1 \\ -1 & -1 & -1 & \cdots & 1 \\ \vdots & \vdots & \vdots & & \vdots \\ n-1 & n-2 & n-3 & \cdots & 0 \end{vmatrix}$$

$$\xlongequal[c_n + c_1]{c_2 + c_1 \quad \vdots} \begin{vmatrix} -1 & 0 & 0 & \cdots & 0 \\ -1 & -2 & 0 & \cdots & 0 \\ -1 & -2 & -2 & \cdots & 0 \\ \vdots & \vdots & \vdots & & \vdots \\ n-1 & 2n-3 & 2n-4 & \cdots & n-1 \end{vmatrix}$$

$$=(-1)^{n-1}(n-1)2^{n-2}.$$

(8) 原式 =

$$D_n \xlongequal[(i=2,\cdots,n)]{r_i - r_1} \begin{vmatrix} 1+a_1 & 1 & \cdots & 1 \\ -a_1 & a_2 & & \\ \vdots & \vdots & \ddots & \\ -a_1 & a_2 & \cdots & a_n \end{vmatrix} = \begin{vmatrix} a_1 & 1 & \cdots & 1 \\ 0 & a_2 & & \\ \vdots & \vdots & \ddots & \\ 0 & a_2 & \cdots & a_n \end{vmatrix} + \begin{vmatrix} 1 & 1 & \cdots & 1 \\ -a_1 & a_2 & & \\ \vdots & \vdots & \ddots & \\ -a_1 & a_2 & \cdots & a_n \end{vmatrix}$$

$$= a_1a_2\cdots a_n\left(1+\sum_{i=1}^{n}\frac{1}{a_i}\right).$$

(9) 将第 2、3、4、5 列都加到第 1 列后再按第 1 列展开(以下各步得到的第一个行列式均照此办理),可得

原式$=\begin{vmatrix} 1 & a & 0 & 0 & 0 \\ 0 & 1-a & a & 0 & 0 \\ 0 & -1 & 1-a & a & 0 \\ 0 & 0 & -1 & 1-a & a \\ -a & 0 & 0 & -1 & 1-a \end{vmatrix}$

$$=\begin{vmatrix}1-a & a & 0 & 0\\ -1 & 1-a & a & 0\\ 0 & -1 & 1-a & a\\ 0 & 0 & -1 & 1-a\end{vmatrix}-a\begin{vmatrix}a & 0 & 0 & 0\\ 1-a & a & 0 & 0\\ -1 & 1-a & a & 0\\ 0 & -1 & 1-a & a\end{vmatrix}$$

$$=\begin{vmatrix}1 & a & 0 & 0\\ 0 & 1-a & a & 0\\ 0 & -1 & 1-a & a\\ -a & 0 & -1 & 1-a\end{vmatrix}-a^5=\begin{vmatrix}1-a & a & 0\\ -1 & 1-a & a\\ 0 & -1 & 1-a\end{vmatrix}+a^4-a^5$$

$$=\begin{vmatrix}1 & a & 0\\ 0 & 1-a & a\\ -a & -1 & 1-a\end{vmatrix}+a^4-a^5=\begin{vmatrix}1-a & a\\ -1 & 1-a\end{vmatrix}-a^3+a^4-a^5$$

$$=(1-a)^2+a-a^3+a^4-a^5$$

$$=1-a+a^2-a^3+a^4-a^5.$$

8. 用克莱姆法则解下列方程组

(1) $\begin{cases}x_1+x_2+x_3+x_4=5\\ x_1+2x_2-x_3+4x_4=-2\\ 2x_1-3x_2-x_3-5x_4=-2\\ 3x_1+x_2+2x_3+11x_4=0\end{cases}$； (2) $\begin{cases}5x_1+6x_2=1\\ x_1+5x_2+6x_3=0\\ x_2+5x_3+6x_4=0\\ x_3+5x_4=1\end{cases}$.

解 (1) 因系数行列式

$$D=\begin{vmatrix}1 & 1 & 1 & 1\\ 1 & 2 & -1 & 4\\ 2 & -3 & -1 & -5\\ 3 & 1 & 2 & 11\end{vmatrix}\xlongequal[r_4-3r_1]{\substack{r_2-r_1\\ r_3-2r_2}}\begin{vmatrix}1 & 1 & 1 & 1\\ 0 & 1 & -2 & 3\\ 0 & -5 & -3 & -7\\ 0 & -2 & -1 & 8\end{vmatrix}$$

$$\xlongequal[r_4+2r_2]{r_3+5r_2}\begin{vmatrix}1 & 1 & 1 & 1\\ 0 & 1 & -2 & 3\\ 0 & 0 & -13 & 8\\ 0 & 0 & -5 & 14\end{vmatrix}\xlongequal[\frac{r_3}{2}]{r_3-3r_4}2\begin{vmatrix}1 & 1 & 1 & 1\\ 0 & 1 & -2 & 3\\ 0 & 0 & 1 & 17\\ 0 & 0 & 0 & -71\end{vmatrix}-142\neq 0$$

各分子行列式的计算如下

$$D_1=\begin{vmatrix}5 & 1 & 1 & 1\\ -2 & 2 & -1 & 1\\ -2 & -3 & -1 & -5\\ 0 & 1 & 2 & 11\end{vmatrix}=-142,\quad D_2=\begin{vmatrix}1 & 5 & 1 & 1\\ 1 & -2 & -1 & 4\\ 2 & -2 & -1 & -5\\ 3 & 0 & 2 & 11\end{vmatrix}=-284$$

$$D_3=\begin{vmatrix}1 & 1 & 5 & 1\\ 1 & 2 & -2 & 4\\ 2 & -3 & -2 & -5\\ 3 & 1 & 0 & 11\end{vmatrix}=-426,\quad D_4=\begin{vmatrix}1 & 1 & 1 & 5\\ 1 & 2 & -1 & -2\\ 2 & -3 & -1 & -2\\ 3 & 1 & 2 & 0\end{vmatrix}=142$$

从而得解

$$x_1=\frac{D_1}{D}=1,\quad x_2=\frac{D_2}{D}=2,\quad x_3=\frac{D_3}{D}=3,\quad x_4=\frac{D_4}{D}=-1.$$

(2) 系数行列式及各分子行列式如下

$$D=\begin{vmatrix}5&6&0&0\\1&5&6&0\\0&1&5&6\\0&0&1&5\end{vmatrix}=211\neq 0,\quad D_1=\begin{vmatrix}1&6&0&0\\0&5&6&0\\0&1&5&6\\1&0&1&5\end{vmatrix}=161$$

$$D_2=\begin{vmatrix}5&1&0&0\\1&0&6&0\\0&0&5&6\\0&1&1&5\end{vmatrix}=161,\quad D_3=\begin{vmatrix}5&6&1&0\\1&5&0&0\\0&1&0&6\\0&0&1&5\end{vmatrix}=-109,\quad D_4=\begin{vmatrix}5&6&0&1\\1&5&6&0\\0&1&5&0\\0&0&1&1\end{vmatrix}=64$$

从而得解 $x_1=\dfrac{D_1}{D}=\dfrac{161}{211}$，$x_2=\dfrac{D_2}{D}=\dfrac{161}{211}$，$x_3=\dfrac{D_3}{D}=-\dfrac{109}{211}$，$x_4=\dfrac{D_4}{D}=\dfrac{64}{211}$.

9. 已知线性方程组

$$\begin{cases}\lambda x_1+x_2+x_3=0\\x_1+\lambda x_2+x_3=0\\x_1+x_2+\lambda x_3=0\end{cases}$$

只有零解，试求 λ 的取值范围.

解 方程组的系数行列式为

$$D=\begin{vmatrix}\lambda&1&1\\1&\lambda&1\\1&1&\lambda\end{vmatrix}=\lambda^3-3\lambda+2$$

当 $D=\begin{vmatrix}\lambda&1&1\\1&\lambda&1\\1&1&\lambda\end{vmatrix}=\lambda^3-3\lambda+2\neq 0$，即 $\lambda\neq 1$ 或 $\lambda\neq -2$ 时，齐次方程组只有零解.

10. 设线性方程组

$$\begin{cases}(1-\lambda)x_1-2x_2+4x_3=0\\2x_1+(3-\lambda)x_2+x_3=0\\x_1+x_2+(1-\lambda)x_3=0\end{cases}$$

有非零解，则求 λ 的取值范围.

解 方程组的系数行列式为

$$D=\begin{vmatrix}1-\lambda&-2&4\\2&3-\lambda&1\\1&1&1-\lambda\end{vmatrix}\xlongequal[r_2-2r_3]{r_1+2r_3}\begin{vmatrix}3-\lambda&0&6-2\lambda\\0&1-\lambda&2\lambda-1\\1&1&1-\lambda\end{vmatrix}$$

$$\xlongequal[c_3+\lambda c_2]{c_3-2c_1}\begin{vmatrix}3-\lambda&0&0\\0&1-\lambda&3\lambda-\lambda^2-1\\1&1&-1\end{vmatrix}$$

$$=(3-\lambda)(\lambda^2-2\lambda-3)+3(1-\lambda)+6=-\lambda(\lambda-2)(\lambda-3)$$

$$D=\begin{vmatrix}1-\lambda & -2 & 4\\ 2 & 3-\lambda & 1\\ 1 & 1 & 1-\lambda\end{vmatrix}=(3-\lambda)(\lambda^2-2\lambda-3)+3(1-\lambda)+6=0$$

令 $D=0$,解得 $\lambda=0,\lambda=2,\lambda=3$. 因此,当 $\lambda=0,\lambda=2,\lambda=3$ 时,齐次方程组有非零解.

11. 设

$$D=\begin{vmatrix}3 & 1 & -1 & 2\\ -5 & 1 & 3 & -4\\ 2 & 0 & 1 & -1\\ 1 & -5 & 3 & -3\end{vmatrix}$$

D 的 (i,j) 元的代数余子式记为 A_{ij},试求 $A_{31}+3A_{32}-2A_{33}+2A_{34}$.

解 $A_{31}+3A_{32}-2A_{33}+2A_{34}=\begin{vmatrix}3 & 1 & -1 & 2\\ -5 & 1 & 3 & -4\\ 1 & 3 & -2 & 2\\ 1 & -5 & 3 & -3\end{vmatrix}=24.$

12. (1) 设 4 阶行列式 $D_4=\begin{vmatrix}a & b & c & d\\ d & a & c & b\\ b & d & c & a\\ a & c & d & b\end{vmatrix}$,则 $A_{11}+A_{21}+A_{31}+A_{41}$ $=$ ________.

(2) 设 n 阶行列式 $D_n=\begin{vmatrix}x & a & \cdots & a\\ a & x & \cdots & a\\ \vdots & \vdots & & \vdots\\ a & a & \cdots & x\end{vmatrix}$,则 $A_{11}+A_{12}+\cdots+A_{1n}=$ ________.

(3) 设 $\begin{vmatrix}a_{11} & a_{12} & a_{13}\\ a_{21} & a_{22} & a_{23}\\ a_{31} & a_{32} & a_{33}\end{vmatrix}=d$,则 $\begin{vmatrix}3a_{31} & 3a_{32} & 3a_{33}\\ 2a_{21} & 2a_{22} & 2a_{23}\\ -a_{11} & -a_{12} & -a_{13}\end{vmatrix}=$ ________.

(4) 行列式

$$D=\begin{vmatrix}1 & -1 & 1 & x-1\\ 1 & -1 & x+1 & -1\\ 1 & x-1 & 1 & -1\\ x+1 & -1 & 1 & -1\end{vmatrix}=\text{________}.$$

解 (1) $A_{11}+A_{21}+A_{31}+A_{41}=\begin{vmatrix}1 & b & c & d\\ 1 & a & c & b\\ 1 & d & c & a\\ 1 & c & d & b\end{vmatrix}=0.$

$$(2)A_{11}+A_{12}+\cdots+A_{1n}=\begin{vmatrix}1 & 1 & \cdots & 1\\ a & x & \cdots & a\\ \vdots & \vdots & \vdots & \vdots\\ a & a & \cdots & x\end{vmatrix}=(x-a)^{n-1}.$$

$$(3)D=3\times2\times(-1)\begin{vmatrix}a_{31} & a_{32} & a_{33}\\ a_{21} & a_{22} & a_{23}\\ a_{11} & a_{12} & a_{13}\end{vmatrix}=6\begin{vmatrix}a_{11} & a_{12} & a_{13}\\ a_{21} & a_{22} & a_{23}\\ a_{31} & a_{32} & a_{33}\end{vmatrix}=6d.$$

$(4)D=x^4$.

13. λ 取________值时，齐次线性方程组

$$\begin{cases}(1-\lambda)\chi_1-2\chi_2+4\chi_3=0\\ 2\chi_1+(3-\lambda)\chi_2+\chi_3=0\\ \chi_1+\chi_2+(1-\lambda)\chi_3=0\end{cases}$$

有非零解.

解 $D=\begin{vmatrix}1-\lambda & -2 & 4\\ 2 & 3-\lambda & 1\\ 1 & 1 & 1-\lambda\end{vmatrix}=0$ 时方程组有非零解，即 λ 为0，2或3时方程组有非零解.

14. 设四阶行列式

$$\begin{vmatrix}a_1 & a_2 & a_3 & a_4-x\\ a_1 & a_2 & a_3-x & a_4\\ a_1 & a_2-x & a_3 & a_4\\ a_1-x & a_2 & a_3 & a_4\end{vmatrix}=f(x)$$

试求方程 $f(x)=0$ 的根.

解 $f(x)=\begin{vmatrix}a_1+a_2+a_3+a_4-x & a_2 & a_3 & a_4-x\\ a_1+a_2+a_3+a_4-x & a_2 & a_3 & a_4\\ a_1+a_2+a_3+a_4-x & a_2-x & a_3-x & a_4\\ a_1+a_2+a_3+a_4-x & a_2 & a_3 & a_4\end{vmatrix}$

$$=-x^3(a_1+a_2+a_3+a_4-x)$$

当 $f(x)=0$ 时 $x=0$ 或 $x=a_1+a_2+a_3+a_4$.

15. 计算下列 n 阶行列式

$$D_n=\begin{vmatrix}a & b & 0 & \cdots & 0 & 0\\ 0 & a & b & \cdots & 0 & 0\\ 0 & 0 & a & b & \cdots & 0\\ \vdots & \vdots & \vdots & \vdots & \vdots & \vdots\\ 0 & 0 & 0 & \cdots & a & b\\ b & 0 & 0 & \cdots & 0 & a\end{vmatrix}.$$

解 $D_n \xlongequal{\text{按第 }n\text{ 行展开}} b(-1)^{n+1}\begin{vmatrix} b & 0 & \cdots & 0 \\ a & b & \cdots & 0 \\ \vdots & \vdots & & \vdots \\ 0 & 0 & \cdots & b \end{vmatrix} + a(-1)^{n+n}\begin{vmatrix} a & b & \cdots & 0 \\ 0 & a & \cdots & 0 \\ \vdots & \vdots & & \vdots \\ 0 & 0 & \cdots & a \end{vmatrix}$

$= a^n + (-1)^{n+1}b^n.$

16. 计算下列 n 阶行列式

$$D_n = \begin{vmatrix} 1+a_1 & 1 & \cdots & 1 \\ 2 & 2+a_2 & \cdots & 2 \\ \vdots & \vdots & & \vdots \\ n & n & \cdots & n+a_n \end{vmatrix}, (a_1a_2\cdots a_n \neq 0).$$

解 将行列式加一行“1,1,…,1”和一列“1,0,…,0”构造行列式 D_{n+1}，且 $D_n = D_{n+1}$，如下求得 D_{n+1}，即

$$D_{n+1} = \begin{vmatrix} 1 & 1 & \cdots & 1 & 1 \\ 0 & 1+a_1 & 1 & \cdots & 1 \\ 0 & 2 & 2+a_2 & \cdots & 2 \\ \vdots & \vdots & \vdots & \ddots & \vdots \\ 0 & n & n & \cdots & n+a_n \end{vmatrix} \xlongequal[\vdots]{\substack{r_2-r_1 \\ r_n-r_1}} \begin{vmatrix} 1 & 1 & \cdots & 1 & 1 \\ -1 & a_1 & 0 & \cdots & 0 \\ -2 & 0 & a_2 & \cdots & 0 \\ \vdots & \vdots & \vdots & \ddots & \vdots \\ -n & 0 & 0 & \cdots & a_n \end{vmatrix}$$

$$\xlongequal{c_1+\frac{1}{a_1}c_2+\cdots+\frac{1}{a_n}c_n} \begin{vmatrix} 1+\sum\limits_{i=1}^{n}\frac{1}{a_i} & 1 & \cdots & 1 & 1 \\ 0 & a_1 & 0 & \cdots & 0 \\ 0 & 0 & a_2 & \cdots & 0 \\ \vdots & \vdots & \vdots & \ddots & \vdots \\ 0 & 0 & 0 & \cdots & a_n \end{vmatrix}$$

$$= a_1a_2\cdot\cdots\cdot a_n\cdot\left(1+\sum_{i=1}^{n}\frac{1}{a_i}\right).$$

17. 设

$$f(x) = \begin{vmatrix} x & 1 & 2+x \\ 2 & 2 & 4 \\ 3 & x+2 & 4-x \end{vmatrix}$$

试证明 $f'(x)=0$ 有小于1的正根.

证明 当 $x\in(0,1)$ 时，因为

$$f(0) = \begin{vmatrix} 0 & 1 & 2 \\ 2 & 2 & 4 \\ 3 & 2 & 4 \end{vmatrix} = 0+8+12-12-0-8=0$$

$$f(1) = \begin{vmatrix} 1 & 1 & 3 \\ 2 & 2 & 4 \\ 3 & 3 & 3 \end{vmatrix} = 6+18+12-18-12-6=0$$

$f(0)=f(1)$,并且行列式是关于 x 的连续函数,所以当 $x\in(0,1)$ 时,$f'(x)=0$ 有根.

18.设线性方程组

$$\begin{cases}x_1+\lambda x_2+x_3=0\\x_1-x_2+x_3=0\\\lambda x_1+x_2+2x_3=0\end{cases}$$

有非零解,则 λ 应取何值?若线性方程组右端变为 2,3,2,则 λ 为何值时,新的线性方程组有唯一解?

解 利用克莱姆法则进行求解,其求解过程略.

第2章 矩阵和矩阵的初等变换

§2.1 基本要求

1. 理解矩阵的概念. 知道零矩阵、对角矩阵、单位矩阵、对称矩阵和反对称矩阵等特殊矩阵的定义.

2. 熟练掌握矩阵的线性运算(即矩阵的加法及矩阵与数的乘法)、矩阵的乘法运算、矩阵的转置、方阵的行列式以及它们的运算规律.

3. 理解初等矩阵的性质和矩阵等价的概念. 了解施行初等变换实际是矩阵的乘法运算. 熟练掌握用初等行变换把矩阵化成行阶梯形矩阵和行最简形矩阵.

4. 理解可逆矩阵的概念,熟练掌握逆矩阵的性质以及矩阵可逆的充要条件. 掌握用初等变换求可逆矩阵的逆阵的方法. 理解伴随矩阵的概念和性质,会用伴随矩阵求矩阵的逆.

5. 理解矩阵秩的概念,知道初等变换不改变矩阵的秩的原理,掌握用初等变换求矩阵的秩的方法. 了解矩阵秩的基本性质以及矩阵的标准形与其秩的关系.

6. 知道分块矩阵及其运算规律,会用分块矩阵解题.

§2.2 内容提要

2.2.1 矩阵的定义与记号

$m\times n$ 矩阵,记为 $\boldsymbol{A}$ 或 $\boldsymbol{A}_{m\times n}$. 矩阵的第 i 行、第 j 列元素称为该矩阵的 (i,j) 元;以 a_{ij} 为 (i,j) 元的矩阵记为 (a_{ij}) 或 $(a_{ij})_{m\times n}$.

n 阶矩阵(或称 n 阶方阵),记为 $\boldsymbol{A}$ 或 $\boldsymbol{A}_n$. 行矩阵(或称行向量),常用 $\boldsymbol{a}^{\mathrm{T}},\boldsymbol{\alpha}^{\mathrm{T}},\boldsymbol{x}^{\mathrm{T}}$ 表示;列矩阵(或称列向量),常用 $\boldsymbol{a},\boldsymbol{\alpha},\boldsymbol{x}$ 表示.

零矩阵,记为 $\boldsymbol{O}$ 或 $\boldsymbol{O}_{m\times n}$. 对角阵,也记为 $\mathrm{diag}(\lambda_1,\lambda_2,\cdots,\lambda_n)$. 单位阵,记为 $\boldsymbol{E}$ 或 $\boldsymbol{E}_n$.

本书中的矩阵都是指实矩阵,即矩阵的元素都是实数.

设 $\boldsymbol{A}=(a_{ij}),\boldsymbol{B}=(b_{ij})$ 是两个 $m\times n$ 矩阵,若 $a_{ij}=b_{ij}, i=1,2,\cdots m; j=1,2,\cdots,n$,那么称矩阵 $\boldsymbol{A}$ 与 $\boldsymbol{B}$ 相等,记为 $\boldsymbol{A}=\boldsymbol{B}$.

2.2.2　矩阵的运算及运算规律

1. 矩阵的加法满足：

(1) $\boldsymbol{A}+\boldsymbol{B}=\boldsymbol{B}+\boldsymbol{A}$；

(2) $(\boldsymbol{A}+\boldsymbol{B})+\boldsymbol{C}=\boldsymbol{A}+(\boldsymbol{B}+\boldsymbol{C})$.

2. 数乘矩阵满足(其中 $\lambda,\mu\in\mathbf{R}$)：

(1) $\lambda(\mu\boldsymbol{A})=(\lambda\mu)\boldsymbol{A}$；

(2) $(\lambda+\mu)\boldsymbol{A}=\lambda\boldsymbol{A}+\mu\boldsymbol{A}$；

(3) $\lambda(\boldsymbol{A}+\boldsymbol{B})=\lambda\boldsymbol{A}+\lambda\boldsymbol{B}$.

3. 矩阵与矩阵相乘满足(假设运算都是可行的)：

(1) $(\boldsymbol{AB})\boldsymbol{C}=\boldsymbol{A}(\boldsymbol{BC})$；

(2) $\boldsymbol{A}(\boldsymbol{B}+\boldsymbol{C})=\boldsymbol{AB}+\boldsymbol{AC},(\boldsymbol{A}+\boldsymbol{B})\boldsymbol{C}=\boldsymbol{AC}+\boldsymbol{BC}$；

(3) $(\lambda\boldsymbol{A})\boldsymbol{B}=\boldsymbol{A}(\lambda\boldsymbol{B})=\lambda(\boldsymbol{AB})$.

一般情况下，矩阵的乘法不满足交换律和消去律. 若 $\boldsymbol{A}$ 与 $\boldsymbol{B}$ 满足 $\boldsymbol{AB}=\boldsymbol{BA}$，则称方阵 $\boldsymbol{A}$ 与 $\boldsymbol{B}$ 是可交换的.

4. 矩阵的转置满足：

(1) $(\boldsymbol{A}^{\mathrm{T}})^{\mathrm{T}}=\boldsymbol{A}$；

(2) $(\boldsymbol{A}+\boldsymbol{B})^{\mathrm{T}}=\boldsymbol{A}^{\mathrm{T}}+\boldsymbol{B}^{\mathrm{T}}$；

(3) $(\lambda\boldsymbol{A})^{\mathrm{T}}=\lambda\boldsymbol{A}^{\mathrm{T}}$；

(4) $(\boldsymbol{AB})^{\mathrm{T}}=\boldsymbol{B}^{\mathrm{T}}\boldsymbol{A}^{\mathrm{T}}$.

若方阵 $\boldsymbol{A}$ 满足 $\boldsymbol{A}^{\mathrm{T}}=\boldsymbol{A}$，则称 $\boldsymbol{A}$ 为对称阵. $\boldsymbol{A}=(a_{ij})_n$ 为对称阵的充要条件是

$$a_{ij}=a_{ji}\quad(i,j=1,2,\cdots,n).$$

5. 方阵的幂和方阵的多列式：

设 $\varphi(\lambda)=a_0+a_1\lambda+\cdots+a_m\lambda^m$ 为 λ 的 m 次多项式，记

$$\varphi(\boldsymbol{A})=a_0\boldsymbol{E}+a_1\boldsymbol{A}+\cdots+a_m\boldsymbol{A}^m$$

$\varphi(\boldsymbol{A})$ 称为方阵 $\boldsymbol{A}$ 的 m 次多项式.

方阵的幂及其多项式满足：

(1) $\boldsymbol{A}^k\boldsymbol{A}^l=\boldsymbol{A}^{k+l},(\boldsymbol{A}^k)^l=\boldsymbol{A}^{kl}(k,l\in\mathbf{Z})$；

(2) 设 $\varphi(\boldsymbol{A}),f(\boldsymbol{A})$ 是方阵 $\boldsymbol{A}$ 的两个多项式，则 $\varphi(\boldsymbol{A})f(\boldsymbol{A})=f(\boldsymbol{A})\varphi(\boldsymbol{A})$. 因此，方阵的多项式可以像数的多项式一样分解因式.

6. 方阵的行列式满足：

(1) $|\boldsymbol{A}^{\mathrm{T}}|=|\boldsymbol{A}|$；　(2) $|\lambda\boldsymbol{A}_n|=\lambda^n|\boldsymbol{A}_n|$；　(3) $|\boldsymbol{AB}|=|\boldsymbol{A}||\boldsymbol{B}|$.

2.2.3　初等变换的定义与记号

初等行变换($r_i\leftrightarrow r_j,r_i\times k,r_i+kr_j$)，矩阵 $\boldsymbol{A}$ 与矩阵 $\boldsymbol{B}$ 行等价，记为 $\boldsymbol{A}\overset{r}{\sim}\boldsymbol{B}$；

初等列变换($c_i\leftrightarrow c_j,c_i\times k,c_i+kc_j$)，矩阵 $\boldsymbol{A}$ 与矩阵 $\boldsymbol{B}$ 列等价，记为 $\boldsymbol{A}\overset{c}{\sim}\boldsymbol{B}$；

初等变换，矩阵 A 与矩阵 B 等价，记为 $A \sim B$.

矩阵 A 的行阶梯形、行最简形、标准形. $F = \begin{pmatrix} E_r & O \\ O & O \end{pmatrix}$，这里 r 是 A 的秩.

2.2.4 初等变换的性质及应用

定理 2.1 $A \overset{r}{\sim} B \Leftrightarrow$ 存在可逆矩阵 P，使 $PA = B$；

$A \overset{c}{\sim} B \Leftrightarrow$ 存在可逆矩阵 Q，使 $AQ = B$.

推论 2.1 方阵 A 可逆 $\Leftrightarrow A \overset{r}{\sim} E$.

若 $(A,E) \overset{r}{\sim} (B,P)$，则 P 可逆，且 $PA = B$.

若 $(A,E) \overset{r}{\sim} (E,P)$，则 A 可逆，且 $P = A^{-1}$.

若 $(A,B) \overset{r}{\sim} (E,X)$，则 A 可逆，且 $X = A^{-1}B$.

2.2.5 逆矩阵

1. 伴随矩阵

方阵 A 的伴随矩阵 A^* 定义为 $A^* = (A_{ij})^{\mathrm{T}}$. 其中 A_{ij} 是行列式 $|A|$ 中 (i,j) 元的代数余子式，且满足

$$AA^* = A^*A = |A|E.$$

2. 逆矩阵的定义

定义 2.1 对于 n 阶方阵 A 若存在 n 阶方阵 B，使 $AB = BA = E$，则称矩阵 A 是可逆的，B 称为 A 的逆矩阵，简称逆阵，并记为 $B = A^{-1}$.

3. 矩阵可逆的充要条件

方阵 A 可逆 $\Leftrightarrow |A| \neq 0$，且当 A 可逆时，$A^{-1} = \dfrac{1}{|A|}A^*$.

$\Leftrightarrow$ 存在方阵 B，使 $AB = E$

$\Leftrightarrow$ 存在方阵 B，使 $BA = E$.

4. 逆矩阵的性质

性质 2.1 若 A 可逆，则 A^{-1} 也可逆，且 $(A^{-1})^{-1} = A$.

性质 2.2 若 A 可逆，则 A^{T} 也可逆，且 $(A^{\mathrm{T}})^{-1} = (A^{-1})^{\mathrm{T}}$.

性质 2.3 若 A 可逆，$k \neq 0$，则 kA 也可逆，且 $(kA)^{-1} = \dfrac{1}{k}A^{-1}$.

性质 2.4 若 A,B 均可逆，则 AB 也可逆，且 $(AB)^{-1} = B^{-1}A^{-1}$.

伴随矩阵具有下述性质：

性质 2.5 $AA^* = A^*A = |A|E$.

性质 2.6 若 $|A| \neq 0$，则 $A^{-1} = \dfrac{1}{|A|}A^*$，$A^* = |A|A^{-1}$.

2.2.6 矩阵的秩.

定义 2.2 矩阵的 k 阶子式，定义为 $A_{m\times n}$ 中任取 k 行 k 列 $(k \leqslant m, k \leqslant n)$，位于

这些行列交叉处的 k^2 个元素,不改变这些元素在 $\boldsymbol{A}$ 中所处的位置次序而得的 k 阶行列式.矩阵 $\boldsymbol{A}$ 的秩定义为 $\boldsymbol{A}$ 中非零子式的最高阶数,记为 $R(\boldsymbol{A})$.

定理 2.2　初等变换不改变矩阵的秩.

$\boldsymbol{A}$ 的行阶梯形含 r 个非零行 $\Leftrightarrow \boldsymbol{A}$ 的标准形 $F = \begin{pmatrix} \boldsymbol{E}_r & \boldsymbol{O} \\ \boldsymbol{O} & \boldsymbol{O} \end{pmatrix}$.

矩阵秩的性质.

性质 2.7　$0 \leqslant R(\boldsymbol{A}_{m\times n}) \leqslant \min\{m,n\}$.

性质 2.8　$R(\boldsymbol{A}^{\mathrm{T}}) = R(\boldsymbol{A})$.

性质 2.9　若 $\boldsymbol{A} \sim \boldsymbol{B}$,则 $R(\boldsymbol{A}) = R(\boldsymbol{B})$.

性质 2.10　若 $\boldsymbol{P},\boldsymbol{Q}$ 可逆,则 $R(\boldsymbol{PAQ}) = R(\boldsymbol{A})$.

性质 2.11　$\max\{R(\boldsymbol{A}),R(\boldsymbol{B})\} \leqslant R(\boldsymbol{A},\boldsymbol{B}) \leqslant R(\boldsymbol{A}) + R(\boldsymbol{B})$.

特别地,当 $\boldsymbol{B}$ 为列向量 b 时,有 $R(\boldsymbol{A}) \leqslant R(\boldsymbol{A},b) \leqslant R(\boldsymbol{A}) + 1$.

性质 2.12　$R(\boldsymbol{A}+\boldsymbol{B}) \leqslant R(\boldsymbol{A}) + R(\boldsymbol{B})$.

性质 2.13　$R(\boldsymbol{AB}) \leqslant \min\{R(\boldsymbol{A}),R(\boldsymbol{B})\}$.

性质 2.14　若 $\boldsymbol{A}_{m\times n}\boldsymbol{B}_{n\times l} = \boldsymbol{O}$,则 $R(\boldsymbol{A}) + R(\boldsymbol{B}) \leqslant n$.

2.2.7　分块矩阵

用一些横线和竖线把矩阵分成若干小块,这种"操作"称为对矩阵进行分块;矩阵分块后,以子块为元素的形式上的矩阵称为分块矩阵.分块矩阵的优越之处在于:当施行矩阵运算时,在适当的分块下,可以把每个小块看做"数"来运算.特别地,若 $\boldsymbol{A}$ 为分块对角阵

$$\boldsymbol{A} = \begin{pmatrix} \boldsymbol{A}_1 & & & \\ & \boldsymbol{A}_2 & & \\ & & \ddots & \\ & & & \boldsymbol{A}_s \end{pmatrix}$$

其中,子块 $\boldsymbol{A}_i (i = 1,2,\cdots,s)$ 都是方阵,则

$$|\boldsymbol{A}| = |\boldsymbol{A}_1||\boldsymbol{A}_2|\cdots|\boldsymbol{A}_s|.$$

成立,于是,$\boldsymbol{A}$ 可逆 $\Leftrightarrow |\boldsymbol{A}| \neq 0 \Leftrightarrow |\boldsymbol{A}_i| \neq 0, i = 1,2,\cdots,s$

$\Leftrightarrow \boldsymbol{A}_i$ 是可逆矩阵,$i = 1,2,\cdots,s$;

并且此时

$$\boldsymbol{A}^{-1} = \begin{pmatrix} \boldsymbol{A}_1^{-1} & & & \\ & \boldsymbol{A}_2^{-1} & & \\ & & \ddots & \\ & & & \boldsymbol{A}_s^{-1} \end{pmatrix}.$$

§2.3　学习要点

本章的中心议题是矩阵的运算和矩阵的初等变换.作为线性代数课程研究的主

要对象和讨论问题的主要工具，本章所述矩阵的概念及其运算都是最基本的，应切实掌握.矩阵的线性运算(即矩阵的加法与数乘)是容易掌握的. 需要重点关注的是矩阵的乘法、矩阵的初等变换以及逆矩阵的概念. 在矩阵与矩阵相乘中，需要注意的是矩阵 $\boldsymbol{AB}$ 有意义满足的条件以及矩阵的乘法不满足交换律和消去律，明了这一特性与实数乘法运算的不同.熟练掌握用初等行变换把矩阵化成行阶梯形矩阵和行最简形矩阵，知道矩阵等价的概念，要理解逆矩阵的概念，熟悉矩阵可逆的充要条件，知道伴随矩阵的性质以及利用伴随矩阵求逆矩阵的公式，掌握用初等行变换求逆矩阵.了解矩阵秩的概念及其性质，明了矩阵的秩在矩阵的初等变换下的不变性原理，为用初等变换求矩阵的秩提供了理论依据. 知道分块矩阵的概念，着重了解按列分块矩阵和按行分块矩阵的运算规则.

§2.4 释疑解难

1.矩阵代数系统与我们熟悉的实数代数系统的本质区别是什么?

答 两者的一些本质性的区别在于:

(1) 实数代数系统是一个乘法可交换的系统，而矩阵代数系统则是一个乘法不满足交换律的系统，这表现在:

1) 若矩阵 $\boldsymbol{A}$ 与矩阵 $\boldsymbol{B}$ 可乘，但 $\boldsymbol{B}$ 与 $\boldsymbol{A}$ 未必可乘;

2) 若 $\boldsymbol{A}_{m\times n}\boldsymbol{B}_{n\times m}$ 与 $\boldsymbol{B}_{n\times m}\boldsymbol{A}_{m\times n}$ 均存在，但两者的阶数当 $m\neq n$ 时不相等，于是，$\boldsymbol{AB}\neq\boldsymbol{BA}$;

3) 即使 $\boldsymbol{A},\boldsymbol{B}$ 均为 n 阶方阵，$\boldsymbol{AB}$ 也未必等于 $\boldsymbol{BA}$.

反例:取 $\boldsymbol{A}=\begin{pmatrix}1&-1\\0&0\end{pmatrix}$，$\boldsymbol{B}=\begin{pmatrix}1&0\\1&0\end{pmatrix}$，则 $\boldsymbol{AB}=\boldsymbol{O}$，而 $\boldsymbol{BA}=\begin{pmatrix}1&-1\\1&-1\end{pmatrix}$.

由此以来，矩阵的乘法也就有 $\boldsymbol{B}$ 左乘 $\boldsymbol{A}$ 与 $\boldsymbol{B}$ 右乘 $\boldsymbol{A}$ 之分.

(2) 由(1)中的反例可知，即使 $\boldsymbol{A}\neq\boldsymbol{O},\boldsymbol{B}\neq\boldsymbol{O}$，但它们的乘积 $\boldsymbol{AB}$ 也仍可能是零矩阵. 这种情况在实数代数系统中是不可能发生的. 因为若有 $ab=0,a,b\in\mathbf{R}$，则 a,b 中至少有一个数是零.

(3) 在实数运算系统中，若有方程 $ax=0$ 且 $a\neq0$，则该方程必有唯一解 $x=0$;等价地，若有 $ax=ay$ 且 $a\neq0$，则必有 $x=y$，称之为乘法消去律. (1)中的反例表明:在矩阵运算系统中乘法消去律不再成立，即若矩阵 $\boldsymbol{A},\boldsymbol{X}$ 满足 $\boldsymbol{AX}=\boldsymbol{O}$ 且 $\boldsymbol{A}\neq\boldsymbol{O}$，并不能推出 $\boldsymbol{A}=\boldsymbol{O}$;等价地，若矩阵 $\boldsymbol{A},\boldsymbol{B},\boldsymbol{C}$ 满足 $\boldsymbol{AB}=\boldsymbol{AC}$ 且 $\boldsymbol{A}\neq\boldsymbol{O}$，并不能推出 $\boldsymbol{B}=\boldsymbol{C}$.

2.设 $\boldsymbol{A}$ 是 n 阶矩阵($n\geqslant2$)，下列等式是否正确?为什么?

(1) $|k\boldsymbol{A}|=k|\boldsymbol{A}|$; (2) $(k\boldsymbol{A})^*=k\boldsymbol{A}^*(k\neq0)$.

答 (1) 不正确. 由方阵取行列式的性质知道 $|k\boldsymbol{A}|=k^n|\boldsymbol{A}|$.

(2) 不正确.因由伴随矩阵的定义

$(k\boldsymbol{A})^*$ 的 $\boldsymbol{A}$ 元= 矩阵 $k\boldsymbol{A}$ 中 (i,j) 元的代数余子式

$$
= (-1)^{i+j}\begin{vmatrix} ka_{11} & \cdots & ka_{1,j-1} & ka_{1,j+1} & \cdots & ka_{1n} \\ \vdots & & \vdots & \vdots & & \vdots \\ ka_{i-1,1} & \cdots & ka_{i-1,j-1} & ka_{i-1,j+1} & \cdots & ka_{i-1,n} \\ ka_{i+1,1} & \cdots & ka_{i+1,j-1} & ka_{i+1,j+1} & \cdots & ka_{i+1,n} \\ \vdots & & \vdots & \vdots & & \vdots \\ kka_{n1} & \cdots & ka_{n,j-1} & ka_{n,j+1} & \cdots & ka_{nn} \end{vmatrix}
$$

$$
= k^{n-1}\boldsymbol{A}_{ji}
$$

所以，$(k\boldsymbol{A})^* = k^{n-1}\boldsymbol{A}^*$.

注　对于 2 之(2)，可能有人会作如下推导：

由伴随矩阵的基本性质得

$$
(k\boldsymbol{A})(k\boldsymbol{A})^* = |k\boldsymbol{A}|\boldsymbol{E}_n = k^n|\boldsymbol{A}|\boldsymbol{E}_n
$$

因 $k \neq 0$，故有 $\boldsymbol{A}\left(\frac{1}{k^{n-1}}(k\boldsymbol{A})^*\right) = |\boldsymbol{A}|\boldsymbol{E}$. 但 $\boldsymbol{A}\boldsymbol{A}^* = |\boldsymbol{A}|\boldsymbol{E}$，所以，由

$$
\boldsymbol{A}\left(\frac{1}{k^{n-1}}(k\boldsymbol{A})^*\right) = \boldsymbol{A}\boldsymbol{A}^* \Rightarrow \boldsymbol{A}^* = \frac{1}{k^{n-1}}(k\boldsymbol{A})^* \Rightarrow (k\boldsymbol{A})^* = k^{n-1}\boldsymbol{A}^*
$$

事实上，以上推导仅当 $\boldsymbol{A}$ 是可逆矩阵时才是正确的，因而就证明本身而言，上述推导是错误的.

3. 矩阵 $\boldsymbol{A}$ 的伴随矩阵 $\boldsymbol{A}^*$ 有些什么重要的性质？

答　(1) 基本性质 $\boldsymbol{A}\boldsymbol{A}^* = \boldsymbol{A}^*\boldsymbol{A} = |\boldsymbol{A}|\boldsymbol{E}$；

(2) 当 $|\boldsymbol{A}| \neq 0$ 时，有 $\boldsymbol{A}^{-1} = \frac{1}{|\boldsymbol{A}|}\boldsymbol{A}^*$，$(\boldsymbol{A}^*)^{-1} = \frac{1}{|\boldsymbol{A}|}\boldsymbol{A}$；

(3) $|\boldsymbol{A}^*| = |\boldsymbol{A}|^{n-1}$（这里 n 是方阵 $\boldsymbol{A}^*$ 的阶数）；

(4) $(\boldsymbol{A}^*)^{\mathrm{T}} = (\boldsymbol{A}^{\mathrm{T}})^*$，$(\boldsymbol{A}^*)^{-1} = (\boldsymbol{A}^{-1})^*$.

4. 矩阵与行列式有什么区别和联系？

答　矩阵与行列式是两个截然不同的概念，行列式是一个数；而矩阵是一个数表，不要混淆，更不要随意混用. 另一方面，方阵与其自身的行列式又是紧密相关的. 方阵确定了其自身的行列式；而行列式又是方阵特性的重要标志. 根据行列式是否为 0，把方阵分为奇异与非奇异两类，这样的分类具有基本而深刻的意义. 把方阵的行列式这一概念推广为矩阵的 k 阶子式的概念，从而揭示出矩阵更深刻的特性.

5. 一个非零矩阵的行阶梯形与行最简形有什么区别和联系？在求解矩阵问题时，何时只需化为行阶梯形，何时宜化为行最简形？

答　首先，行最简形和行阶梯形都是矩阵在矩阵的初等行变换的某种意义下的“标准形”. 任何一个矩阵总可以经有限次初等行变换化为行阶梯形和行最简形. 这是矩阵的一个非常重要的运算.

其次，行最简形是一个行阶梯形，但行阶梯形未必是行最简形. 其区别在于非零行的首非零元素，前者必须为 1，且该元素所在列中首非零元上方的元素全为零，因而该元素所在列是一个单位坐标列向量，而后者则无上述要求.

另一方面，矩阵的行阶梯形不是唯一的，但矩阵的行最简形则是唯一的. 所谓行最简形，就是矩阵的形状“最简单”. 在 $m\times n$ 矩阵 $\boldsymbol{A}$ 的行最简形中，首非零元素所在列中，零的个数之和达到最多，即 $(m-1)\boldsymbol{R}(\boldsymbol{A})$（这里，$\boldsymbol{R}(\boldsymbol{A})$ 是 $\boldsymbol{A}$ 的秩）. 一般来说，一个矩阵中零越多，其形状看上去就越简单.

矩阵的初等行变换直接源于求解线性方程组的消元法，该方法是矩阵的最重要的运算之一，其原因就在于矩阵在初等行变换下的行阶梯形和行最简形有强大的功能，是一个很理想的“操作平台”，在该平台上，可以解决线性代数中的许多问题，择其主要的列于下表如表 2-1 所示.

表 2-1　　行阶梯形与行最简形归纳

<table>
<tr><th>行阶梯形</th><th>行最简形</th></tr>
<tr><td rowspan="6">1. 求矩阵 $\boldsymbol{A}$ 的秩 $\boldsymbol{R}(\boldsymbol{A})$；
2. 求 $\boldsymbol{A}$ 的列向量组的最大无关组.</td><td>1. 求矩阵 $\boldsymbol{A}$ 的秩 $\boldsymbol{R}(\boldsymbol{A})$</td></tr>
<tr><td>2. 求 $\boldsymbol{A}$ 的列向量组的最大无关组</td></tr>
<tr><td>3. 求 $\boldsymbol{A}$ 的列向量组的线性关系</td></tr>
<tr><td>4. 解线性方程组求其通解，或基础解系</td></tr>
<tr><td>5. 当 $\boldsymbol{A}$ 可逆时，用 $(\boldsymbol{A},\boldsymbol{E})$ 的行最简形求 $\boldsymbol{A}^{-1}$</td></tr>
<tr><td>6. 当 $\boldsymbol{A}$ 可逆时，用 $(\boldsymbol{A},\boldsymbol{B})$ 的行最简形求方程 $\boldsymbol{AX}=\boldsymbol{B}$ 的解 $\boldsymbol{A}^{-1}\boldsymbol{B}$</td></tr>
</table>

6.(1) 矩阵 $\boldsymbol{A}$ 中划去一行得到矩阵 $\boldsymbol{B}$，则 $\boldsymbol{A}$ 与 $\boldsymbol{B}$ 的秩的关系怎样？

(2) 矩阵 $\boldsymbol{A}$ 中添加一行得到矩阵 $\boldsymbol{C}$，则 $\boldsymbol{A}$ 与 $\boldsymbol{C}$ 的秩的关系怎样？

答　(1) 方法 1　用矩阵的秩的定义讨论. 设 $\boldsymbol{R}(\boldsymbol{A})=r$.

首先，$\boldsymbol{B}$ 的任一非零子式必是 $\boldsymbol{A}$ 中非零子式，于是，$\boldsymbol{B}$ 的最高阶非零子式阶数 $\leqslant \boldsymbol{A}$ 的最高阶非零子式阶数，即有

$$\boldsymbol{R}(\boldsymbol{B})\leqslant \boldsymbol{R}(\boldsymbol{A});$$

其次，为确定起见，不妨设 $\boldsymbol{A}$ 划去第 i 行得到 $\boldsymbol{B}$. 取定 $\boldsymbol{A}$ 的一个 r 阶非零子式 $\boldsymbol{D}$（因 $\boldsymbol{R}(\boldsymbol{A})=r$，这样的子式必存在）.

情形 1：若 $\boldsymbol{D}$ 中不含 $\boldsymbol{A}$ 的第 i 行元素，则 $\boldsymbol{D}$ 也是 $\boldsymbol{B}$ 的一个 r 阶非零子式，于是，$\boldsymbol{R}(\boldsymbol{B})\geqslant r$；

情形 2：若 $\boldsymbol{D}$ 中含有 $\boldsymbol{A}$ 的第 i 行元素，设该元素是 $\boldsymbol{D}$ 的第 i_j 行，则在将 $\boldsymbol{D}$ 按第 i_j 行展开式中 r 个 $r-1$ 阶子式至少有 1 个不为 0（不然，$\boldsymbol{D}=0$）. 该不为 0 的子式是 $\boldsymbol{B}$ 的一个 $r-1$ 阶非零子式，于是，$\boldsymbol{R}(\boldsymbol{B})\geqslant r-1$.

综上所述，得　$\boldsymbol{R}(\boldsymbol{A})-1\leqslant \boldsymbol{R}(\boldsymbol{B})\leqslant \boldsymbol{R}(\boldsymbol{A})$.

方法 2　用矩阵 $\boldsymbol{A}$ 和 $\boldsymbol{B}$ 的行阶梯形讨论.

设矩阵 $\boldsymbol{A}$ 和 $\boldsymbol{B}$ 已分别化为行阶梯形 $\boldsymbol{A}_1$ 和 $\boldsymbol{B}_1$，则 $\boldsymbol{A}_1$ 的台阶数 $=r$，$\boldsymbol{B}_1$ 的台阶数 $\leqslant \boldsymbol{A}_1$ 的台阶数 $=r$.

另一方面，$\boldsymbol{B}$ 是由仅划去 $\boldsymbol{A}$ 的一行所得，故

$$B_1 \text{ 的台阶数} \geqslant A_1 \text{ 的台阶数} - 1.$$

又因 $R(A) = R(A_1) = A_1$ 的台阶数，$R(B) = R(B_1) = B_1$ 的台阶数，故有

$$R(A) - 1 \leqslant R(B) \leqslant R(A).$$

(2)A 添加一行得到 C 相当于 A 是由 C 划去一行得到. 由(1) 即有

$$R(C) - 1 \leqslant R(A) \leqslant R(C)$$

即

$$R(A) \leqslant R(C) \leqslant R(A) + 1.$$

注　把 6 中的行改为列，上述结论也成立，即

$$R(A) \leqslant R(A,b) \leqslant R(A) + 1.$$

上式在方程组理论中经常用到.

§2.5　习 题 解 答

1. 计算下列矩阵的乘积

(1) $\begin{pmatrix} 3 & -2 \\ 5 & -4 \end{pmatrix}\begin{pmatrix} 3 & 4 \\ 2 & 5 \end{pmatrix}$；　(2) $\begin{bmatrix} 4 & 3 & 1 \\ 1 & -2 & 3 \\ 5 & 7 & 0 \end{bmatrix}\begin{bmatrix} 7 \\ 2 \\ 1 \end{bmatrix}$；

(3) $\begin{pmatrix} 1 & 2 & 3 \\ -2 & 1 & 2 \end{pmatrix}\begin{bmatrix} 1 & 2 & 0 \\ 0 & 1 & 1 \\ 3 & 0 & -1 \end{bmatrix}$；　(4) $(1\ \ 2\ \ 3)\begin{bmatrix} 3 \\ 2 \\ 1 \end{bmatrix}$；

(5) $\begin{bmatrix} 2 \\ 1 \\ 3 \end{bmatrix}(-1\ \ 2\ \ 1)$；　(6) $\begin{pmatrix} 3 & 1 & 2 & -1 \\ 0 & 3 & 1 & 0 \end{pmatrix}\begin{bmatrix} 1 & 0 & 5 \\ 0 & 2 & 0 \\ 1 & 0 & 1 \\ 0 & 3 & 0 \end{bmatrix}\begin{bmatrix} -1 & 0 \\ 1 & 5 \\ 0 & 2 \end{bmatrix}$.

解　(1) $\begin{pmatrix} 3 & -2 \\ 5 & -4 \end{pmatrix}_{2\times2}\begin{pmatrix} 3 & 4 \\ 2 & 5 \end{pmatrix}_{2\times2} = \begin{pmatrix} 5 & 2 \\ 7 & 0 \end{pmatrix}_{2\times2}$.

(2) $\begin{bmatrix} 4 & 3 & 1 \\ 1 & -2 & 3 \\ 5 & 7 & 0 \end{bmatrix}_{3\times3}\begin{bmatrix} 7 \\ 2 \\ 1 \end{bmatrix}_{3\times1} = \begin{pmatrix} 35 \\ 6 \\ 49 \end{pmatrix}_{3\times1}$.

(3) $\begin{pmatrix} 1 & 2 & 3 \\ -2 & 1 & 2 \end{pmatrix}_{2\times3}\begin{bmatrix} 1 & 2 & 0 \\ 0 & 1 & 1 \\ 3 & 0 & -1 \end{bmatrix}_{3\times3} = \begin{pmatrix} 10 & 4 & -1 \\ 4 & -3 & -1 \end{pmatrix}_{2\times3}$.

(4) $(1\ \ 2\ \ 3)_{1\times3}\begin{bmatrix} 3 \\ 2 \\ 1 \end{bmatrix}_{3\times1} = (10)_{1\times1} = 10$.

(5) $\begin{bmatrix} 2 \\ 1 \\ 3 \end{bmatrix}_{3\times1}(-1\ \ 2\ \ 1)_{1\times3} = \begin{bmatrix} -2 & 4 & 2 \\ -1 & 2 & 1 \\ -3 & 6 & 3 \end{bmatrix}_{3\times3}$.

(6) $\begin{pmatrix}3&1&2&-1\\0&3&1&0\end{pmatrix}_{2\times4}\begin{bmatrix}1&0&5\\0&2&0\\1&0&1\\0&3&0\end{bmatrix}_{4\times3}\begin{bmatrix}-1&0\\1&5\\0&2\end{bmatrix}_{3\times2}$

$=\begin{pmatrix}5&-1&17\\1&6&1\end{pmatrix}_{2\times3}\begin{bmatrix}-1&0\\1&5\\0&2\end{bmatrix}_{3\times2}=\begin{pmatrix}-6&29\\5&32\end{pmatrix}_{2\times2}.$

2.设 $\boldsymbol{A}=\begin{bmatrix}1&2&1&2\\2&1&2&1\\1&2&3&4\end{bmatrix}$, $\boldsymbol{B}=\begin{bmatrix}4&3&2&1\\-2&1&-2&1\\0&-1&0&-1\end{bmatrix}$.

试求:(1) $3\boldsymbol{A}-\boldsymbol{B}$; $2\boldsymbol{A}+3\boldsymbol{B}$;

(2) 若 $\boldsymbol{Y}$ 满足 $(2\boldsymbol{A}-\boldsymbol{Y})+2(\boldsymbol{B}-\boldsymbol{Y})=\boldsymbol{O}$,试求 $\boldsymbol{Y}$.

解 (1) $3\boldsymbol{A}-\boldsymbol{B}=3\begin{bmatrix}1&2&1&2\\2&1&2&1\\1&2&3&4\end{bmatrix}-\begin{bmatrix}4&3&2&1\\-2&1&-2&1\\0&-1&0&-1\end{bmatrix}$

$=\begin{bmatrix}3&6&3&6\\6&3&6&3\\3&6&9&12\end{bmatrix}-\begin{bmatrix}4&3&2&1\\-2&1&-2&1\\0&-1&0&-1\end{bmatrix}=\begin{bmatrix}-1&3&1&5\\8&2&8&2\\3&7&9&13\end{bmatrix}.$

$2\boldsymbol{A}+3\boldsymbol{B}=2\begin{bmatrix}1&2&1&2\\2&1&2&1\\1&2&3&4\end{bmatrix}+3\begin{bmatrix}4&3&2&1\\-2&1&-2&1\\0&-1&0&-1\end{bmatrix}$

$=\begin{bmatrix}2&4&2&4\\4&2&4&2\\2&4&6&8\end{bmatrix}+\begin{bmatrix}12&9&6&3\\-6&3&-6&3\\0&-3&0&-3\end{bmatrix}=\begin{bmatrix}14&13&8&7\\-2&5&-2&5\\2&1&6&5\end{bmatrix}.$

(2) 由 $(2\boldsymbol{A}-\boldsymbol{Y})+2(\boldsymbol{B}-\boldsymbol{Y})=\boldsymbol{O}$ 得

$\boldsymbol{Y}=\frac{2}{3}(\boldsymbol{A}+\boldsymbol{B})$

$=\frac{2}{3}\left(\begin{bmatrix}1&2&1&2\\2&1&2&1\\1&2&3&4\end{bmatrix}+\begin{bmatrix}4&3&2&1\\-2&1&-2&1\\0&-1&0&-1\end{bmatrix}\right)$

$=\frac{2}{3}\begin{bmatrix}5&5&3&3\\0&2&0&2\\1&1&3&3\end{bmatrix}=\begin{bmatrix}\frac{10}{3}&\frac{10}{3}&2&2\\0&\frac{4}{3}&0&\frac{4}{3}\\\frac{2}{3}&\frac{2}{3}&2&2\end{bmatrix}.$

3.设 $\boldsymbol{A}=\begin{pmatrix}x&0\\7&y\end{pmatrix}$,$\boldsymbol{B}=\begin{pmatrix}u&2\\y&v\end{pmatrix}$,$\boldsymbol{C}=\begin{pmatrix}3&x\\-4&v\end{pmatrix}$,且 $\boldsymbol{A}+2\boldsymbol{B}-\boldsymbol{C}=\boldsymbol{O}$,试求 $x,y,$

u,v 的值.

解　由 $\boldsymbol{A}+2\boldsymbol{B}-\boldsymbol{C}=\boldsymbol{O}$ 得

$$\begin{pmatrix} x & 0 \\ 7 & y \end{pmatrix}+2\begin{pmatrix} u & 2 \\ y & v \end{pmatrix}-\begin{pmatrix} 3 & x \\ -4 & v \end{pmatrix}=\begin{pmatrix} x+2\mu-1 & 4-x \\ 2y+11 & y+v \end{pmatrix}=\begin{pmatrix} 0 & 0 \\ 0 & 0 \end{pmatrix}$$

根据矩阵相等的定义,从而有

$$x+2\mu-3=0,\quad 4-x=0, 2y+11=0,\quad y+v=0$$

求得 $x=4,\quad y=-\dfrac{11}{2},\quad u=-\dfrac{1}{2},\quad v=\dfrac{11}{2}$.

4. 用矩阵乘法表示连续施行下列线性变换的结果:

$$\begin{cases} x_1=y_1-y_2+2y_3 \\ x_2=y_1+3y_2 \\ x_3=\qquad 4y_2-y_3 \end{cases};\qquad \begin{cases} y_1=z_1\qquad\quad +z_3 \\ y_2=\qquad 2z_2-5z_3. \\ y_3=3z_1+7z_2 \end{cases}$$

解　依次将两个线性变换写成矩阵形式:

$$\boldsymbol{X}=\boldsymbol{A}\boldsymbol{Y},\quad \boldsymbol{Y}=\boldsymbol{B}\boldsymbol{Z}$$

其中 $\boldsymbol{A}=\begin{pmatrix} 1 & -1 & 2 \\ 1 & 3 & 0 \\ 0 & 4 & -1 \end{pmatrix}$, $\boldsymbol{B}=\begin{pmatrix} 1 & 0 & 1 \\ 0 & 2 & -5 \\ 3 & 7 & 0 \end{pmatrix}$ 分别为对应的系数矩阵

$$\boldsymbol{X}=\begin{pmatrix} x_1 \\ x_2 \\ x_3 \end{pmatrix},\quad \boldsymbol{Y}=\begin{pmatrix} y_1 \\ y_2 \\ y_3 \end{pmatrix},\quad \boldsymbol{Z}=\begin{pmatrix} z_1 \\ z_2 \\ z_3 \end{pmatrix}.$$

在这些记号下,用矩阵乘法表示连续施行上述线性变换的结果为

$$\boldsymbol{X}=\boldsymbol{A}\boldsymbol{Y}=\boldsymbol{A}(\boldsymbol{B}\boldsymbol{Z})=(\boldsymbol{A}\boldsymbol{B})\boldsymbol{Z}=\boldsymbol{C}\boldsymbol{Z}$$

这里矩阵

$$\boldsymbol{C}=\boldsymbol{A}\boldsymbol{B}=\begin{pmatrix} 1 & -1 & 2 \\ 1 & 3 & 0 \\ 0 & 4 & -1 \end{pmatrix}\begin{pmatrix} 1 & 0 & 1 \\ 0 & 2 & -5 \\ 3 & 7 & 0 \end{pmatrix}=\begin{pmatrix} 7 & 12 & 6 \\ 1 & 6 & -14 \\ -3 & 1 & -20 \end{pmatrix}$$

即

$$\begin{pmatrix} x_1 \\ x_2 \\ x_3 \end{pmatrix}=\begin{pmatrix} 7 & 12 & 6 \\ 1 & 6 & -14 \\ -3 & 1 & -20 \end{pmatrix}\begin{pmatrix} z_1 \\ z_2 \\ z_3 \end{pmatrix}.$$

5. 已知 $\boldsymbol{A}=\begin{bmatrix} 1 & 0 & 3 \\ 0 & 2 & 1 \\ 0 & 0 & 1 \end{bmatrix}$, $\boldsymbol{B}=\begin{bmatrix} 1 & 0 & 0 \\ 0 & 2 & 1 \\ 3 & 0 & 1 \end{bmatrix}$.

试求:(1) $3\boldsymbol{A}\boldsymbol{B}-2\boldsymbol{A}$; $\boldsymbol{A}^{\mathrm{T}}\boldsymbol{B}$; $\boldsymbol{A}\boldsymbol{B}$; $\boldsymbol{B}\boldsymbol{A}$;

(2) $(\boldsymbol{A}+\boldsymbol{B})(\boldsymbol{A}-\boldsymbol{B})$; $\boldsymbol{A}^2-\boldsymbol{B}^2$;

(3) 比较(2)中的两个结果,可以得出什么结论?

解 (1) $AB=\begin{bmatrix}1&0&3\\0&2&1\\0&0&1\end{bmatrix}\begin{bmatrix}1&0&0\\0&2&1\\3&0&1\end{bmatrix}=\begin{pmatrix}10&0&3\\3&4&3\\3&0&1\end{pmatrix}$

$$3AB-2A=3\begin{pmatrix}10&0&3\\3&4&3\\3&0&1\end{pmatrix}-2\begin{bmatrix}1&0&3\\0&2&1\\0&0&1\end{bmatrix}=\begin{pmatrix}28&0&3\\9&8&7\\9&0&1\end{pmatrix}$$

$$A^{T}B=\begin{bmatrix}1&0&3\\0&2&1\\0&0&1\end{bmatrix}^{T}\begin{bmatrix}1&0&0\\0&2&1\\3&0&1\end{bmatrix}=\begin{pmatrix}1&0&0\\0&4&2\\6&2&2\end{pmatrix}$$

$$BA=\begin{bmatrix}1&0&0\\0&2&1\\3&0&1\end{bmatrix}\begin{bmatrix}1&0&3\\0&2&1\\0&0&1\end{bmatrix}=\begin{pmatrix}1&0&3\\0&4&3\\3&0&10\end{pmatrix}.$$

(2)

$$A+B=\begin{bmatrix}1&0&3\\0&2&1\\0&0&1\end{bmatrix}+\begin{bmatrix}1&0&0\\0&2&1\\3&0&1\end{bmatrix}=\begin{pmatrix}2&0&3\\0&4&2\\3&0&2\end{pmatrix}$$

$$A-B=\begin{bmatrix}1&0&3\\0&2&1\\0&0&1\end{bmatrix}-\begin{bmatrix}1&0&0\\0&2&1\\3&0&1\end{bmatrix}=\begin{pmatrix}0&0&3\\0&0&0\\-3&0&0\end{pmatrix}$$

$$(A+B)(A-B)=\begin{pmatrix}2&0&3\\0&4&2\\3&0&2\end{pmatrix}\begin{pmatrix}0&0&3\\0&0&0\\-3&0&0\end{pmatrix}=\begin{pmatrix}-9&0&6\\-6&0&0\\-6&0&9\end{pmatrix}$$

$$A^2-B^2=\begin{bmatrix}1&0&3\\0&2&1\\0&0&1\end{bmatrix}\begin{bmatrix}1&0&3\\0&2&1\\0&0&1\end{bmatrix}-\begin{bmatrix}1&0&0\\0&2&1\\3&0&1\end{bmatrix}\begin{bmatrix}1&0&0\\0&2&1\\3&0&1\end{bmatrix}$$

$$=\begin{pmatrix}1&0&6\\0&4&3\\0&0&1\end{pmatrix}-\begin{pmatrix}1&0&0\\3&4&3\\6&0&1\end{pmatrix}=\begin{pmatrix}0&0&6\\-3&0&0\\-6&0&0\end{pmatrix}.$$

(3) 比较(2)中的结果可知，若 $AB\neq BA$，则 $(A+B)(A-B)\neq A^2-B^2$.

6. 计算下列矩阵(其中，n 为正整数)

(1) $\begin{pmatrix}1&-2\\3&4\end{pmatrix}^3$； (2) $\begin{bmatrix}1&1&1\\0&1&1\\0&0&1\end{bmatrix}^2$；

(3) $\begin{pmatrix}1&1\\1&1\end{pmatrix}^n$； (4) $\begin{bmatrix}a&0&0\\0&b&0\\0&0&c\end{bmatrix}^n$.

解　(1) $\begin{pmatrix}1 & -2\\3 & 4\end{pmatrix}^2=\begin{pmatrix}1 & -2\\3 & 4\end{pmatrix}\begin{pmatrix}1 & -2\\3 & 4\end{pmatrix}=\begin{pmatrix}-5 & -10\\15 & 10\end{pmatrix}$

$$\begin{pmatrix}1 & -2\\3 & 4\end{pmatrix}^3=\begin{pmatrix}-5 & -10\\15 & 10\end{pmatrix}\begin{pmatrix}1 & -2\\3 & 4\end{pmatrix}=\begin{pmatrix}-35 & -30\\45 & 10\end{pmatrix}.$$

(2) $\begin{bmatrix}1 & 1 & 1\\0 & 1 & 1\\0 & 0 & 1\end{bmatrix}^2=\begin{bmatrix}1 & 1 & 1\\0 & 1 & 1\\0 & 0 & 1\end{bmatrix}\begin{bmatrix}1 & 1 & 1\\0 & 1 & 1\\0 & 0 & 1\end{bmatrix}=\begin{pmatrix}1 & 2 & 3\\0 & 1 & 2\\0 & 0 & 1\end{pmatrix}.$

(3) 直接计算得

$$\begin{pmatrix}1 & 1\\1 & 1\end{pmatrix}^2=\begin{pmatrix}1 & 1\\1 & 1\end{pmatrix}\begin{pmatrix}1 & 1\\1 & 1\end{pmatrix}=\begin{pmatrix}2 & 2\\2 & 2\end{pmatrix}$$

$$\begin{pmatrix}1 & 1\\1 & 1\end{pmatrix}^3=\begin{pmatrix}2 & 2\\2 & 2\end{pmatrix}\begin{pmatrix}1 & 1\\1 & 1\end{pmatrix}=\begin{pmatrix}4 & 4\\4 & 4\end{pmatrix}=\begin{pmatrix}2^2 & 2^2\\2^2 & 2^2\end{pmatrix}$$

一般可得

$$\begin{pmatrix}1 & 1\\1 & 1\end{pmatrix}^n=\begin{pmatrix}2^n & 2^n\\2^n & 2^n\end{pmatrix}.$$

事实上，当 $n=1$ 时，上式显然成立；设当 $n=k$ 时上式成立，那么当 $n=k+1$ 时

$$\begin{pmatrix}1 & 1\\1 & 1\end{pmatrix}^{k+1}=\begin{pmatrix}1 & 1\\1 & 1\end{pmatrix}^k\begin{pmatrix}1 & 1\\1 & 1\end{pmatrix}=\begin{pmatrix}2^{k-1} & 2^{k-1}\\2^{k-1} & 2^{k-1}\end{pmatrix}\begin{pmatrix}1 & 1\\1 & 1\end{pmatrix}=\begin{pmatrix}2^k & 2^k\\2^k & 2^k\end{pmatrix}$$

由数学归纳法知，$\begin{pmatrix}1 & 1\\1 & 1\end{pmatrix}^n=\begin{pmatrix}2^n & 2^n\\2^n & 2^n\end{pmatrix}$成立.

(4) 利用数学归纳法，思路与上题相仿. 可得

$$\begin{bmatrix}a & 0 & 0\\0 & b & 0\\0 & 0 & c\end{bmatrix}^n=\begin{bmatrix}a^n & 0 & 0\\0 & b^n & 0\\0 & 0 & c^n\end{bmatrix}.$$

7. 求下列矩阵的逆矩阵

(1) $\begin{pmatrix}2 & 1\\3 & 4\end{pmatrix}$；　　(2) $\begin{pmatrix}\cos\theta & -\sin\theta\\\sin\theta & \cos\theta\end{pmatrix}$；

(3) $\begin{bmatrix}2 & 2 & 3\\1 & -1 & 0\\-1 & 2 & 1\end{bmatrix}$；　　(4) $\begin{bmatrix}a_1 & & & \\ & a_2 & & \\ & & \ddots & \\ & & & a_n\end{bmatrix}(a_i\neq 0, i=1,2,\cdots,n)$.

解　记所给矩阵为 $\boldsymbol{A}$.

(1) 由求逆公式得

$$\boldsymbol{A}^{-1}=\begin{pmatrix}2 & 1\\3 & 4\end{pmatrix}^{-1}=\frac{1}{2\times 4-1\times 3}\begin{pmatrix}4 & -1\\-3 & 2\end{pmatrix}=\begin{pmatrix}\frac{4}{5} & -\frac{1}{5}\\-\frac{3}{5} & -\frac{2}{5}\end{pmatrix}.$$

(2) $\boldsymbol{A}^{-1}=\begin{pmatrix}\cos\theta & -\sin\theta\\ \sin\theta & \cos\theta\end{pmatrix}^{-1}=\frac{1}{\cos^2\theta+\sin^2\theta}\begin{pmatrix}\cos\theta & \sin\theta\\ -\sin\theta & \cos\theta\end{pmatrix}=\begin{pmatrix}\cos\theta & \sin\theta\\ -\sin\theta & \cos\theta\end{pmatrix}$.

(3) 用初等行变换求矩阵 $\boldsymbol{A}$ 的逆

$$(\boldsymbol{A},\boldsymbol{E})=\begin{bmatrix}2 & 2 & 3 & 1 & 0 & 0\\ 1 & -1 & 0 & 0 & 1 & 0\\ -1 & 2 & 1 & 0 & 0 & 1\end{bmatrix}\xrightarrow[r_2\leftrightarrow r_3]{r_1\leftrightarrow r_2}\begin{bmatrix}1 & -1 & 0 & 0 & 1 & 0\\ -1 & 2 & 1 & 0 & 0 & 1\\ 2 & 2 & 3 & 1 & 0 & 0\end{bmatrix}$$

$$\xrightarrow[r_3-2r_1]{r_2+r_1}\begin{bmatrix}1 & -1 & 0 & 0 & 1 & 0\\ 0 & 1 & 1 & 0 & 1 & 1\\ 0 & 4 & 3 & 1 & -2 & 0\end{bmatrix}\xrightarrow[r_3\times(-1)]{r_3-2r_2}\begin{bmatrix}1 & -1 & 0 & 0 & 1 & 0\\ 0 & 1 & 1 & 0 & 1 & 1\\ 0 & 0 & 1 & -1 & 6 & 4\end{bmatrix}$$

$$\xrightarrow[r_1+r_3]{r_2-r_3}\begin{bmatrix}1 & 0 & 0 & 1 & -4 & -3\\ 0 & 1 & 0 & 1 & -5 & -3\\ 0 & 0 & 1 & -1 & 6 & 4\end{bmatrix}$$

因 $\boldsymbol{A}\overset{r}{\sim}\boldsymbol{E}$,知 $\boldsymbol{A}$ 可逆,且

$$\boldsymbol{A}^{-1}=\begin{pmatrix}1 & -4 & -3\\ 1 & -5 & -3\\ -1 & 6 & 4\end{pmatrix}.$$

(4)

$$(\boldsymbol{A},\boldsymbol{E})=\begin{bmatrix}a_1 & 0 & \cdots & 0 & 1 & 0 & \cdots & 0\\ 0 & a_2 & \cdots & 0 & 0 & 1 & \cdots & 0\\ & & \ddots & & & & \ddots & \\ 0 & 0 & \cdots & a_n & 0 & 0 & \cdots & 1\end{bmatrix}\xrightarrow[\substack{r_2\div a_2\\ \vdots\\ r_n\div a_n}]{r_1\div a_1}$$

$$\begin{bmatrix}1 & 0 & \cdots & 0 & \frac{1}{a_1} & 0 & \cdots & 0\\ 0 & 1 & \cdots & 0 & 0 & \frac{1}{a_2} & \cdots & 0\\ & & \ddots & & & & \ddots & \\ 0 & 0 & \cdots & 1 & 0 & 0 & \cdots & \frac{1}{a_n}\end{bmatrix}$$

因 $\boldsymbol{A}\overset{r}{\sim}\boldsymbol{E}$,知 $\boldsymbol{A}$ 可逆,且

$$\boldsymbol{A}^{-1}=\begin{pmatrix}\frac{1}{a_1} & & & \\ & \frac{1}{a_2} & & \\ & & \ddots & \\ & & & \frac{1}{a_n}\end{pmatrix}.$$

8. 解下列矩阵方程

(1) $\begin{pmatrix}2 & 5\\1 & 3\end{pmatrix}\boldsymbol{X}=\begin{pmatrix}4 & -6\\2 & 1\end{pmatrix}$;

(2) $\begin{pmatrix}2 & 1\\1 & 0\end{pmatrix}\boldsymbol{X}\begin{pmatrix}1 & 0\\2 & 4\end{pmatrix}=\begin{pmatrix}3 & 1\\0 & 2\end{pmatrix}$;

(3) $\boldsymbol{X}\begin{bmatrix}1 & 1 & -1\\0 & 2 & 2\\1 & -1 & 0\end{bmatrix}=\begin{pmatrix}2 & 2 & 0\\-4 & 12 & 2\end{pmatrix}$;

(4) $\begin{pmatrix}0 & 1 & 0\\1 & 0 & 0\\0 & 0 & 1\end{pmatrix}\boldsymbol{X}\begin{pmatrix}1 & 0 & 0\\0 & 0 & 1\\0 & 1 & 0\end{pmatrix}=\begin{pmatrix}1 & -4 & 3\\2 & 0 & -1\\1 & -2 & 0\end{pmatrix}$.

解　(1) 记矩阵方程为 $\boldsymbol{AX}=\boldsymbol{B}$,其中 $\boldsymbol{A}=\begin{pmatrix}2 & 5\\1 & 3\end{pmatrix}$,$\boldsymbol{B}=\begin{pmatrix}4 & -6\\2 & 1\end{pmatrix}$.

因 $|\boldsymbol{A}|=1\neq 0$,故 $\boldsymbol{A}$ 可逆,从而用 $\boldsymbol{A}^{-1}$ 左乘方程两边,得

$$\boldsymbol{X}=\boldsymbol{A}^{-1}\boldsymbol{B}=\begin{pmatrix}2 & 5\\1 & 3\end{pmatrix}^{-1}\begin{pmatrix}4 & -6\\2 & 1\end{pmatrix}=\frac{1}{1}\begin{pmatrix}3 & -5\\-1 & 2\end{pmatrix}\begin{pmatrix}4 & -6\\2 & 1\end{pmatrix}=\begin{pmatrix}2 & -23\\0 & 8\end{pmatrix}.$$

(2) 记矩阵方程为 $\boldsymbol{AXB}=\boldsymbol{C}$,其中

$$\boldsymbol{A}=\begin{pmatrix}2 & 1\\1 & 0\end{pmatrix},\quad \boldsymbol{B}=\begin{pmatrix}1 & 0\\2 & 4\end{pmatrix},\quad \boldsymbol{C}=\begin{pmatrix}3 & 1\\0 & 2\end{pmatrix}.$$

因 $|\boldsymbol{A}|=-1\neq 0$,$|\boldsymbol{B}|=4\neq 0$ 故 $\boldsymbol{A},\boldsymbol{B}$ 均可逆,从而分别用 $\boldsymbol{A}^{-1}$,$\boldsymbol{B}^{-1}$ 左乘和右乘方程两边,得

$$\boldsymbol{X}=\boldsymbol{A}^{-1}\boldsymbol{C}\boldsymbol{B}^{-1}=\begin{pmatrix}2 & 1\\1 & 0\end{pmatrix}^{-1}\begin{pmatrix}3 & 1\\0 & 2\end{pmatrix}\begin{pmatrix}1 & 0\\2 & 4\end{pmatrix}^{-1}$$

$$=\frac{1}{-1}\begin{pmatrix}0 & -1\\-1 & 2\end{pmatrix}\begin{pmatrix}3 & 1\\0 & 2\end{pmatrix}\frac{1}{4}\begin{pmatrix}4 & 0\\-2 & 1\end{pmatrix}=\begin{bmatrix}-1 & \frac{1}{2}\\ \frac{9}{2} & -\frac{3}{4}\end{bmatrix}.$$

(3) 记矩阵方程为 $\boldsymbol{XA}=\boldsymbol{B}$,其中 $\boldsymbol{A}=\begin{bmatrix}1 & 1 & -1\\0 & 2 & 2\\1 & -1 & 0\end{bmatrix}$,$\boldsymbol{B}=\begin{pmatrix}2 & 2 & 0\\-4 & 12 & 2\end{pmatrix}$.

因 $|\boldsymbol{A}|=6\neq 0$,故 $\boldsymbol{A}$ 可逆,从而用 $\boldsymbol{A}^{-1}$ 右乘方程两边,得

$$\boldsymbol{X}=\boldsymbol{B}\boldsymbol{A}^{-1}=\begin{pmatrix}2 & 2 & 0\\-4 & 12 & 2\end{pmatrix}\begin{bmatrix}1 & 1 & -1\\0 & 2 & 2\\1 & -1 & 0\end{bmatrix}^{-1}$$

又

$$(\boldsymbol{A},\boldsymbol{E})=\begin{bmatrix}1 & 1 & -1 & 1 & 0 & 0\\0 & 2 & 2 & 0 & 1 & 0\\1 & -1 & 0 & 0 & 0 & 1\end{bmatrix}\xrightarrow[r_3-r_1]{r_2\div 2}\begin{bmatrix}1 & 1 & -1 & 1 & 0 & 0\\0 & 1 & 1 & 0 & \frac{1}{2} & 0\\0 & -2 & 1 & -1 & 0 & 1\end{bmatrix}$$

$$\xrightarrow[r_3\div 3]{r_3+2r_2}\begin{bmatrix}1 & 1 & -1 & 1 & 0 & 0\\ 0 & 1 & 1 & 0 & \frac{1}{2} & 0\\ 0 & 0 & 1 & -\frac{1}{3} & \frac{1}{3} & \frac{1}{3}\end{bmatrix}\xrightarrow[\substack{\vdots\\ r_1-r_2}]{\substack{r_2-r_3\\ r_1+r_3}}\begin{bmatrix}1 & 0 & 0 & \frac{1}{3} & \frac{1}{6} & \frac{2}{3}\\ 0 & 1 & 0 & \frac{1}{3} & \frac{1}{6} & -\frac{1}{3}\\ 0 & 0 & 1 & -\frac{1}{3} & \frac{1}{3} & \frac{1}{3}\end{bmatrix}$$

有

$$\boldsymbol{A}^{-1}=\begin{pmatrix}\frac{1}{3} & \frac{1}{6} & \frac{2}{3}\\ \frac{1}{3} & \frac{1}{6} & -\frac{1}{3}\\ -\frac{1}{3} & \frac{1}{3} & \frac{1}{3}\end{pmatrix}$$

于是

$$\boldsymbol{X}=\boldsymbol{B}\boldsymbol{A}^{-1}=\begin{pmatrix}2 & 2 & 0\\ -4 & 12 & 2\end{pmatrix}\begin{pmatrix}\frac{1}{3} & \frac{1}{6} & \frac{2}{3}\\ \frac{1}{3} & \frac{1}{6} & -\frac{1}{3}\\ -\frac{1}{3} & \frac{1}{3} & \frac{1}{3}\end{pmatrix}=\begin{pmatrix}\frac{4}{3} & \frac{2}{3} & \frac{2}{3}\\ 2 & 2 & -6\end{pmatrix}.$$

(4) 本小题与(2) 相仿.因矩阵$\begin{pmatrix}0 & 1 & 0\\ 1 & 0 & 0\\ 0 & 0 & 1\end{pmatrix}$和$\begin{pmatrix}1 & 0 & 0\\ 0 & 0 & 1\\ 0 & 1 & 0\end{pmatrix}$的行列式都是$-1$,故均是可逆阵,并且

$$\begin{pmatrix}0 & 1 & 0\\ 1 & 0 & 0\\ 0 & 0 & 1\end{pmatrix}^{-1}=\begin{pmatrix}0 & 1 & 0\\ 1 & 0 & 0\\ 0 & 0 & 1\end{pmatrix},\begin{pmatrix}1 & 0 & 0\\ 0 & 0 & 1\\ 0 & 1 & 0\end{pmatrix}^{-1}=\begin{pmatrix}1 & 0 & 0\\ 0 & 0 & 1\\ 0 & 1 & 0\end{pmatrix}$$

故得

$$\boldsymbol{X}=\begin{pmatrix}0 & 1 & 0\\ 1 & 0 & 0\\ 0 & 0 & 1\end{pmatrix}^{-1}\begin{pmatrix}1 & -4 & 3\\ 2 & 0 & -1\\ 1 & -2 & 0\end{pmatrix}\begin{pmatrix}1 & 0 & 0\\ 0 & 0 & 1\\ 0 & 1 & 0\end{pmatrix}^{-1}$$

$$=\begin{pmatrix}0 & 1 & 0\\ 1 & 0 & 0\\ 0 & 0 & 1\end{pmatrix}\begin{pmatrix}1 & -4 & 3\\ 2 & 0 & -1\\ 1 & -2 & 0\end{pmatrix}\begin{pmatrix}1 & 0 & 0\\ 0 & 0 & 1\\ 0 & 1 & 0\end{pmatrix}$$

$$=\begin{pmatrix}1 & 3 & -4\\ 2 & -1 & 0\\ 1 & 0 & -2\end{pmatrix}\begin{pmatrix}1 & 0 & 0\\ 0 & 0 & 1\\ 0 & 1 & 0\end{pmatrix}=\begin{pmatrix}2 & -1 & 0\\ 1 & 3 & -4\\ 1 & 0 & -2\end{pmatrix}.$$

9. 利用逆阵求下列线性方程组的解

(1)$\begin{cases}x_1+2x_2+x_3=2\\ -2x_1+x_2-x_3=-1\\ x_1-4x_2+2x_3=3\end{cases}$； (2)$\begin{cases}x_1-x_2-x_3=2\\ 2x_1-2x_2+x_3=0\\ x_1+2x_2-x_3=1\end{cases}$.

解　将方程组写成矩阵形式

$$\boldsymbol{AX}=\boldsymbol{b}$$

这里,$\boldsymbol{A}$ 为系数矩阵,$\boldsymbol{X}=(x_1,x_2,x_3)^{\mathrm{T}}$ 为未知数矩阵,$\boldsymbol{b}$ 为常数矩阵.

(1) 因 $|\boldsymbol{A}|=\begin{vmatrix}1&2&1\\-2&1&-1\\1&-4&2\end{vmatrix}=11\neq 0$,故 $\boldsymbol{A}$ 可逆,于是

$$\boldsymbol{X}=\boldsymbol{A}^{-1}\boldsymbol{b}=\begin{pmatrix}1&2&1\\-2&1&-1\\1&-4&2\end{pmatrix}^{-1}\begin{pmatrix}2\\-1\\3\end{pmatrix}=\begin{pmatrix}-\frac{5}{11}\\\frac{2}{11}\\\frac{23}{11}\end{pmatrix}.$$

(2) 因 $|\boldsymbol{A}|=\begin{vmatrix}1&-1&-1\\2&-2&1\\1&2&-1\end{vmatrix}=-9\neq 0$,故 $\boldsymbol{A}$ 可逆,于是

$$\boldsymbol{X}=\boldsymbol{A}^{-1}\boldsymbol{b}=\begin{pmatrix}1&-1&-1\\2&-2&1\\1&2&-1\end{pmatrix}^{-1}\begin{pmatrix}2\\0\\1\end{pmatrix}=\frac{1}{3}\begin{pmatrix}1\\-1\\4\end{pmatrix}.$$

10. 设 $\boldsymbol{A}$ 为3阶矩阵,$|\boldsymbol{A}|=\frac{1}{2}$,试求 $|(2\boldsymbol{A})^{-1}-5\boldsymbol{A}^*|$.

解　因 $|\boldsymbol{A}|=\frac{1}{2}\neq 0$,故 $\boldsymbol{A}$ 可逆,于是

$$\boldsymbol{A}^*=|\boldsymbol{A}|\boldsymbol{A}^{-1}=\frac{1}{2}\boldsymbol{A}^{-1}\text{ 及}(2\boldsymbol{A})^{-1}=\frac{1}{2}\boldsymbol{A}^{-1}$$

得 $|(2\boldsymbol{A})^{-1}-5\boldsymbol{A}^*|=\left|\frac{1}{2}\boldsymbol{A}^{-1}-\frac{5}{2}\boldsymbol{A}^{-1}\right|=|-2\boldsymbol{A}^{-1}|=(-2)^{-3}\,|\boldsymbol{A}|^{-1}=-16.$

11. 设 $\boldsymbol{A}=\begin{pmatrix}0&3&3\\1&1&0\\-1&2&3\end{pmatrix}$,$\boldsymbol{AB}=\boldsymbol{A}+2\boldsymbol{B}$,试求 $\boldsymbol{B}$.

解　由　$\boldsymbol{AB}=\boldsymbol{A}+2\boldsymbol{B}\Rightarrow(\boldsymbol{A}-2\boldsymbol{E})\boldsymbol{B}=\boldsymbol{A}.$

因 $\boldsymbol{A}-2\boldsymbol{E}=\begin{pmatrix}-2&3&3\\1&-1&0\\-1&2&1\end{pmatrix}$,$\boldsymbol{A}-2\boldsymbol{E}$ 的行列式 $\begin{vmatrix}-2&3&3\\1&-1&0\\-1&2&1\end{vmatrix}=2\neq 0$,故 $\boldsymbol{A}-2\boldsymbol{E}$ 是可逆阵.

用 $(\boldsymbol{A}-2\boldsymbol{E})^{-1}$ 左乘上式两边得

$$\boldsymbol{B}=(\boldsymbol{A}-2\boldsymbol{E})^{-1}\boldsymbol{A}=\begin{pmatrix}-2&3&3\\1&-1&0\\-1&2&1\end{pmatrix}^{-1}\begin{pmatrix}0&3&3\\1&1&0\\-1&2&3\end{pmatrix}$$

$$=\frac{1}{2}\begin{pmatrix}-1&3&3\\-1&1&3\\1&1&-1\end{pmatrix}\begin{pmatrix}0&3&3\\1&1&0\\-1&2&3\end{pmatrix}$$

$$=\frac{1}{2}\begin{pmatrix}0&6&6\\-2&4&6\\2&2&0\end{pmatrix}=\begin{pmatrix}0&3&3\\-1&2&3\\1&1&0\end{pmatrix}.$$

12. 设 $A^3=2E$,试证明 $A+2E$ 可逆,并求 $(A+2E)^{-1}$.

证明 由 $A^3=2E$ 得:$(A+2E)(A^2-2A+4E)=10E$,

即
$$(A+2E)\left(\frac{1}{10}(A^2-2A+4E)\right)=E$$

由推论 2.1 知 $A+2E$ 是可逆的,且 $(A+2E)^{-1}=\frac{1}{10}(A^2-2A+4E)$.

13. 设 $A=\begin{pmatrix}1&0&1\\0&2&0\\1&0&1\end{pmatrix}$,且 $AB+E=A^2+B$,试求 B.

解 由方程 $AB+E=A^2+B$,合并含有未知矩阵 B 的项,得

$$(A-E)B=A^2-E=(A-E)(A+E)$$

又 $A-E=\begin{pmatrix}0&0&1\\0&1&0\\1&0&0\end{pmatrix}$,其行列式 $\begin{vmatrix}0&0&1\\0&1&0\\1&0&0\end{vmatrix}=-1\neq 0$,故 $A-E$ 可逆,用 $(A-E)^{-1}$ 左乘上式两边,即得

$$B=A+E=\begin{pmatrix}2&0&1\\0&3&0\\1&0&2\end{pmatrix}.$$

14. 设 $A=\mathrm{diag}(1,-2,1)$,$A^*BA=2BA-8E$,试求 B.

解 由于所给矩阵方程中含有 A 及其伴随矩阵 A^*,因此从 $AA^*=|A|E$ 着手.为此,用 A 左乘所给方程两边,得

$$AA^*BA=2ABA-8A$$

又 $|A|=-2\neq 0$,故 A 是可逆矩阵,用 A^{-1} 右乘上式两边,得

$$|A|B=2AB-8E\Rightarrow 2(A+E)B=8E\Rightarrow (A+E)B=4E$$

而 $A+E=\mathrm{diag}(1,-2,1)+\mathrm{diag}(1,1,1)=\mathrm{diag}(2,-1,2)$ 是可逆矩阵,且

$$(A+E)^{-1}=\mathrm{diag}\left(\frac{1}{2},-1,\frac{1}{2}\right)$$

于是
$$B=4(A+E)^{-1}=\mathrm{diag}(2,-4,2).$$

15. 已知 $A=\begin{pmatrix}4&6&7\\1&6&8\\8&5&9\end{pmatrix}$,满足 $A^2-3A-10E=O$,试证 A 和 $A-4E$ 都可逆,并求它们的逆.

解　由 $\boldsymbol{A}^2-3\boldsymbol{A}-10\boldsymbol{E}=\boldsymbol{O}$ 得：$\boldsymbol{A}(\boldsymbol{A}-3\boldsymbol{E})=10\boldsymbol{E}$，即

$$\boldsymbol{A}\left(\frac{1}{10}(\boldsymbol{A}-3\boldsymbol{E})\right)=\boldsymbol{E}$$

从而 $\boldsymbol{A}$ 可逆，且
$$\boldsymbol{A}^{-1}=\frac{1}{10}(\boldsymbol{A}-3\boldsymbol{E})=\frac{1}{10}\begin{pmatrix}1&6&7\\1&3&8\\8&5&6\end{pmatrix}$$

又
$$(\boldsymbol{A}-4\boldsymbol{E})(\boldsymbol{A}+\boldsymbol{E})=\boldsymbol{A}^2-3\boldsymbol{A}-4\boldsymbol{E}=10\boldsymbol{E}-4\boldsymbol{E}=6\boldsymbol{E}$$

即 $(\boldsymbol{A}-4\boldsymbol{E})\left(\frac{1}{6}(\boldsymbol{A}+\boldsymbol{E})\right)=\boldsymbol{E}$，从而 $\boldsymbol{A}-4\boldsymbol{E}$ 可逆，且

$$(\boldsymbol{A}-4\boldsymbol{E})^{-1}=\frac{1}{6}(\boldsymbol{A}+\boldsymbol{E})=\frac{1}{6}\begin{pmatrix}5&6&7\\1&7&8\\8&5&10\end{pmatrix}.$$

16. 证明：任一 n 阶方阵都可以表示为一个对称矩阵与一个反对称矩阵之和.

证明　对于任一 n 阶方阵 $\boldsymbol{A}$，记 $\boldsymbol{B}=\dfrac{\boldsymbol{A}+\boldsymbol{A}^{\mathrm{T}}}{2}$，$\boldsymbol{C}=\dfrac{\boldsymbol{A}-\boldsymbol{A}^{\mathrm{T}}}{2}$

因
$$\boldsymbol{B}^{\mathrm{T}}=\left(\frac{\boldsymbol{A}+\boldsymbol{A}^{\mathrm{T}}}{2}\right)^{\mathrm{T}}=\frac{\boldsymbol{A}+\boldsymbol{A}^{\mathrm{T}}}{2}=\boldsymbol{B}$$

故 $\boldsymbol{B}$ 为对称矩阵.

$$\boldsymbol{C}^{\mathrm{T}}=\left(\frac{\boldsymbol{A}-\boldsymbol{A}^{\mathrm{T}}}{2}\right)^{\mathrm{T}}=\frac{\boldsymbol{A}^{\mathrm{T}}-\boldsymbol{A}}{2}=-\frac{\boldsymbol{A}-\boldsymbol{A}^{\mathrm{T}}}{2}$$

故 $\boldsymbol{C}$ 为反对称矩阵，于是

$$\boldsymbol{A}=\boldsymbol{B}+\boldsymbol{C}=\frac{\boldsymbol{A}+\boldsymbol{A}^{\mathrm{T}}}{2}+\frac{\boldsymbol{A}-\boldsymbol{A}^{\mathrm{T}}}{2}$$

即证.

17. 设 $\boldsymbol{A}^k=\boldsymbol{O}$（$k$ 为正整数），证明 $(\boldsymbol{E}-\boldsymbol{A})^{-1}=\boldsymbol{E}+\boldsymbol{A}+\boldsymbol{A}^2+\cdots+\boldsymbol{A}^{k-1}$.

证明　因

$$\begin{aligned}(\boldsymbol{E}-\boldsymbol{A})(\boldsymbol{E}+\boldsymbol{A}+\boldsymbol{A}^2+\cdots+\boldsymbol{A}^{k-1})&=\boldsymbol{E}+\boldsymbol{A}+\cdots+\boldsymbol{A}^{k-1}-\boldsymbol{A}-\boldsymbol{A}^2-\cdots-\boldsymbol{A}^{k-1}\\&=\boldsymbol{E}-\boldsymbol{O}=\boldsymbol{E}\end{aligned}$$

由推论 2.1 知 $\boldsymbol{E}-\boldsymbol{A}$ 可逆，且其逆矩阵为

$$(\boldsymbol{E}-\boldsymbol{A})^{-1}=\boldsymbol{E}+\boldsymbol{A}+\boldsymbol{A}^2+\cdots+\boldsymbol{A}^{k-1}.$$

18. (1) 设矩阵 $\boldsymbol{A}$ 可逆，证明其伴随矩阵 $\boldsymbol{A}^*$ 可逆，且 $(\boldsymbol{A}^*)^{-1}=(\boldsymbol{A}^{-1})^*$；

(2) 证明：

① 若 $|\boldsymbol{A}|=0$，则 $|\boldsymbol{A}^*|=0$；

② $|\boldsymbol{A}^*|=|\boldsymbol{A}|^{n-1}$.

证明　(1) 因 $\boldsymbol{A}\boldsymbol{A}^*=|\boldsymbol{A}|\boldsymbol{E}$ 及 $|\boldsymbol{A}|\neq 0$，由定理 2.1 的推论 2.1 知 $\boldsymbol{A}^*$ 可逆，且

$$(\boldsymbol{A}^*)^{-1}=\frac{1}{|\boldsymbol{A}|}\boldsymbol{A}$$

又由定理 2.1 知 $\boldsymbol{A}^{-1}(\boldsymbol{A}^{-1})^*=|\boldsymbol{A}^{-1}|\boldsymbol{E}$. 用 $\boldsymbol{A}$ 左乘上式两边得

$$(A^{-1})^* = |A^{-1}|A = \frac{1}{|A|}A,$$

比较上述两式,即知结论成立.

(2)① 因 $AA^* = |A|E$,当 $|A| = 0$ 时,上式成为 $AA^* = O$.

要证 $|A^*| = 0$,用反证法:设 $|A^*| \neq 0$,由矩阵可逆的充要条件知,A^* 是可逆阵,用 $(A^*)^{-1}$ 左乘上式等号两边,得 $A = O$. 从而推出 A 的所有 $n-1$ 阶子式,亦即 A^* 的所有元素均为零,这导致 $A^* = O$. 这一结论与 A^* 为可逆阵矛盾. 这一矛盾说明,当 $|A| = 0$ 时,$|A^*| = 0$.

② 分两种情形:

情形 1:$|A| = 0$. 由 ①,$|A^*| = 0 = |A|^{n-1}$,结论成立;

情形 2:$|A| \neq 0$. 对 $AA^* = |A|E$ 两边取行列式,得

$$|A^*||A| = |A^* \cdot A| = ||A|E| = |A|^n$$

于是

$$|A^*| = |A|^{n-1}.$$

19. 设 $f(x) = ax^2 + bx + c$,A 为 n 阶矩阵,E 为 n 阶单位矩阵. 定义

$$f(A) = aA^2 + bA + cE.$$

(1) 已知 $f(x) = x^2 - x - 1$,$A = \begin{pmatrix} 2 & -1 \\ -3 & 3 \end{pmatrix}$,试求 $f(A)$;

(2) 已知 $f(x) = x^2 - 5x + 3$,$A = \begin{pmatrix} 3 & 1 & 1 \\ 3 & 1 & 2 \\ 1 & -1 & 0 \end{pmatrix}$,试求 $f(A)$.

解 (1)

$$f(A) = A^2 - A - E = \begin{pmatrix} 2 & -1 \\ -3 & 3 \end{pmatrix}^2 - \begin{pmatrix} 2 & -1 \\ -3 & 3 \end{pmatrix} - \begin{pmatrix} 1 & 0 \\ 0 & 1 \end{pmatrix} = \begin{pmatrix} 4 & -4 \\ -12 & 8 \end{pmatrix}.$$

(2)

$$f(A) = A^2 - 5A + 3E = \begin{pmatrix} 3 & 1 & 1 \\ 3 & 1 & 2 \\ 1 & -1 & 0 \end{pmatrix}^2 - 5\begin{pmatrix} 3 & 1 & 1 \\ 3 & 1 & 2 \\ 1 & -1 & 0 \end{pmatrix} + 3\begin{pmatrix} 1 & 0 & 0 \\ 0 & 1 & 0 \\ 0 & 0 & 1 \end{pmatrix}$$

$$= \begin{pmatrix} 1 & -2 & 0 \\ -1 & 0 & -5 \\ -5 & 5 & 2 \end{pmatrix}.$$

20. 设 $P^{-1}AP = \Lambda$,其中 $P = \begin{pmatrix} -1 & -4 \\ 1 & 1 \end{pmatrix}$,$\Lambda = \begin{pmatrix} -1 & 0 \\ 0 & 2 \end{pmatrix}$,试求 A^{11}.

解 因 $P^{-1}AP = \Lambda$,故 $A = P\Lambda P^{-1}$. 于是

$$A^{11} = P\Lambda^{11}P^{-1} = \begin{pmatrix} -1 & -4 \\ 1 & 1 \end{pmatrix}\begin{pmatrix} -1 & 0 \\ 0 & 2 \end{pmatrix}^{11}\begin{pmatrix} -1 & -4 \\ 1 & 1 \end{pmatrix}^{-1}$$

$$= \frac{1}{3}\begin{pmatrix} -1 & -4 \\ 1 & 1 \end{pmatrix}\begin{pmatrix} -1 & 0 \\ 0 & 2^{11} \end{pmatrix}\begin{pmatrix} 1 & 4 \\ -1 & -1 \end{pmatrix}$$

$$= \frac{1}{3}\begin{pmatrix} 1+2^{13} & 4+2^{13} \\ -1-2^{11} & -4-2^{11} \end{pmatrix} = \begin{pmatrix} 2731 & 2732 \\ -683 & -684 \end{pmatrix}.$$

21. 设 $\boldsymbol{AP} = \boldsymbol{P\Lambda}$，其中 $\boldsymbol{P} = \begin{pmatrix} 1 & 1 & 1 \\ 1 & 0 & -2 \\ 1 & -1 & 1 \end{pmatrix}$，$\boldsymbol{\Lambda} = \begin{pmatrix} -1 & & \\ & 1 & \\ & & 5 \end{pmatrix}$，试求

$$\varphi(\boldsymbol{A}) = \boldsymbol{A}^8(5\boldsymbol{E} - 6\boldsymbol{A} + \boldsymbol{A}^2).$$

解　因 $|\boldsymbol{P}| = \begin{vmatrix} 1 & 1 & 1 \\ 1 & 0 & -2 \\ 1 & -1 & 1 \end{vmatrix} = -6 \neq 0$，故 $\boldsymbol{P}$ 是可逆矩阵. 于是，由 $\boldsymbol{AP} = \boldsymbol{P\Lambda}$ 得 $\boldsymbol{A} = \boldsymbol{P\Lambda P}^{-1}$，并且记多项式 $\varphi(x) = x^8(5 - 6x + x^2)$，有

$$\varphi(\boldsymbol{A}) = \boldsymbol{P}\varphi(\boldsymbol{\Lambda})\boldsymbol{P}^{-1}$$

因 $\boldsymbol{\Lambda}$ 是三阶对角阵，故

$$\varphi(\boldsymbol{\Lambda}) = \mathrm{diag}(\varphi(-1), \varphi(1), \varphi(5)) = \mathrm{diag}(12, 0, 0)$$

于是

$$\varphi(\boldsymbol{A}) = \begin{pmatrix} 1 & 1 & 1 \\ 1 & 0 & -2 \\ 1 & -1 & 1 \end{pmatrix}\begin{pmatrix} 12 & & \\ & 0 & \\ & & 0 \end{pmatrix}\left(-\frac{1}{6}\boldsymbol{P}^*\right)$$

$$= -2\begin{pmatrix} 1 & 0 & 0 \\ 1 & 0 & 0 \\ 1 & 0 & 0 \end{pmatrix}\begin{pmatrix} \boldsymbol{A}_{11} & \boldsymbol{A}_{21} & \boldsymbol{A}_{31} \\ \boldsymbol{A}_{12} & \boldsymbol{A}_{22} & \boldsymbol{A}_{32} \\ \boldsymbol{A}_{13} & \boldsymbol{A}_{23} & \boldsymbol{A}_{33} \end{pmatrix}$$

$$= -2\begin{pmatrix} 1 & 0 & 0 \\ 1 & 0 & 0 \\ 1 & 0 & 0 \end{pmatrix}\begin{pmatrix} -2 & -2 & -2 \\ -3 & 0 & 3 \\ -1 & 2 & -1 \end{pmatrix} = 4\begin{pmatrix} 1 & 1 & 1 \\ 1 & 1 & 1 \\ 1 & 1 & 1 \end{pmatrix}.$$

22. 用初等行变换把下列矩阵化为行最简形矩阵.

(1) $\begin{pmatrix} 1 & 0 & 2 & -1 \\ 2 & 0 & 3 & 1 \\ 3 & 0 & 4 & 3 \end{pmatrix}$；　(2) $\begin{pmatrix} 2 & 3 & 1 & -3 & -7 \\ 1 & 2 & 0 & -2 & -4 \\ 3 & -2 & 8 & 3 & 0 \\ 2 & -3 & 7 & 4 & 3 \end{pmatrix}$.

解　(1)

$$\begin{pmatrix} 1 & 0 & 2 & -1 \\ 2 & 0 & 3 & 1 \\ 3 & 0 & 4 & 3 \end{pmatrix} \xrightarrow[r_3-3r_1]{r_2-2r_1} \begin{pmatrix} 1 & 0 & 2 & -1 \\ 0 & 0 & -1 & 3 \\ 0 & 0 & -2 & 6 \end{pmatrix} \xrightarrow[r_3+2r_2]{\substack{r_2\times(-1) \\ r_1-2r_2}} \begin{pmatrix} 1 & 0 & 0 & 5 \\ 0 & 0 & 1 & -3 \\ 0 & 0 & 0 & 0 \end{pmatrix}.$$

(2)

$$\begin{pmatrix} 2 & 3 & 1 & -3 & -7 \\ 1 & 2 & 0 & -2 & -4 \\ 3 & -2 & 8 & 3 & 0 \\ 2 & -3 & 7 & 4 & 3 \end{pmatrix} \xrightarrow{r_1 \leftrightarrow r_2} \begin{pmatrix} 1 & 2 & 0 & -2 & -4 \\ 2 & 3 & 1 & -3 & -7 \\ 3 & -2 & 8 & 3 & 0 \\ 2 & -3 & 7 & 4 & 3 \end{pmatrix}$$

$$\xrightarrow[\substack{r_1-2r_2\\r_3+2r_2}]{r_2\times(-1)}\begin{pmatrix}1&2&0&-2&-4\\0&-1&1&1&1\\0&-8&8&9&12\\0&-7&7&8&11\end{pmatrix}\xrightarrow[\substack{r_3+8r_2\\r_4+7r_2}]{\substack{r_2\times(-1)\\r_1-2r_2}}\begin{pmatrix}1&0&2&0&-2\\0&1&-1&-1&-1\\0&0&0&1&4\\0&0&0&1&4\end{pmatrix}$$

$$\xrightarrow{\substack{r_2+r_3\\r_4-r_3}}\begin{pmatrix}1&0&2&0&-2\\0&1&-1&0&3\\0&0&0&1&4\\0&0&0&0&0\end{pmatrix}.$$

23. 设 $\boldsymbol{A}=\begin{pmatrix}1&2&3&4\\2&3&4&5\\5&4&3&2\end{pmatrix}$，试求一个可逆矩阵 $\boldsymbol{P}$，使 $\boldsymbol{PA}$ 为行最简形.

解 $(\boldsymbol{A},\boldsymbol{E})=\begin{pmatrix}1&2&3&4&1&0&0\\2&3&4&5&0&1&0\\5&4&3&2&0&0&1\end{pmatrix}\xrightarrow{\substack{r_2-2r_1\\r_3-5r_1}}\begin{pmatrix}1&2&3&4&1&0&0\\0&-1&-2&-3&-2&1&0\\0&-6&-12&-18&-5&0&1\end{pmatrix}$

$$\xrightarrow[r_3+6r_2]{\substack{r_2\times(-1)\\r_1-2r_1}}\begin{pmatrix}1&0&-1&-2&-3&2&0\\0&1&2&3&2&-1&0\\0&0&0&0&7&-6&1\end{pmatrix}$$

故 $\boldsymbol{P}=\begin{pmatrix}-3&2&0\\2&-1&0\\7&-6&1\end{pmatrix}$，并且 $\boldsymbol{A}$ 的行最简形为 $\boldsymbol{PA}=\begin{pmatrix}1&0&-1&-2\\0&1&2&3\\0&0&0&0\end{pmatrix}$.

24. 用初等变换判定下列矩阵是否可逆，若可逆，求其逆矩阵.

(1) $\begin{pmatrix}2&2&-1\\1&-2&4\\5&8&2\end{pmatrix}$； (2) $\begin{pmatrix}1&2&-1\\3&4&-2\\5&-4&1\end{pmatrix}$；

(3) $\begin{pmatrix}1&2&3&4\\2&3&1&2\\1&1&1&-1\\1&0&-2&-6\end{pmatrix}$； (4) $\begin{pmatrix}3&-2&0&-1\\0&2&2&1\\1&-2&-3&-2\\0&1&2&1\end{pmatrix}$.

解 记所给矩阵为 $\boldsymbol{A}$.

(1) $(\boldsymbol{A},\boldsymbol{E})=\begin{pmatrix}2&2&-1&1&0&0\\1&-2&4&0&1&0\\5&8&2&0&0&1\end{pmatrix}\xrightarrow{r_1\leftrightarrow r_2}\begin{pmatrix}1&-2&4&0&1&0\\2&2&-1&1&0&0\\5&8&2&0&0&1\end{pmatrix}$

$$\xrightarrow{\substack{r_2-2r_1\\r_2-5r_1}}\begin{pmatrix}1&-2&4&0&1&0\\0&6&-9&1&-2&0\\0&18&-18&0&-5&1\end{pmatrix}$$

$$\xrightarrow[r_3\div 9]{\substack{r_3-3r_2\\ r_2\div 6}}\begin{pmatrix}1 & -2 & 4 & 0 & 1 & 0\\ 0 & 1 & -\frac{3}{2} & \frac{1}{6} & -\frac{1}{3} & 0\\ 0 & 0 & 1 & -\frac{1}{3} & \frac{1}{9} & \frac{1}{9}\end{pmatrix}$$

$$\xrightarrow[r_2+2r_1]{\substack{r_2+\frac{3}{2}r_3\\ r_1-4r_3}}\begin{pmatrix}1 & 0 & 0 & -\frac{2}{3} & \frac{2}{9} & -\frac{1}{9}\\ 0 & 1 & 0 & -\frac{1}{3} & -\frac{1}{6} & \frac{1}{6}\\ 0 & 0 & 1 & -\frac{1}{3} & \frac{1}{9} & \frac{1}{9}\end{pmatrix}$$

因 $\boldsymbol{A}\overset{r}{\sim}\boldsymbol{E}$，由推论知 $\boldsymbol{A}$ 可逆，且

$$\boldsymbol{A}^{-1}=\begin{pmatrix}\frac{2}{3} & \frac{2}{9} & -\frac{1}{9}\\ -\frac{1}{3} & -\frac{1}{6} & \frac{1}{6}\\ -\frac{1}{3} & \frac{1}{9} & \frac{1}{9}\end{pmatrix}.$$

(2) $$(\boldsymbol{A},\boldsymbol{E})=\begin{pmatrix}1 & 2 & -1 & 1 & 0 & 0\\ 3 & 4 & -2 & 0 & 1 & 0\\ 5 & -4 & 1 & 0 & 0 & 1\end{pmatrix}\xrightarrow{\substack{r_2-3r_1\\ r_3-5r_1}}\begin{pmatrix}1 & 2 & -1 & 1 & 0 & 0\\ 0 & -2 & 1 & -3 & 1 & 0\\ 0 & -14 & 6 & -5 & 0 & 1\end{pmatrix}$$

$$\xrightarrow{r_3-7r_2}\begin{pmatrix}1 & 2 & -1 & 1 & 0 & 0\\ 0 & -2 & 1 & -3 & 1 & 0\\ 0 & 0 & -1 & 16 & -7 & 1\end{pmatrix}\xrightarrow{\substack{r_1+r_2\\ r_3\div(-1)}}\begin{pmatrix}1 & 0 & 0 & -2 & 1 & 0\\ 0 & -2 & 1 & -3 & 1 & 0\\ 0 & 0 & 1 & -16 & 7 & -1\end{pmatrix}$$

$$\xrightarrow{\substack{r_2-r_3\\ r_2\div(-2)}}\begin{pmatrix}1 & 0 & 0 & -2 & 1 & 0\\ 0 & 1 & 0 & -\frac{13}{2} & 3 & -\frac{1}{2}\\ 0 & 0 & 1 & -\frac{1}{3} & \frac{1}{9} & \frac{1}{9}\end{pmatrix}$$

因 $\boldsymbol{A}\overset{r}{\sim}\boldsymbol{E}$，由推论知 $\boldsymbol{A}$ 可逆，且

$$\boldsymbol{A}^{-1}=\begin{pmatrix}-2 & 1 & 0\\ -\frac{13}{2} & 3 & -\frac{1}{2}\\ -16 & 7 & -1\end{pmatrix}.$$

(3) $$(\boldsymbol{A},\boldsymbol{E})=\begin{pmatrix}1 & 2 & 3 & 4 & 1 & 0 & 0 & 0\\ 2 & 3 & 1 & 2 & 0 & 1 & 0 & 0\\ 1 & 1 & 1 & -1 & 0 & 0 & 1 & 0\\ 1 & 0 & -2 & -6 & 0 & 0 & 0 & 1\end{pmatrix}$$

$$\sim \left(\begin{array}{cccc|cccc} 1 & 0 & -2 & -6 & 0 & 0 & 0 & 1 \\ 1 & 1 & 1 & -1 & 0 & 0 & 1 & 0 \\ 1 & 2 & 3 & 4 & 1 & 0 & 0 & 0 \\ 2 & 3 & 1 & 2 & 0 & 1 & 0 & 0 \end{array}\right)$$

$$\overset{\substack{r_2-r_1 \\ r_3-r_1 \\ r_3-2r_1}}{\sim} \left(\begin{array}{cccc|cccc} 1 & 0 & -2 & -6 & 0 & 0 & 0 & 1 \\ 0 & 1 & 3 & 5 & 0 & 0 & 1 & -1 \\ 0 & 2 & 5 & 10 & 1 & 0 & 0 & -1 \\ 0 & 3 & 5 & 14 & 0 & 1 & 0 & -2 \end{array}\right)$$

$$\overset{\substack{r_3-2r_2 \\ r_4-3r_2 \\ r_3\div(-1)}}{\sim} \left(\begin{array}{cccc|cccc} 1 & 0 & -2 & -6 & 0 & 0 & 0 & 1 \\ 0 & 1 & 3 & 5 & 0 & 0 & 1 & -1 \\ 0 & 0 & 1 & 0 & -1 & 0 & 2 & -1 \\ 0 & 0 & -4 & -1 & 0 & 1 & -3 & 1 \end{array}\right)$$

$$\overset{\substack{r_4+4r_3 \\ r_4\div(-1)}}{\sim} \left(\begin{array}{cccc|cccc} 1 & 0 & -2 & -6 & 0 & 0 & 0 & 1 \\ 0 & 1 & 3 & 5 & 0 & 0 & 1 & -1 \\ 0 & 0 & 1 & 0 & -1 & 0 & 2 & -1 \\ 0 & 0 & 0 & 1 & 4 & -1 & -5 & 3 \end{array}\right)$$

$$\overset{\substack{r_2-5r_4 \\ r_1+6r_4}}{\sim} \left(\begin{array}{cccc|cccc} 1 & 0 & -2 & 0 & 24 & -6 & -30 & 19 \\ 0 & 1 & 3 & 0 & -20 & 5 & 26 & -16 \\ 0 & 0 & 1 & 0 & -1 & 0 & 2 & -1 \\ 0 & 0 & 0 & 1 & 4 & -1 & -5 & 3 \end{array}\right)$$

$$\overset{\substack{r_2-3r_3 \\ r_1+2r_3}}{\sim} \left(\begin{array}{cccc|cccc} 1 & 0 & 0 & 0 & 22 & -6 & -26 & 17 \\ 0 & 1 & 0 & 0 & -17 & 5 & 20 & -13 \\ 0 & 0 & 1 & 0 & -1 & 0 & 2 & -1 \\ 0 & 0 & 0 & 1 & 4 & -1 & -5 & 3 \end{array}\right)$$

因 $\boldsymbol{A} \overset{r}{\sim} \boldsymbol{E}$,由推论知 $\boldsymbol{A}$ 可逆,且

$$\boldsymbol{A}^{-1} = \begin{pmatrix} 22 & -6 & -26 & 17 \\ -17 & 5 & 22 & -13 \\ -1 & 0 & 2 & -1 \\ 4 & -1 & -5 & 3 \end{pmatrix}.$$

(4) $(\boldsymbol{A},\boldsymbol{E}) = \left(\begin{array}{cccc|cccc} 3 & -2 & 0 & -1 & 1 & 0 & 0 & 0 \\ 0 & 2 & 2 & 1 & 0 & 1 & 0 & 0 \\ 1 & -2 & -3 & -2 & 0 & 0 & 1 & 0 \\ 0 & 1 & 2 & 1 & 0 & 0 & 0 & 1 \end{array}\right)$

$$\sim \left(\begin{array}{cccc|cccc} 1 & -2 & -3 & -2 & 0 & 0 & 1 & 0 \\ 0 & 1 & 2 & 1 & 0 & 0 & 0 & 1 \\ 3 & -2 & 0 & -1 & 1 & 0 & 0 & 0 \\ 0 & 2 & 2 & 1 & 0 & 1 & 0 & 0 \end{array}\right)$$

$$\xrightarrow[r_4-2r_2]{r_3-3r_1}\begin{pmatrix}1&-2&-3&-2&0&0&1&0\\0&1&2&1&0&0&0&1\\0&4&9&5&1&0&-3&0\\0&0&-2&-1&0&1&0&-2\end{pmatrix}$$

$$\xrightarrow[r_3-4r_2]{r_1+2r_2}\begin{pmatrix}1&0&1&0&0&0&1&2\\0&1&2&1&0&0&0&1\\0&0&1&1&1&0&-3&-4\\0&0&-2&-1&0&1&0&-2\end{pmatrix}$$

$$\xrightarrow[r_4+r_3]{r_1-r_2,\ r_2-2r_3}\begin{pmatrix}1&0&0&-1&-1&0&4&6\\0&1&0&-1&-2&0&6&9\\0&0&1&1&1&0&-3&-4\\0&0&0&1&2&1&-6&-10\end{pmatrix}$$

$$\xrightarrow[r_3-r_4]{r_1+r_4,\ r_2+r_4}\begin{pmatrix}1&0&0&0&1&1&-2&-4\\0&1&0&0&0&1&0&-1\\0&0&1&0&-1&-1&3&6\\0&0&0&1&2&1&-6&-10\end{pmatrix}$$

因 $\boldsymbol{A}\overset{r}{\sim}\boldsymbol{E}$,由推论知 $\boldsymbol{A}$ 可逆,且

$$\boldsymbol{A}^{-1}=\begin{pmatrix}1&1&-2&-4\\0&1&0&-1\\-1&-1&3&6\\2&1&-6&-10\end{pmatrix}.$$

25. 求下列矩阵的秩,并求一个最高阶非零子式.

(1) $\begin{pmatrix}3&2&-1&-3&-1\\2&-1&3&1&-3\\7&0&5&-1&-8\end{pmatrix}$;　(2) $\begin{pmatrix}1&3&-1&-2\\2&-1&2&3\\3&2&1&1\\1&-4&3&5\end{pmatrix}$;

(3) $\begin{pmatrix}1&1&2&2&1\\0&2&1&5&-1\\2&0&3&-1&3\\1&1&0&4&-1\end{pmatrix}$;　(4) $\begin{pmatrix}2&1&8&3&7\\2&-3&0&7&-5\\3&-2&5&8&0\\1&0&3&2&0\end{pmatrix}$.

解　(1) $\begin{pmatrix}3&2&-1&-3&-1\\2&-1&3&1&-3\\7&0&5&-1&-8\end{pmatrix}\xrightarrow[r_3-7r_1]{r_1-r_2,\ r_2-2r_1}\begin{pmatrix}1&3&-4&-4&2\\0&-7&11&9&-7\\0&-21&33&27&-22\end{pmatrix}$

$$\xrightarrow{r_3-3r_2}\begin{pmatrix}1&3&-4&-4&2\\0&-7&11&9&-7\\0&0&0&0&-1\end{pmatrix}$$

于是该矩阵的秩为 3,且该矩阵的第 1、2、3 行和第 1、2、5 列构成的子式

$$\begin{vmatrix} 3 & 2 & -1 \\ 2 & -1 & -3 \\ 7 & 0 & -8 \end{vmatrix}$$

为最高阶非零子式.

(2) $$\begin{pmatrix} 1 & 3 & -1 & -2 \\ 2 & -1 & 2 & 3 \\ 3 & 2 & 1 & 1 \\ 1 & -4 & 3 & 5 \end{pmatrix} \xrightarrow[r_4-r_1]{\substack{r_2-2r_1 \\ r_3-3r_1}} \begin{pmatrix} 1 & 3 & -1 & -2 \\ 0 & -7 & 4 & 7 \\ 0 & -7 & 4 & 7 \\ 0 & -7 & 4 & 7 \end{pmatrix}$$

$$\xrightarrow{\substack{r_3-r_2 \\ r_4-r_2}} \begin{pmatrix} 1 & 3 & -1 & -2 \\ 0 & -7 & 4 & 7 \\ 0 & 0 & 0 & 0 \\ 0 & 0 & 0 & 0 \end{pmatrix}$$

于是该矩阵的秩为 2，且该矩阵的第 1、2 行和第 1、2 列构成的子式

$$\begin{vmatrix} 1 & 3 \\ 2 & -1 \end{vmatrix}$$

为最高阶非零子式.

(3) $$\begin{pmatrix} 1 & 1 & 2 & 2 & 1 \\ 0 & 2 & 1 & 5 & -1 \\ 2 & 0 & 3 & -1 & 3 \\ 1 & 1 & 0 & 4 & -1 \end{pmatrix} \xrightarrow{\substack{r_3-2r_1 \\ r_4-r_1}} \begin{pmatrix} 1 & 1 & 2 & 2 & 1 \\ 0 & 2 & 1 & 5 & -1 \\ 0 & -2 & -1 & -5 & 1 \\ 0 & 0 & -2 & 2 & -2 \end{pmatrix}$$

$$\xrightarrow{\substack{r_3\leftrightarrow r_4 \\ r_4+r_2}} \begin{pmatrix} 1 & 1 & 2 & 2 & 1 \\ 0 & 2 & 1 & 5 & -1 \\ 0 & 0 & -2 & 2 & -2 \\ 0 & 0 & 0 & 0 & 0 \end{pmatrix}$$

于是该矩阵的秩为 3，且该矩阵的第 1、2、4 行和第 1、2、3 列构成的子式

$$\begin{vmatrix} 1 & 1 & 2 \\ 0 & 2 & 1 \\ 1 & 1 & 0 \end{vmatrix}$$

为最高阶非零子式.

(4) $$\begin{pmatrix} 2 & 1 & 8 & 3 & 7 \\ 2 & -3 & 0 & 7 & -5 \\ 3 & -2 & 5 & 8 & 0 \\ 1 & 0 & 3 & 2 & 0 \end{pmatrix} \sim \begin{pmatrix} 1 & 0 & 3 & 2 & 0 \\ 2 & 1 & 8 & 3 & 7 \\ 3 & -2 & 5 & 8 & 0 \\ 2 & -3 & 0 & 7 & -5 \end{pmatrix}$$

$$\xrightarrow{\substack{r_3-r_2 \\ r_4-r_2}} \begin{pmatrix} 1 & 0 & 3 & 2 & 0 \\ 0 & 1 & 2 & -1 & 7 \\ 0 & -2 & -4 & 2 & 0 \\ 0 & -3 & -6 & 3 & -5 \end{pmatrix} \xrightarrow{\substack{r_3+2r_2 \\ r_4+3r_2}} \begin{pmatrix} 1 & 0 & 3 & 2 & 0 \\ 0 & 1 & 2 & -1 & 7 \\ 0 & 0 & 0 & 0 & 14 \\ 0 & 0 & 0 & 0 & 16 \end{pmatrix}$$

$$\xrightarrow{r_4-\frac{4}{7}r_3}\begin{pmatrix}1&0&3&2&0\\0&1&2&-1&7\\0&0&0&0&14\\0&0&0&0&0\end{pmatrix}$$

于是该矩阵的秩为 3，且该矩阵的第 1、2、4 行和第 1、2、5 列构成的子式

$$\begin{vmatrix}2&1&7\\2&-3&-5\\1&0&0\end{vmatrix}$$

为最高阶非零子式.

26. 设 $\boldsymbol{A}=\begin{pmatrix}1&-2&3k\\-1&2k&-3\\k&-2&3\end{pmatrix}$，试求 k 值，使：

(1)$\boldsymbol{R}(\boldsymbol{A})=1$；　(2)$\boldsymbol{R}(\boldsymbol{A})=2$；　(3)$\boldsymbol{R}(\boldsymbol{A})=3$.

解　解法 1：因 $\boldsymbol{A}$ 为 3 阶方阵，故 $\boldsymbol{R}(\boldsymbol{A})=3\Leftrightarrow|\boldsymbol{A}|\neq 0$. 而

$$|\boldsymbol{A}|=\begin{vmatrix}1&-2&3k\\-1&2k&-3\\k&-2&3\end{vmatrix}=-6(k^2-1)(k+2),$$

所以当 $k\neq 1$ 且 $k\neq -2$ 时，$\boldsymbol{R}(\boldsymbol{A})=3$.

当 $k=-2$ 时，$\boldsymbol{R}(\boldsymbol{A})\leqslant 2$，又 $\boldsymbol{A}$ 的左上角二阶子式不为零，故 $\boldsymbol{R}(\boldsymbol{A})\geqslant 2$，于是 $\boldsymbol{R}(\boldsymbol{A})=2$.

当 $k=1$ 时，$\boldsymbol{A}=\begin{pmatrix}1&-2&3\\-1&2&-3\\1&-2&3\end{pmatrix}\sim\begin{pmatrix}1&-2&3\\0&0&0\\0&0&0\end{pmatrix}$，知 $\boldsymbol{R}(\boldsymbol{A})=1$.

解法 2：对 $\boldsymbol{A}$ 作初等行变换.

$$\boldsymbol{A}=\begin{pmatrix}1&-2&3k\\-1&2k&-3\\k&-2&3\end{pmatrix}\sim\begin{pmatrix}1&-2&3k\\0&2(k-1)&3(k-1)\\0&2(k-1)&-3(k^2-1)\end{pmatrix}$$

$$\sim\begin{pmatrix}1&-2&3k\\0&2(k-1)&3(k-1)\\0&0&-3(k-1)(k+2)\end{pmatrix}$$

于是，(1) 当 $k=1$ 时，$\boldsymbol{R}(\boldsymbol{A})=1$；(2) 当 $k=-2$ 时，$\boldsymbol{R}(\boldsymbol{A})=2$；(3) 当 $k\neq 1$ 且 $k\neq -2$ 时，$\boldsymbol{R}(\boldsymbol{A})=3$.

27. 计算

(1) $\begin{pmatrix}1&2&1&0\\0&1&0&1\\0&0&2&1\\0&0&0&3\end{pmatrix}\begin{pmatrix}1&0&3&1\\0&1&2&-1\\0&0&-2&3\\0&0&0&-3\end{pmatrix}$；　(2) $\begin{pmatrix}a&0&0&0\\0&a&0&0\\1&0&b&0\\0&1&0&b\end{pmatrix}\begin{pmatrix}1&0&c&0\\0&1&0&c\\0&0&d&0\\0&0&0&d\end{pmatrix}$.

解 本题练习分块矩阵的乘法.

(1) 记

$$\boldsymbol{A}_{11}=\begin{pmatrix}1&2\\0&1\end{pmatrix},\quad \boldsymbol{A}_{22}=\begin{pmatrix}2&1\\0&3\end{pmatrix};\quad \boldsymbol{B}_{12}=\begin{pmatrix}3&1\\2&-1\end{pmatrix},\quad \boldsymbol{B}_{22}=\begin{pmatrix}-2&3\\0&-3\end{pmatrix}$$

则

$$\text{原式}=\begin{bmatrix}\boldsymbol{A}_{11}&\boldsymbol{E}_2\\\boldsymbol{O}&\boldsymbol{A}_{22}\end{bmatrix}\begin{bmatrix}\boldsymbol{E}_2&\boldsymbol{B}_{12}\\\boldsymbol{O}&\boldsymbol{B}_{12}\end{bmatrix}=\begin{bmatrix}\boldsymbol{A}_{11}&\boldsymbol{A}_{11}\boldsymbol{B}_{12}+\boldsymbol{B}_{22}\\\boldsymbol{O}&\boldsymbol{A}_{22}\boldsymbol{B}_{22}\end{bmatrix}$$

又

$$\begin{aligned}\boldsymbol{A}_{11}\boldsymbol{B}_{12}+\boldsymbol{B}_{22}&=\begin{pmatrix}1&2\\0&1\end{pmatrix}\begin{pmatrix}3&1\\2&-1\end{pmatrix}+\begin{pmatrix}-2&3\\0&-3\end{pmatrix}\\&=\begin{pmatrix}7&-1\\2&-1\end{pmatrix}+\begin{pmatrix}-2&3\\0&-3\end{pmatrix}=\begin{pmatrix}5&2\\2&-4\end{pmatrix}\\\boldsymbol{A}_{22}\boldsymbol{B}_{22}&=\begin{pmatrix}2&1\\0&3\end{pmatrix}\begin{pmatrix}-2&3\\0&-3\end{pmatrix}=\begin{pmatrix}-4&3\\0&-9\end{pmatrix}\end{aligned}$$

故

$$\text{原式}=\begin{bmatrix}1&2&5&2\\0&1&2&-4\\0&0&-4&3\\0&0&0&-9\end{bmatrix}.$$

(2) 记

$$\boldsymbol{A}_{11}=\begin{pmatrix}a&0\\0&a\end{pmatrix},\quad \boldsymbol{A}_{22}=\begin{pmatrix}b&0\\0&b\end{pmatrix};\quad \boldsymbol{B}_{12}=\begin{pmatrix}c&0\\0&c\end{pmatrix},\quad \boldsymbol{B}_{22}=\begin{pmatrix}d&0\\0&d\end{pmatrix}$$

则

$$\text{原式}=\begin{bmatrix}\boldsymbol{A}_{11}&\boldsymbol{O}\\\boldsymbol{E}_2&\boldsymbol{A}_{22}\end{bmatrix}\begin{bmatrix}\boldsymbol{E}_2&\boldsymbol{B}_{12}\\\boldsymbol{O}&\boldsymbol{B}_{22}\end{bmatrix}=\begin{bmatrix}\boldsymbol{A}_{11}&\boldsymbol{A}_{11}\boldsymbol{B}_{12}\\\boldsymbol{E}_2&\boldsymbol{B}_{12}+\boldsymbol{A}_{22}\boldsymbol{B}_{22}\end{bmatrix}$$

又

$$\boldsymbol{A}_{11}\boldsymbol{B}_{12}=\begin{pmatrix}a&0\\0&a\end{pmatrix}\begin{pmatrix}c&0\\0&c\end{pmatrix}=\begin{pmatrix}ac&0\\0&ac\end{pmatrix}$$

$$\begin{aligned}\boldsymbol{B}_{12}+\boldsymbol{A}_{22}\boldsymbol{B}_{22}&=\begin{pmatrix}c&0\\0&c\end{pmatrix}+\begin{pmatrix}b&0\\0&b\end{pmatrix}\begin{pmatrix}d&0\\0&d\end{pmatrix}\\&=\begin{pmatrix}c&0\\0&c\end{pmatrix}+\begin{pmatrix}bd&0\\0&bd\end{pmatrix}=\begin{pmatrix}c+bd&0\\0&c+bd\end{pmatrix}\end{aligned}$$

故

$$\text{原式}=\begin{bmatrix}a&0&ac&0\\0&a&0&ac\\1&0&c+bd&0\\0&1&0&c+bd\end{bmatrix}.$$

28. 设 $\boldsymbol{A}=\begin{pmatrix}3&4&0&0\\4&-3&0&0\\0&0&2&0\\0&0&2&2\end{pmatrix}$，试求 $|\boldsymbol{A}^8|$ 和 $\boldsymbol{A}^4$.

解　若记 $\boldsymbol{A}=\begin{pmatrix}\boldsymbol{A}_1&\boldsymbol{O}\\\boldsymbol{O}&\boldsymbol{A}_2\end{pmatrix}$，其中 $\boldsymbol{A}_1=\begin{pmatrix}3&4\\4&-3\end{pmatrix}$，$\boldsymbol{A}_2=\begin{pmatrix}2&0\\2&2\end{pmatrix}$，则 $\boldsymbol{A}$ 成为一个分块对角矩阵. 于是

$$|\boldsymbol{A}^8|=|\boldsymbol{A}|^8=(|\boldsymbol{A}_1||\boldsymbol{A}_2|)^8=|\boldsymbol{A}_1|^8\ |\boldsymbol{A}_2|^8=10^{16}$$

$$\boldsymbol{A}^4=\begin{pmatrix}\boldsymbol{A}_1^4&\boldsymbol{O}\\\boldsymbol{O}&\boldsymbol{A}_2^4\end{pmatrix}$$

因 $\boldsymbol{A}_1^2=\begin{pmatrix}25&0\\0&25\end{pmatrix}=25\boldsymbol{E}$，故 $\boldsymbol{A}_1^4=5^4\boldsymbol{E}$；$\boldsymbol{A}_2=2\begin{pmatrix}1&0\\1&1\end{pmatrix}$，故 $\boldsymbol{A}_2^4=2^4\begin{pmatrix}1&0\\4&1\end{pmatrix}$. 代入即得

$$\boldsymbol{A}^4=\begin{pmatrix}5^4&0&0&0\\0&5^4&0&0\\0&0&2^4&0\\0&0&2^6&2^4\end{pmatrix}.$$

29. 用分块的方法求下列矩阵的逆矩阵

(1) $\begin{pmatrix}1&2&3&4\\0&1&2&3\\0&0&1&2\\0&0&0&1\end{pmatrix}$；　(2) $\begin{pmatrix}1&0&0&0\\1&2&0&0\\2&1&3&0\\1&2&1&4\end{pmatrix}$.

解　(1) 若记 $\boldsymbol{C}=\begin{pmatrix}\boldsymbol{A}&\boldsymbol{B}\\\boldsymbol{O}&\boldsymbol{A}\end{pmatrix}$，其中 $\boldsymbol{A}=\begin{pmatrix}1&2\\0&1\end{pmatrix}$，$\boldsymbol{B}=\begin{pmatrix}3&4\\2&3\end{pmatrix}$；因 $|\boldsymbol{A}|=1$，故 $\boldsymbol{A}$ 可逆. 则可用教材第 2 章 §2.6 中例 4 的结论有

$$\boldsymbol{C}^{-1}=\begin{pmatrix}\boldsymbol{A}^{-1}&-\boldsymbol{A}^{-1}\boldsymbol{B}\boldsymbol{A}^{-1}\\\boldsymbol{O}&\boldsymbol{A}^{-1}\end{pmatrix}$$

由 $\boldsymbol{A}^{-1}=\begin{pmatrix}1&-2\\0&1\end{pmatrix}$，$\boldsymbol{A}^{-1}\boldsymbol{B}\boldsymbol{A}^{-1}=\begin{pmatrix}-1&0\\2&-1\end{pmatrix}$，得

$$\boldsymbol{C}^{-1}=\begin{pmatrix}1&-2&1&0\\0&1&-2&1\\0&0&1&-2\\0&0&0&1\end{pmatrix}.$$

(2) 若记 $\boldsymbol{D}=\begin{pmatrix}\boldsymbol{A}&\boldsymbol{O}\\\boldsymbol{B}&\boldsymbol{C}\end{pmatrix}$，其中 $\boldsymbol{A}=\begin{pmatrix}1&0\\1&2\end{pmatrix}$，$\boldsymbol{B}=\begin{pmatrix}2&1\\1&2\end{pmatrix}$，$\boldsymbol{C}=\begin{pmatrix}3&0\\1&4\end{pmatrix}$. 因 $|\boldsymbol{A}|=2$，$|\boldsymbol{C}|=12$，故 $\boldsymbol{A},\boldsymbol{C}$ 均可逆. 则可用下题(2) 的结论有

$$\boldsymbol{D}^{-1}=\begin{pmatrix}\boldsymbol{A}^{-1}&\boldsymbol{O}\\-\boldsymbol{C}^{-1}\boldsymbol{B}\boldsymbol{A}^{-1}&\boldsymbol{C}^{-1}\end{pmatrix}$$

由 $A^{-1}=\frac{1}{2}\begin{pmatrix}1&0\\-1&2\end{pmatrix}$，$C^{-1}=\frac{1}{12}\begin{pmatrix}3&0\\-1&4\end{pmatrix}$，$C^{-1}BA^{-1}=\frac{1}{24}\begin{pmatrix}12&4\\-3&5\end{pmatrix}$，得

$$D^{-1}=\frac{1}{24}\begin{bmatrix}24&0&0&0\\-12&12&0&0\\-12&-4&8&0\\3&-5&-2&6\end{bmatrix}.$$

30. 设 n 阶矩阵 A 及 s 阶矩阵 B 都可逆，试求：

(1) $\begin{pmatrix}O&A\\B&O\end{pmatrix}^{-1}$；　　(2) $\begin{pmatrix}A&O\\C&B\end{pmatrix}^{-1}$.

解　(1) 令 $D=\begin{pmatrix}O&A\\B&O\end{pmatrix}$，设 D 可逆，且 $D^{-1}=\begin{pmatrix}X&Z\\W&Y\end{pmatrix}$，其中 X,Y 分别为与 A，B 同阶的方阵，则应有

$$D^{-1}D=\begin{pmatrix}X&Z\\W&Y\end{pmatrix}\begin{pmatrix}O&A\\B&O\end{pmatrix}=E$$

即
$$\begin{pmatrix}ZB&XA\\YB&WA\end{pmatrix}=\begin{bmatrix}E_s&O\\O&E_n\end{bmatrix}$$

于是得

$$ZB=E_s \qquad ①$$
$$XA=O \qquad ②$$
$$YB=O \qquad ③$$
$$WA=E_n \qquad ④$$

因为矩阵 B，矩阵 A 均可逆，用 B^{-1} 分别右乘式①与式③，用 A^{-1} 分别右乘式②与式④，可得

$$ZBB^{-1}=E_sB^{-1},\quad XAA^{-1}=O,\quad YBB^{-1}=O,\quad WAA^{-1}=E_nA^{-1}$$

即
$$Z=B^{-1},\quad X=O,\quad Y=O,\quad W=A^{-1}$$

于是求得

$$D^{-1}=\begin{bmatrix}O&B^{-1}\\A^{-1}&O\end{bmatrix}.$$

容易验证 $DD^{-1}=D^{-1}D=E$.

(2) 思路同(1)，类似可得 $\begin{pmatrix}A&O\\C&B\end{pmatrix}^{-1}=\begin{bmatrix}A^{-1}&O\\-B^{-1}CA^{-1}&B^{-1}\end{bmatrix}$.

第 3 章　向量组的线性相关性

§3.1　基本要求

1. 熟悉向量组线性组合的定义；理解向量组线性相关与线性无关，熟练掌握判定向量组线性相关性的方法.

2. 了解向量组等价的定义，理解一个向量组能用另一个向量组线性表示的充要条件以及两向量组等价的充要条件，会证明两个向量组等价.

3. 理解向量组的一个最大无关组和向量组秩的定义，熟练掌握求向量组的一个最大无关组和求向量组秩的方法.

4. 熟悉二维、三维和 n 维向量空间的定义；了解向量空间的基和维数；了解子空间的基和维数.

§3.2　内容提要

1. 向量组的线性组合

(1) 向量组的线性组合的定义：

对向量组 $A:\boldsymbol{\alpha}_1,\boldsymbol{\alpha}_2,\cdots,\boldsymbol{\alpha}_n$，和任意 n 个实数 $k_1,k_2,\cdots,k_n$，称

$$k_1\boldsymbol{\alpha}_1+k_2\boldsymbol{\alpha}_2+\cdots+k_n\boldsymbol{\alpha}_n$$

为向量组 A 的一个线性组合，$k_1,k_2,\cdots,k_n$ 为这个线性组合的组合系数.

(2) 向量 $\boldsymbol{\beta}$ 能由向量组 $A:\boldsymbol{\alpha}_1,\boldsymbol{\alpha}_2,\cdots,\boldsymbol{\alpha}_n$ 线性表示的充要条件是

$$\boldsymbol{R}(\boldsymbol{\alpha}_1,\boldsymbol{\alpha}_2,\cdots,\boldsymbol{\alpha}_n)=\boldsymbol{R}(\boldsymbol{\alpha}_1,\boldsymbol{\alpha}_2,\cdots,\boldsymbol{\alpha}_n,\boldsymbol{\beta}).$$

2. 向量组的线性相关性的定义

向量组 $A:\boldsymbol{\alpha}_1,\boldsymbol{\alpha}_2,\cdots,\boldsymbol{\alpha}_n$ 线性相关与线性无关：若存在一组不全为零的实数 $\lambda_1,\lambda_2,\cdots,\lambda_n$，使得

$$\lambda_1\boldsymbol{\alpha}_1+\lambda_2\boldsymbol{\alpha}_2+\cdots+\lambda_n\boldsymbol{\alpha}_n=\boldsymbol{0}$$

则称向量组 A 线性相关；否则称向量组线性无关.

3. 向量组线性相关性的判定

(1) 向量组 $A:\boldsymbol{\alpha}_1,\boldsymbol{\alpha}_2,\cdots,\boldsymbol{\alpha}_n$ 线性相关性的判定，可以转化为关于组合系数 $\lambda_1,\lambda_2,\cdots,\lambda_n$ 为未知数的向量方程

$$\lambda_1\boldsymbol{\alpha}_1+\lambda_2\boldsymbol{\alpha}_2+\cdots+\lambda_n\boldsymbol{\alpha}_n=\mathbf{0}$$

为仅有零解时线性无关而有非零解时线性相关的讨论.

(2) 求出由向量组 $\boldsymbol{\alpha}_1,\boldsymbol{\alpha}_2,\cdots,\boldsymbol{\alpha}_n$ 构成矩阵的秩

$$\boldsymbol{R}(\boldsymbol{\alpha}_1,\boldsymbol{\alpha}_2,\cdots,\boldsymbol{\alpha}_n)=r$$

若 $r<n$,则 $A:\boldsymbol{\alpha}_1,\boldsymbol{\alpha}_2,\cdots,\boldsymbol{\alpha}_n$ 线性相关;若 $r=n$,则 $A:\boldsymbol{\alpha}_1,\boldsymbol{\alpha}_2,\cdots,\boldsymbol{\alpha}_n$ 线性无关.

4. 等价向量组

(1) 现有向量组 $A:\boldsymbol{\alpha}_1,\boldsymbol{\alpha}_2,\cdots,\boldsymbol{\alpha}_n$;和向量组 $B:\boldsymbol{\beta}_1,\boldsymbol{\beta}_2,\cdots,\boldsymbol{\beta}_t$,若 A 组的每一个向量能由 B 组的向量线性表示;B 组的每一个向量也能由 A 组的向量线性表示,则称向量组 A 与向量组 B 等价,或称 A 与 B 为等价向量组,记为 $A\sim B$.

向量组的等价关系满足:

① 反身性:即 $A\sim A$;

② 对称性:若 $A\sim B$,则 $B\sim A$;

③ 传递性:若 $A\sim B,B\sim C$,则 $A\sim C$.

(2) 向量组 A 与向量组 B 等价的充分必要条件是由 A 组向量构成矩阵 $\boldsymbol{A}$ 的秩 $\boldsymbol{R}(\boldsymbol{A})$ 与由 B 组向量构成矩阵 $\boldsymbol{B}$ 的秩 $\boldsymbol{R}(\boldsymbol{B})$ 以及由 A 组、B 组向量构成的矩阵 $(\boldsymbol{AB})$ 的秩 $\boldsymbol{R}(\boldsymbol{AB})$ 相等,即

$$\boldsymbol{R}(\boldsymbol{A})=\boldsymbol{R}(\boldsymbol{B})=\boldsymbol{R}(\boldsymbol{AB}).$$

5. 最大无关组与向量组的秩

(1) 最大无关组.

向量组 $A:\boldsymbol{\alpha}_1,\boldsymbol{\alpha}_2,\cdots,\boldsymbol{\alpha}_n$ 的部分组 $A_0:\boldsymbol{\alpha}_1,\boldsymbol{\alpha}_2,\cdots,\boldsymbol{\alpha}_r(r<n)$ 线性无关,而向量组 A 中任意 $r+1$ 个向量线性相关,则称 $\boldsymbol{\alpha}_1,\boldsymbol{\alpha}_2,\cdots,\boldsymbol{\alpha}_r$ 为向量组 A 的一个最大无关组,简称最大无关组.

一个向量组若有最大无关组,通常最大无关组不唯一.

(2) 向量组的秩.

向量组的一个最大无关组所含向量的个数,称为该向量组的秩,记为

$$\boldsymbol{R}(\boldsymbol{\alpha}_1,\boldsymbol{\alpha}_2,\cdots,\boldsymbol{\alpha}_n).$$

(3) 求向量组的秩和向量组的一个最大无关组的步骤:

① 将向量组的向量作为矩阵的列构成矩阵 $\boldsymbol{A}$;

② 用初等行变换把矩阵 $\boldsymbol{A}$ 化成行最简形矩阵 $\boldsymbol{B}$;

③ 矩阵 $\boldsymbol{B}$ 中行首非零元的个数就是向量组的秩;行首零元所在列对应原来的向量就组成向量组的一个最大无关组.

6. 向量空间 $\mathbf{R}^n$

(1) n 维向量空间 $\mathbf{R}^n$.

一切 n 维向量组成的集合记为 $\mathbf{R}^n$,$\mathbf{R}^n$ 中的元素线性运算是封闭的,即,任意 $\mathbf{R}^n$ 中的两个元素 $\boldsymbol{\alpha},\boldsymbol{\beta}$ 和 $k,l\in\mathbf{R}$,那么

$$k\boldsymbol{\alpha}+l\boldsymbol{\beta}\in\mathbf{R}^n.$$

同时 $\mathbf{R}^n$ 中的元素作加法运算满足：

① $\boldsymbol{\alpha}+\boldsymbol{\beta}=\boldsymbol{\beta}+\boldsymbol{\alpha}$；

② $\boldsymbol{\alpha}+(\boldsymbol{\beta}+\boldsymbol{r})=(\boldsymbol{\alpha}+\boldsymbol{\beta})+\boldsymbol{r}$；

③ $\mathbf{R}^n$ 中含有零向量 $\mathbf{0}$，且对任意 $\boldsymbol{\alpha}\in\mathbf{R}^n$ 有 $\boldsymbol{\alpha}+\mathbf{0}=\boldsymbol{\alpha}$；

④ 任意 $\boldsymbol{\alpha}\in\mathbf{R}^n$，存在 $-\boldsymbol{\alpha}\in\mathbf{R}^n$，使得 $\boldsymbol{\alpha}+(-\boldsymbol{\alpha})=\mathbf{0}$.

并且，k,l 为实数时，$\mathbf{R}^n$ 中的元素作数乘运算也满足：

① $k(l\boldsymbol{\alpha})=(kl)\boldsymbol{\alpha}$；

② $k(\boldsymbol{\alpha}+\boldsymbol{\beta})=k\boldsymbol{\alpha}+k\boldsymbol{\beta}$；

③ $(k+l)\boldsymbol{\alpha}=k\boldsymbol{\alpha}+l\boldsymbol{\alpha}$；

④ 任意 $\boldsymbol{\alpha}\in\mathbf{R}^n$，都有 $1\cdot\boldsymbol{\alpha}=\boldsymbol{\alpha}$.

此时称 $\mathbf{R}^n$ 为 n 维向量空间.

(2) 向量空间 $\mathbf{R}^n$ 的一组基.

向量空间 $\mathbf{R}^n$ 的一个最大无关组等同 $\mathbf{R}^n$ 的一组基.

(3) 向量空间 $\mathbf{R}^n$ 的一个子空间.

$S\subseteq\mathbf{R}^n$，S 中的元素对向量的线性运算是封闭的；S 中的元素作加法运算以及数乘运算满足(1) 中所列八条性质时成为 $\mathbf{R}^n$ 的子空间.

§3.3　学习要点

本章的中心议题是向量组的线性相关性. 对一组向量 A：$\boldsymbol{\alpha}_1,\boldsymbol{\alpha}_2,\cdots,\boldsymbol{\alpha}_n$，若能求出或证明存在 n 个不全为零的组合系数 $\lambda_1,\lambda_2,\cdots,\lambda_n$，使得

$$\lambda_1\boldsymbol{\alpha}_1+\lambda_2\boldsymbol{\alpha}_2+\cdots+\lambda_n\boldsymbol{\alpha}_n=\mathbf{0}.$$

那末便可以断定向量组 A 是线性相关的. 相反，求不出或证明不存在这样不全为零的组合系数，亦即只有 $\lambda_1,\lambda_2,\cdots,\lambda_n$ 全为零时，等式

$$\lambda_1\boldsymbol{\alpha}_1+\lambda_2\boldsymbol{\alpha}_2+\cdots+\lambda_n\boldsymbol{\alpha}_n=\mathbf{0}$$

才成立，这时可以说向量组 A 是线性无关的. 因此判定一个向量组线性相关与线性无关是本章的重点之一. 对给出的向量组 A：$\boldsymbol{\alpha}_1,\boldsymbol{\alpha}_2,\cdots,\boldsymbol{\alpha}_n$，可以通过 $\lambda_1,\lambda_2,\cdots,\lambda_n$ 为未知数的向量方程

$$\lambda_1\boldsymbol{\alpha}_1+\lambda_2\boldsymbol{\alpha}_2+\cdots+\lambda_n\boldsymbol{\alpha}_n=\mathbf{0}$$

仅有零解时向量组 A 线性无关；有非零解时线性相关加以判定；另一个有效的方法是将向量组的向量构成矩阵，用初等变换求构成矩阵的秩，若所求秩小于向量组向量的个数，向量组线性相关；若所求秩等于向量组向量的个数，向量组线性无关.

本章另一个重点是向量组的一个最大无关组与向量组秩的概念和具体的求法. 求一个向量组的秩和该向量组的一个最大无关组，实际上也可以看做初等变换的又一应用. 既可以将向量组的向量按列摆放构成矩阵化成行最简形矩阵，非零行数便是向量组的秩；行首非零元所在列对应原来的向量组成向量组的一个最大无关组；也可以将向量组的向量按行摆放构成矩阵，并用初等行变换将构成矩阵化成行阶梯形矩

阵,同样非零行数就是向量组的秩,而非零行所对应原先的向量组成向量组的一个最大无关组.

向量组线性相关与线性无关的判定是本章的难点,理解向量组的一个最大无关组的定义及掌握其求法,对了解 n 维向量空间 $\mathbf{R}^n$ 的基以及 $\mathbf{R}^n$ 的子空间和基都很重要.

§3.4 释疑解难

1. 正确理解向量组线性相关与线性无关的定义,对判定向量组的线性相关性是十分重要的

首先向量组线性相关定义中一组不全为零的组合系数,实际当中常常指出只要保证有一个组合系数不为零即可.

例如,任何含零向量的向量组必线性相关,这是因为零向量前的组合系数取 $k=1$,其余全取零,这样的线性组合等于零向量并保证组合系数不全为零.

其次,两组向量 $A:\boldsymbol{\alpha}_1,\boldsymbol{\alpha}_2,\cdots,\boldsymbol{\alpha}_n;B:\boldsymbol{\beta}_1,\boldsymbol{\beta}_2,\cdots,\boldsymbol{\beta}_n$ 它们都是线性相关的,但这并不一定可以推出向量组 $C:\boldsymbol{\alpha}_1+\boldsymbol{\beta}_1,\boldsymbol{\alpha}_2+\boldsymbol{\beta}_2,\cdots,\boldsymbol{\alpha}_n+\boldsymbol{\beta}_n$ 线性相关.这是因为一组不全为零的实数:$k_1,k_2,\cdots,k_n$ 使得

$$k_1\boldsymbol{\alpha}_1+k_2\boldsymbol{\alpha}_2+\cdots+k_n\boldsymbol{\alpha}_n=\mathbf{0}$$

成立,并不一定使得

$$k_1\boldsymbol{\beta}_1+k_2\boldsymbol{\beta}_2+\cdots+k_n\boldsymbol{\beta}_n=\mathbf{0}$$

成立,也就是说,两个向量个数相等线性相关的向量组不见得一定存在公共的不全为零的组合系数,同时使得该组合系数与两向量组的线性组合等于零向量.为此,$\boldsymbol{\alpha}_1$,$\boldsymbol{\alpha}_2,\cdots,\boldsymbol{\alpha}_n$ 线性相关,$\boldsymbol{\beta}_1,\boldsymbol{\beta}_2,\cdots,\boldsymbol{\beta}_n$ 线性相关,不见得 $\boldsymbol{\alpha}_1+\boldsymbol{\beta}_1,\boldsymbol{\alpha}_2+\boldsymbol{\beta}_2,\cdots,\boldsymbol{\alpha}_n+\boldsymbol{\beta}_n$ 一定线性相关.

例1 $\boldsymbol{\alpha}_1=(1,0,1)^{\mathrm{T}}$ 与 $\boldsymbol{\alpha}_2=(3,0,3)^{\mathrm{T}}$ 线性相关,$\boldsymbol{\beta}_1=(0,1,0)^{\mathrm{T}}$ 与 $\boldsymbol{\beta}_2=(0,3,0)^{\mathrm{T}}$ 线性相关,且 $\boldsymbol{\alpha}_1+\boldsymbol{\beta}_1=(1,1,1)^{\mathrm{T}}$ 与 $\boldsymbol{\alpha}_2+\boldsymbol{\beta}_2=(3,3,3)^{\mathrm{T}}$ 线性相关.此时存在公共的组合系数 $k_1=-3,k_2=1$,使得 $k_1\boldsymbol{\alpha}_1+k_2\boldsymbol{\alpha}_2=\mathbf{0}$,且同时使得 $k_1\boldsymbol{\beta}_1+k_2\boldsymbol{\beta}_2=\mathbf{0}$,为此 $k_1(\boldsymbol{\alpha}_1+\boldsymbol{\beta}_1)+k_2(\boldsymbol{\alpha}_2+\boldsymbol{\beta}_2)=\mathbf{0}$ 也成立.

但是,$\boldsymbol{\alpha}_1$ 与 $\boldsymbol{\alpha}_2$,$\boldsymbol{\beta}_1$ 保持不变,$\boldsymbol{\beta}_2$ 换成 $\boldsymbol{\beta}_2=(0,2,0)^{\mathrm{T}}$ 显然 $\boldsymbol{\alpha}_1$ 与 $\boldsymbol{\alpha}_2$ 线性相关.$\boldsymbol{\beta}_1$ 与 $\boldsymbol{\beta}_2$ 线性相关,但此时就不存在公共的系数 k_1 与 k_2,同时使 $k_1\boldsymbol{\alpha}_1+k_2\boldsymbol{\alpha}_2=\mathbf{0}$ 和 $k_1\boldsymbol{\beta}_1+k_2\boldsymbol{\beta}_2=\mathbf{0}$ 成立.因为实际上 $\boldsymbol{\alpha}_1+\boldsymbol{\beta}_1=(1,1,1)^{\mathrm{T}},\boldsymbol{\alpha}_2+\boldsymbol{\beta}_2=(3,2,3)^{\mathrm{T}}$ 已不线性相关.而是线性无关,当然不可能存在一组不全为零的实数 k_1,k_2,使得 $k_1(\boldsymbol{\alpha}_1+\boldsymbol{\beta}_1)+k_2(\boldsymbol{\alpha}_2+\boldsymbol{\beta}_2)=\mathbf{0}$ 成立.

另外关于线性无关的定义,一组向量 $\boldsymbol{\alpha}_1,\boldsymbol{\alpha}_2,\cdots,\boldsymbol{\alpha}_n$,不线性相关,就一定线性无关;不全为零的组合系数一定也不存在.

向量组 $\boldsymbol{\alpha}_1,\boldsymbol{\alpha}_2,\cdots,\boldsymbol{\alpha}_n$ 线性无关,也可以这样叙述:对任一组不全为零的组合系数 $k_1,k_2,\cdots,k_n$,它们的线性组合

$$k_1\boldsymbol{\alpha}_1 + k_2\boldsymbol{\alpha}_2 + \cdots + k_n\boldsymbol{\alpha}_n \neq \mathbf{0}$$

总成立.

另外向量组 $\boldsymbol{\alpha}_1,\boldsymbol{\alpha}_2,\cdots,\boldsymbol{\alpha}_n$ 线性无关，还可以这样叙述：只有全为零的组合系数，即只有当 $k_1 = k_2 = \cdots = k_n = 0$ 时

$$k_1\boldsymbol{\alpha}_1 + k_2\boldsymbol{\alpha}_2 + \cdots + k_n\boldsymbol{\alpha}_n = \mathbf{0}$$

才成立，此时称 $\boldsymbol{\alpha}_1,\boldsymbol{\alpha}_2,\cdots,\boldsymbol{\alpha}_n$ 线性无关.

例 2　设向量 $\boldsymbol{\alpha}_1 = (1,0,1)^{\mathrm{T}},\boldsymbol{\alpha}_2 = (2,0,2)^{\mathrm{T}}$，由于对应分量成比例，这两个向量线性相关，但 $\mathbf{0}\boldsymbol{\alpha}_1 + \mathbf{0}\boldsymbol{\alpha}_2 = \mathbf{0}$ 显然不因为此而说这两个向量线性无关. 而向量 $\boldsymbol{\alpha}_1 = (1,0,1)^{\mathrm{T}},\boldsymbol{\alpha}_2 = (3,0,2)^{\mathrm{T}}$ 因为对应分量不成比例这两个向量是线性无关的. 只有 $\mathbf{0}\boldsymbol{\alpha}_1 + \mathbf{0}\boldsymbol{\alpha}_2 = \mathbf{0}$ 才成立，所以向量 $\boldsymbol{\alpha}_1,\boldsymbol{\alpha}_2$ 线性无关.

2. 向量组线性相关性的判定

(1) 向量组 $A:\boldsymbol{\alpha}_1,\boldsymbol{\alpha}_2,\cdots,\boldsymbol{\alpha}_n$ 线性相关性的判定可以转化为向量形式的 n 元齐次线性方程组：

$$x_1\boldsymbol{\alpha}_1 + x_2\boldsymbol{\alpha}_2 + \cdots + x_n\boldsymbol{\alpha}_n = \mathbf{0}$$

仅有零解时 $\boldsymbol{\alpha}_1,\boldsymbol{\alpha}_2,\cdots,\boldsymbol{\alpha}_n$ 线性无关，而有非零解时线性相关的讨论加以判定.

当向量的维数与向量个数相等时，即 $\boldsymbol{\alpha}_j = (a_{1j},a_{2j},\cdots,a_{nj})^{\mathrm{T}}\quad j = 1,2,\cdots,n$，向量形式方程组为

$$\begin{cases} a_{11}x_1 + a_{12}x_2 + \cdots + a_{1n}x_n = \mathbf{0} \\ a_{21}x_1 + a_{22}x_2 + \cdots + a_{2n}x_n = \mathbf{0} \\ \quad\vdots \qquad\quad \vdots \qquad\qquad\quad \vdots \qquad \vdots \\ a_{n1}x_1 + a_{n2}x_2 + \cdots + a_{nn}x_n = \mathbf{0} \end{cases}$$

由第 1 章中的克莱姆法则可知当方程组的系数行列式

$$D = \begin{vmatrix} a_{11} & a_{12} & \cdots & a_{1n} \\ a_{21} & a_{22} & \cdots & a_{2n} \\ \vdots & \vdots & & \vdots \\ a_{n1} & a_{n2} & \cdots & a_{nn} \end{vmatrix} \neq \mathbf{0}, \text{即 } \det(\boldsymbol{\alpha}_1\boldsymbol{\alpha}_2\cdots\boldsymbol{\alpha}_n) \neq 0$$

方程组仅有零解，即只有 $x_1 = x_2 = \cdots = x_n = \mathbf{0}$ 时，等式

$$x_1\boldsymbol{\alpha}_1 + x_2\boldsymbol{\alpha}_2 + \cdots + x_n\boldsymbol{\alpha}_n = \mathbf{0}$$

才成立，故 $\boldsymbol{\alpha}_1,\boldsymbol{\alpha}_2,\cdots,\boldsymbol{\alpha}_n$ 线性无关；而 $D = \mathbf{0}$ 时亦即 $\det(\boldsymbol{\alpha}_1,\boldsymbol{\alpha}_2,\cdots,\boldsymbol{\alpha}_n) = \mathbf{0}$ 时，方程组有非零解，即 $x_1,x_2,\cdots,x_n$ 就是一组不全为零的组合系数，使得

$$x_1\boldsymbol{\alpha}_1 + x_2\boldsymbol{\alpha}_2 + \cdots + x_n\boldsymbol{\alpha}_n = \mathbf{0}$$

成立，故 $\boldsymbol{\alpha}_1,\boldsymbol{\alpha}_2,\cdots,\boldsymbol{\alpha}_n$ 线性相关.

例 3　判定下列向量组的线性相关性.

$A:\boldsymbol{\alpha}_1 = (3,2,-5,4)^{\mathrm{T}},\quad \boldsymbol{\alpha}_2 = (3,-1,3,-3)^{\mathrm{T}},$

$\quad\boldsymbol{\alpha}_3 = (6,4,-10,8)^{\mathrm{T}},\boldsymbol{\alpha}_4 = (3,5,-13,11)^{\mathrm{T}};$

B:$\boldsymbol{\beta}_1=(1,2,1,-2,1)^{\mathrm{T}},\boldsymbol{\beta}_2=(2,-1,1,3,2)^{\mathrm{T}},\boldsymbol{\beta}_3=(1,-1,2,-1,3)^{\mathrm{T}},$
$\boldsymbol{\beta}_4=(2,1,-3,1,-2)^{\mathrm{T}},\boldsymbol{\beta}_5=(1,-1,3,-1,7)^{\mathrm{T}}.$

解:对向量组 A

$$\det(\boldsymbol{\alpha}_1,\boldsymbol{\alpha}_2,\boldsymbol{\alpha}_3,\boldsymbol{\alpha}_4)=\begin{vmatrix}3&3&6&3\\2&-1&4&5\\-5&3&-10&-13\\4&-3&8&11\end{vmatrix}\xlongequal{C_3-C_2-C_4}\begin{vmatrix}3&3&0&3\\2&-1&0&5\\-5&3&0&-13\\4&-3&0&11\end{vmatrix}=0$$

故 $\boldsymbol{\alpha}_1,\boldsymbol{\alpha}_2,\boldsymbol{\alpha}_3,\boldsymbol{\alpha}_4$ 线性相关;

当然也容易看出 $\boldsymbol{\alpha}_3=\boldsymbol{\alpha}_2+\boldsymbol{\alpha}_4$ 所以 $\boldsymbol{\alpha}_2,\boldsymbol{\alpha}_3,\boldsymbol{\alpha}_4$ 线性相关,进而 $\boldsymbol{\alpha}_1,\boldsymbol{\alpha}_2,\boldsymbol{\alpha}_3,\boldsymbol{\alpha}_4$ 线性相关.

对向量组 B

$$\det(\boldsymbol{\beta}_1,\boldsymbol{\beta}_2,\boldsymbol{\beta}_3,\boldsymbol{\beta}_4,\boldsymbol{\beta}_5)=\begin{vmatrix}1&2&1&2&1\\2&-1&-1&1&-1\\1&1&2&-3&3\\-2&3&-1&1&-1\\1&2&3&2&7\end{vmatrix}$$

$$\xlongequal[\substack{r_2-2r_1\\r_3-r_1\\r_5-r_1}]{r_4+r_2}\begin{vmatrix}1&2&1&2&1\\0&-5&-3&-3&-3\\0&-1&1&-5&2\\0&2&-2&2&-2\\0&0&2&-4&6\end{vmatrix}\xlongequal[\substack{r_4+2r_3\\r_2+4r_5\\-\frac{1}{8}r_4}]{r_2-5r_3}\begin{vmatrix}1&2&1&2&1\\0&0&0&6&11\\0&-1&1&-5&2\\0&0&0&1&-\frac{1}{4}\\0&0&2&-4&6\end{vmatrix}$$

$$\xlongequal{r_2-6r_4}\begin{vmatrix}1&2&1&2&1\\0&0&0&0&\frac{25}{2}\\0&-1&1&-5&2\\0&0&0&1&-\frac{1}{4}\\0&0&2&-4&6\end{vmatrix}\xlongequal[r_3\leftrightarrow r_5]{r_2\leftrightarrow r_3}\begin{vmatrix}1&2&1&2&1\\0&-1&1&-5&2\\0&0&2&-4&6\\0&0&0&1&-\frac{1}{4}\\0&0&0&0&\frac{25}{2}\end{vmatrix}=-25\neq0,$$

故 $\boldsymbol{\beta}_1,\boldsymbol{\beta}_2,\boldsymbol{\beta}_3,\boldsymbol{\beta}_4,\boldsymbol{\beta}_5$ 线性无关.

(2) 向量组 A:$\boldsymbol{\alpha}_1,\boldsymbol{\alpha}_2,\cdots,\boldsymbol{\alpha}_n$ 线性相关性的判定,也可以通过求由该组向量构成的矩阵 $\boldsymbol{A}$.

$$\boldsymbol{A}=(\boldsymbol{\alpha}_1,\boldsymbol{\alpha}_2,\cdots,\boldsymbol{\alpha}_n)$$

的秩 $\boldsymbol{R}(\boldsymbol{A})=r$,当 $r<n$ 时 $\boldsymbol{\alpha}_1,\boldsymbol{\alpha}_2,\cdots,\boldsymbol{\alpha}_n$ 线性相关,而当 $r=n$ 时 $\boldsymbol{\alpha}_1,\boldsymbol{\alpha}_2,\cdots,\boldsymbol{\alpha}_n$ 线性无关来判定.

例 4 用求矩阵秩的方法判定例 3 中向量组 B 的向量的线性相关性.

解　$$A=\begin{pmatrix}1&2&1&2&1\\2&-1&-1&1&-1\\1&1&2&-3&3\\-2&3&-1&1&-1\\1&2&3&-2&7\end{pmatrix}\xrightarrow[\substack{r_2-2r_1\\r_3-r_1\\r_5-r_1}]{r_4+r_2}\begin{pmatrix}1&2&1&2&1\\0&-5&-3&-3&-3\\0&-1&1&-5&2\\0&2&-2&2&-2\\0&0&2&-4&6\end{pmatrix}$$

$$\xrightarrow[r_4+2r_3]{r_2-5r_3}\begin{pmatrix}1&2&1&2&1\\0&0&-8&22&-13\\0&-1&1&-5&2\\0&0&0&-8&2\\0&0&2&-4&6\end{pmatrix}\xrightarrow{r_2+4r_5}\begin{pmatrix}1&2&1&2&1\\0&0&0&6&11\\0&-1&1&-5&2\\0&0&0&-8&2\\0&0&2&-4&6\end{pmatrix}$$

$$\xrightarrow{-\frac{1}{8}r_4}\begin{pmatrix}1&2&1&2&1\\0&0&0&6&11\\0&-1&1&-5&2\\0&0&0&1&-\frac{1}{4}\\0&0&2&-4&6\end{pmatrix}\xrightarrow[\substack{r_2\leftrightarrow r_3\\r_3\leftrightarrow r_5}]{r_2-6r_4}\begin{pmatrix}1&2&1&2&1\\0&-1&1&-5&2\\0&0&2&-4&6\\0&0&0&1&-\frac{1}{4}\\0&0&0&0&\frac{25}{2}\end{pmatrix}=B$$

由行阶梯形矩阵 B 有五行非零行可知，$R(A)=5$，即 A 的秩等于向量的个数，故向量组 $B=\beta_1,\beta_2,\beta_3,\beta_4,\beta_5$ 线性无关.

3. 向量组的一个最大无关组

求向量组的一个最大无关组，一般是将向量组的向量作为矩阵的列用初等行变换化成行最简形矩阵，取行最简形矩阵行首非零元所在列对应原来的向量就组成该向量组的一个最大无关组. 这样所取的部分组确保线性无关. 若不是按行首非零元所在列来取得的向量并不保证一定是组成一个最大无关组.

例5　求向量组：$\alpha_1=(2,1,3,-1)^T,\alpha_2=(3,-1,2,0)^T,\alpha_3=(1,3,4,-2)^T,\alpha_4=(4,-3,1,1)^T$ 的一个最大无关组.

解　$$(\alpha_1,\alpha_2,\alpha_3,\alpha_4)=\begin{pmatrix}2&3&1&4\\1&-1&3&-3\\3&2&4&1\\-1&0&-2&1\end{pmatrix}\xrightarrow[\substack{r_1-2r_2\\r_3-3r_1}]{r_4+r_2}\begin{pmatrix}0&5&-5&10\\1&-1&3&-3\\0&5&-5&10\\0&-1&1&-2\end{pmatrix}$$

$$\xrightarrow[\substack{r_3-5r_4\\r_1\leftrightarrow r_2\\r_2\leftrightarrow r_4}]{r_1-5r_4}\begin{pmatrix}1&-1&3&-3\\0&-1&1&-2\\0&0&0&0\\0&0&0&0\end{pmatrix}\xrightarrow[-1\cdot r_2]{r_1-r_2}\begin{pmatrix}1&0&2&-1\\0&1&-1&2\\0&0&0&0\\0&0&0&0\end{pmatrix}$$

故 $R(\alpha_1,\alpha_2,\alpha_3,\alpha_4)=2$，$\alpha_1,\alpha_2$ 为其一个最大无关组，实际上四个向量每两个向量都线性无关(对应分量不成比例)，因此都可以是向量组的一个最大无关组.

例6　求向量组：$\beta_1=(1,2,9,7)^T,\beta_2=(0,1,5,1)^T,\beta_3=(3,6,27,21)^T,\beta_4=$

$(2,4,18,14)^T$ 的一个最大无关组.

解 $(\boldsymbol{\beta}_1,\boldsymbol{\beta}_2,\boldsymbol{\beta}_3,\boldsymbol{\beta}_4)=\begin{pmatrix}1&0&3&2\\2&1&6&4\\9&5&27&18\\7&1&21&14\end{pmatrix}\xrightarrow[\substack{r_3-9r_1\\r_4-7r_1}]{r_2-2r_1}\begin{pmatrix}1&0&3&2\\0&1&0&0\\0&5&0&0\\0&1&0&0\end{pmatrix}$

$$\xrightarrow[r_4-r_2]{r_3-5r_2}\begin{pmatrix}1&0&3&2\\0&1&0&0\\0&0&0&0\\0&0&0&0\end{pmatrix},$$

显然,$\boldsymbol{R}(\boldsymbol{\beta}_1,\boldsymbol{\beta}_2,\boldsymbol{\beta}_3,\boldsymbol{\beta}_4)=2$,取第一行第二行主元所在列原来的向量为$\boldsymbol{\beta}_1,\boldsymbol{\beta}_2$作为该向量组的一个最大无关组是对的.但取,$\boldsymbol{\beta}_1,\boldsymbol{\beta}_3,\boldsymbol{\beta}_1,\boldsymbol{\beta}_4$作为最大无关组是不行的,因为它们对应分量都成比例连线性无关都不满足;取$\boldsymbol{\beta}_3,\boldsymbol{\beta}_4$也不行,因为$\boldsymbol{\beta}_3-\frac{3}{2}\boldsymbol{\beta}_4=\boldsymbol{0}$,即$\boldsymbol{\beta}_3,\boldsymbol{\beta}_4$线性相关.但是取$\boldsymbol{\beta}_2,\boldsymbol{\beta}_3$或取$\boldsymbol{\beta}_2,\boldsymbol{\beta}_4$.由于这两组向量两两对应分量不成比例,从而线性无关,又最大无关组向量个数等于2,所以能够为向量组的一个最大无关组.

§3.5 习题解答

1. 试将向量$\boldsymbol{\beta}$表示为向量组A:$\boldsymbol{\alpha}_1,\boldsymbol{\alpha}_2,\cdots,\boldsymbol{\alpha}_m$的线性组合

(1)$\boldsymbol{\beta}=\begin{pmatrix}3\\7\\6\end{pmatrix}$; $\boldsymbol{\alpha}_1=\begin{pmatrix}1\\2\\1\end{pmatrix}$, $\boldsymbol{\alpha}_2=\begin{pmatrix}1\\2\\3\end{pmatrix}$, $\boldsymbol{\alpha}_3\begin{pmatrix}-1\\-3\\2\end{pmatrix}$;

(2)$\boldsymbol{\beta}=\begin{pmatrix}2\\3\\-4\\1\end{pmatrix}$; $\boldsymbol{\alpha}_1=\begin{pmatrix}1\\-1\\2\\2\end{pmatrix}$, $\boldsymbol{\alpha}_2=\begin{pmatrix}0\\3\\1\\4\end{pmatrix}$, $\boldsymbol{\alpha}_3=\begin{pmatrix}3\\0\\7\\10\end{pmatrix}$, $\boldsymbol{\alpha}_4=\begin{pmatrix}1\\1\\3\\5\end{pmatrix}$.

解 (1) 可以用初等变换求解.

$$\begin{pmatrix}1&1&-1&3\\2&2&-3&7\\1&3&2&6\end{pmatrix}\xrightarrow[r_3-r_1]{r_2-2r_1}\begin{pmatrix}1&1&-1&3\\0&0&-1&1\\0&2&3&3\end{pmatrix}\xrightarrow[r_1-r_2]{r_3+3r_2}\begin{pmatrix}1&1&0&2\\0&0&-1&1\\0&2&0&6\end{pmatrix}$$

$$\xrightarrow[r_2\leftrightarrow r_3]{\frac{1}{2}r_3}\begin{pmatrix}1&1&0&2\\0&1&0&3\\0&0&-1&1\end{pmatrix}\xrightarrow[-1\cdot r_3]{r_1-r_2}\begin{pmatrix}1&0&0&-1\\0&1&0&3\\0&0&1&-1\end{pmatrix}$$

所以
$$\boldsymbol{\beta}=3\boldsymbol{\alpha}_2-\boldsymbol{\alpha}_1-\boldsymbol{\alpha}_3.$$

(2) $$\begin{pmatrix}1&0&3&1&2\\-1&3&0&1&3\\2&1&7&3&-4\\2&4&10&5&1\end{pmatrix}\xrightarrow[\substack{r_3-2r_1\\r_4-2r_1}]{r_2+r_1}\begin{pmatrix}1&0&3&1&2\\0&3&3&2&5\\0&1&1&1&-8\\0&4&4&3&-3\end{pmatrix}$$

$$\xrightarrow[r_4-4r_3]{r_2-3r_3}\begin{pmatrix}1&0&3&1&2\\0&0&0&-1&29\\0&1&1&1&-8\\0&0&0&-1&29\end{pmatrix}\xrightarrow[r_2\leftrightarrow r_3]{r_4-r_2}\begin{pmatrix}1&0&3&1&2\\0&1&1&1&-8\\0&0&0&-1&29\\0&0&0&0&0\end{pmatrix}$$

$$\xrightarrow[\substack{r_2+r_3\\-1\,r_3}]{r_1+r_3}\begin{pmatrix}1&0&3&0&31\\0&1&1&0&21\\0&0&0&1&-29\\0&0&0&0&0\end{pmatrix}$$

所以
$$\boldsymbol{\beta}=31\boldsymbol{\alpha}_1+21\boldsymbol{\alpha}_2-29\boldsymbol{\alpha}_4.$$

2. 向量 $\boldsymbol{\beta}_1=\begin{pmatrix}-2\\1\\1\end{pmatrix},\boldsymbol{\beta}_2=\begin{pmatrix}3\\-1\\3\end{pmatrix}$ 能否表示为向量组 $A:\boldsymbol{\alpha}_1=\begin{pmatrix}2\\-1\\1\end{pmatrix},\boldsymbol{\alpha}_2=\begin{pmatrix}-1\\1\\1\end{pmatrix},$ $\boldsymbol{\alpha}_3=\begin{pmatrix}-3\\2\\0\end{pmatrix},\boldsymbol{\alpha}_4=\begin{pmatrix}-4\\3\\1\end{pmatrix}$ 的线性组合？

解　将向量组 A 与 $\boldsymbol{\beta}_1,\boldsymbol{\beta}_2$ 按列摆放构成三行六列的矩阵，用初等行变换化为行最简形矩阵，即

$$(A,\boldsymbol{\beta}_1,\boldsymbol{\beta}_2)=\begin{pmatrix}2&-1&-3&-4&-2&3\\-1&1&2&3&1&-1\\1&1&0&1&1&3\end{pmatrix}$$

$$\xrightarrow[r_1-2r_3]{r_2+r_3}\begin{pmatrix}0&-3&-3&-6&-4&-3\\0&2&2&4&2&2\\1&1&0&1&1&3\end{pmatrix}$$

$$\xrightarrow[\substack{\frac{1}{2}r_2\\-1\cdot r_3}]{r_1\leftrightarrow r_3}\begin{pmatrix}1&1&0&1&1&3\\0&1&1&2&1&1\\0&3&3&6&4&3\end{pmatrix}\xrightarrow{r_3-3r_2}\begin{pmatrix}1&1&0&1&1&3\\0&1&1&2&1&1\\0&0&0&0&1&0\end{pmatrix}$$

由行最简形矩阵可知 $\boldsymbol{R}(A\boldsymbol{\beta}_2)=\boldsymbol{R}(\boldsymbol{A})=2$，所以 $\boldsymbol{\beta}_2$ 可以表示为向量 A 的线性组合；而 $\boldsymbol{\beta}_1$ 则不能. 且用向量组 A 线性表示式为

$$\boldsymbol{\beta}_2=3\boldsymbol{\alpha}_1+\boldsymbol{\alpha}_3$$

另外由
$$\begin{pmatrix}1&1&0&1&1&3\\0&1&1&2&1&1\\0&0&0&0&1&0\end{pmatrix}\xrightarrow{r_1-r_2}\begin{pmatrix}1&0&-1&-1&0&2\\0&1&1&2&1&1\\0&0&0&0&1&0\end{pmatrix}$$

也有
$$\boldsymbol{\beta}_2=2\boldsymbol{\alpha}_1+\boldsymbol{\alpha}_2.$$

3. 下列向量组 A 与向量组 B 是否为等价向量组？

(1) $A:\boldsymbol{\alpha}_1=(2,0,-1,3)^{\mathrm{T}}$，　$\boldsymbol{\alpha}_2=(3,-2,1,-1)^{\mathrm{T}}$，

　　$B:\boldsymbol{\beta}_1=(-5,6,-5,9)^{\mathrm{T}}$，　$\boldsymbol{\beta}_2=(4,-4,3,-5)^{\mathrm{T}}$；

(2) $A:\boldsymbol{\alpha}_1=(3,-1,1,0)^{\mathrm{T}}$，　$\boldsymbol{\alpha}_2=(1,0,3,1)^{\mathrm{T}}$，　$\boldsymbol{\alpha}_3=(-2,1,2,1)^{\mathrm{T}}$，

$B:\boldsymbol{\beta}_1=(0,1,8,3)^{\mathrm{T}}$，$\boldsymbol{\beta}_2=(-1,1,5,2)^{\mathrm{T}}$；

(3) $A:\boldsymbol{\alpha}_1=(1,0,0)^{\mathrm{T}}$，$\boldsymbol{\alpha}_2=(0,1,2)^{\mathrm{T}}$，$\boldsymbol{\alpha}_3=(2,3,5)^{\mathrm{T}}$，

$B:\boldsymbol{\beta}_1=(3,1,2)^{\mathrm{T}}$，$\boldsymbol{\beta}_2=(1,1,1)^{\mathrm{T}}$，$\boldsymbol{\beta}_3=(1,1,-1)^{\mathrm{T}}$，$\boldsymbol{\beta}_4=(2,1,0)^{\mathrm{T}}$.

解 (1) $$\begin{pmatrix}2&3&-5&4\\0&-2&6&-4\\-1&1&-5&3\\3&-1&9&-5\end{pmatrix}\sim\begin{pmatrix}0&5&-15&10\\0&-2&6&-4\\-1&1&-5&3\\0&2&-6&4\end{pmatrix}$$

$$\sim\begin{pmatrix}-1&1&-5&3\\0&1&-3&2\\0&1&-3&2\\0&0&0&0\end{pmatrix}\sim\begin{pmatrix}-1&1&-5&3\\0&1&-3&2\\0&0&0&0\\0&0&0&0\end{pmatrix}$$

所以 $\boldsymbol{R}(A)=\boldsymbol{R}(B)=\boldsymbol{R}(AB)=2$，故 $A\sim B$.

(2) $$\begin{pmatrix}3&1&-2&0&-1\\-1&0&1&1&1\\1&3&2&8&5\\0&1&1&3&2\end{pmatrix}\sim\begin{pmatrix}0&-8&-8&-24&-16\\0&3&3&9&6\\1&3&2&8&5\\0&1&1&3&2\end{pmatrix}$$

$$\sim\begin{pmatrix}1&3&2&8&5\\0&1&1&3&2\\0&1&1&3&2\\0&1&1&3&2\end{pmatrix}\sim\begin{pmatrix}1&3&2&8&5\\0&1&1&3&2\\0&0&0&0&0\\0&0&0&0&0\end{pmatrix}$$

所以 $\boldsymbol{R}(A)=\boldsymbol{R}(B)=\boldsymbol{R}(AB)=2$，故 $A\sim B$.

(3) $$\begin{pmatrix}1&0&2&3&1&1&2\\0&1&3&1&1&1&1\\0&2&5&2&1&-1&0\end{pmatrix}\sim\begin{pmatrix}1&0&2&3&1&1&2\\0&1&3&1&1&1&1\\0&0&-1&0&-1&-3&-2\end{pmatrix}$$

$\boldsymbol{R}(A)=\boldsymbol{R}(B)=\boldsymbol{R}(AB)=3$，故 $A\sim B$.

4. 向量 $\boldsymbol{\alpha}_1,\boldsymbol{\alpha}_2,\boldsymbol{\alpha}_3$ 线性无关，证明向量 $\boldsymbol{\beta}_1=\boldsymbol{\alpha}_1+\boldsymbol{\alpha}_2,\boldsymbol{\beta}_2=\boldsymbol{\alpha}_2+\boldsymbol{\alpha}_3,\boldsymbol{\beta}_3=\boldsymbol{\alpha}_3+\boldsymbol{\alpha}_1$ 必线性无关.

证明 设存在组合系数 k_1,k_2,k_3，使得 $k_1(\boldsymbol{\alpha}_1+\boldsymbol{\alpha}_2)+k_2(\boldsymbol{\alpha}_2+\boldsymbol{\alpha}_3)+k_3(\boldsymbol{\alpha}_3+\boldsymbol{\alpha}_1)=\mathbf{0}$ 即

$$(k_1+k_3)\boldsymbol{\alpha}_1+(k_1+k_2)\boldsymbol{\alpha}_2+(k_2+k_3)\boldsymbol{\alpha}_3=\mathbf{0}$$

由于 $\boldsymbol{\alpha}_1,\boldsymbol{\alpha}_2,\boldsymbol{\alpha}_3$ 线性无关，所以

$$\begin{cases}k_1\quad\;\;+k_3=0\\k_1+k_2\quad\;\;=0\\\quad\;\;k_2+k_3=0\end{cases}$$

该齐次方程组系数矩阵行列式为 2 不等于零，故只有零解，即 $k_1=k_2=k_3=0$ 从而 $\boldsymbol{\alpha}_1+\boldsymbol{\alpha}_2,\boldsymbol{\alpha}_2+\boldsymbol{\alpha}_3,\boldsymbol{\alpha}_3+\boldsymbol{\alpha}_1$ 线性无关.

5. 向量 $\boldsymbol{\alpha}_1,\boldsymbol{\alpha}_2$ 线性相关，向量 $\boldsymbol{\beta}_1,\boldsymbol{\beta}_2$ 线性相关，向量 $\boldsymbol{\alpha}_1+\boldsymbol{\beta}_1,\boldsymbol{\alpha}_2+\boldsymbol{\beta}_2$ 是否一定线性

相关?是,给出证明;否,举出反例.

解　不一定.如 $\boldsymbol{\alpha}_1=(1,0,1)^T,\boldsymbol{\alpha}_2=(2,0,2)^T;\boldsymbol{\beta}_1=(0,1,0)^T,\boldsymbol{\beta}_2=(0,2,0)^T$ 此时 $\boldsymbol{\alpha}_1+\boldsymbol{\beta}_1=(1,1,1)^T$,与 $\boldsymbol{\beta}_2+\boldsymbol{\alpha}_2=(2,2,2)^T$ 是线性相关的;但 $\boldsymbol{\alpha}_1,\boldsymbol{\alpha}_2,\boldsymbol{\beta}_1$ 不变,$\boldsymbol{\beta}_2=(0,3,0)^T$,$\boldsymbol{\beta}_1$ 与 $\boldsymbol{\beta}_2$ 仍线性相关,但 $\boldsymbol{\alpha}_1+\boldsymbol{\beta}_1=(1,1,1)^T,\boldsymbol{\alpha}_2+\boldsymbol{\beta}_2=(2,3,2)^T$ 却为线性无关.

6.设有向量组 $A:\boldsymbol{\alpha}_1,\boldsymbol{\alpha}_2,\cdots,\boldsymbol{\alpha}_m$,证明:

(1)A 的任何部分组线性相关,则整体组线性相关;

(2) 向量组 A 线性无关,则 A 的任何部分组线性无关.

证明　(1)A 的任一部分组线性相关,此时已存在一组不全为零的组合系数,再添加若干个零成为整体组的组合系数,仍不全为零,故整体组线性相关.

(2) 若向量组 A 线性无关,用反证法证明其任何部分组线性无关,现若其某一部分组线性相关,由(1) 可知整体组 A 线性相关,与其线性无关矛盾,故 A 的任何部分组线性无关.

7.判定下列向量组的线性相关性

(1)$A:\boldsymbol{\alpha}_1=(1,2,1)^T,\boldsymbol{\alpha}_2=(1,1,1)^T,\boldsymbol{\alpha}_3=(1,1,2)^T$;

(2)$A:\boldsymbol{\alpha}_1=(1,2,3)^T,\boldsymbol{\alpha}_2=(4,3,5)^T,\boldsymbol{\alpha}_3=(3,1,2)^T$;

(3)$B:\boldsymbol{\beta}_1=(3,2,-5,4)^T,\boldsymbol{\beta}_2=(3,-1,-3,-3)^T,\boldsymbol{\beta}_3=(3,5,-7,11)^T$;

(4)$B:\boldsymbol{\beta}_1=(2,1,3,-1)^T,\boldsymbol{\beta}_2=(3,-1,2,0)^T,\boldsymbol{\beta}_3=(1,3,4,-2)^T,\boldsymbol{\beta}_4=(4,-3,1,1)^T$.

解　判定向量组的线性相关性,具体的方法有:由向量构成的矩阵的秩小于或等于向量的个数判定为线性相关或线性无关.

(1) $\begin{vmatrix}1&1&1\\2&1&1\\1&1&2\end{vmatrix}=-1\neq 0$,故可知向量构成的矩阵为满秩矩阵,秩等于 3 等于向量个数,所以向量组(1) 线性相关.

(2) 因为 $\begin{vmatrix}1&4&3\\2&3&1\\3&5&2\end{vmatrix}=0$,所以 $\boldsymbol{R}(\boldsymbol{\alpha}_1,\boldsymbol{\alpha}_2,\boldsymbol{\alpha}_3)<3$,从而向量组(2) 线性相关.

(3) $$\begin{pmatrix}3&3&3\\2&-1&5\\-5&-3&-7\\4&-3&11\end{pmatrix}\xrightarrow{r_1-r_2}\begin{pmatrix}1&4&-2\\2&-1&5\\-5&-3&-7\\4&-3&11\end{pmatrix}\xrightarrow[\substack{r_3+5r_1\\r_4-4r_1}]{r_2-2r_1}\begin{pmatrix}1&4&-2\\0&-9&9\\0&17&-17\\0&-19&19\end{pmatrix}$$

$$\xrightarrow[\substack{r_3-17r_2\\r_4+19r_2}]{-\frac{1}{9}r_2}\begin{pmatrix}1&4&-2\\0&1&-1\\0&0&0\\0&0&0\end{pmatrix}\xrightarrow{r_1-4r_2}\begin{pmatrix}1&0&2\\0&1&-1\\0&0&0\\0&0&0\end{pmatrix}$$

由最后行最简形矩阵显然可知 $\boldsymbol{\beta}_3=2\boldsymbol{\beta}_1-\boldsymbol{\beta}_2$,从而向量组(3) 线性相关.

$$(4)\begin{pmatrix}2&3&1&4\\1&-1&3&-3\\3&2&4&1\\-1&0&-2&1\end{pmatrix}\xrightarrow[\substack{r_3-3r_2\\r_4+r_2}]{r_1-2r_2}\begin{pmatrix}0&5&-5&10\\1&-1&3&-3\\0&5&-5&10\\0&-1&1&-2\end{pmatrix}$$

$$\xrightarrow[\substack{\frac{1}{5}r_1\\r_4+r_1}]{r_3-r_1}\begin{pmatrix}0&1&-1&2\\1&-1&3&-3\\0&0&0&0\\0&0&0&0\end{pmatrix}$$

显然 $\boldsymbol{R}(\boldsymbol{\beta}_1,\boldsymbol{\beta}_2,\boldsymbol{\beta}_3,\boldsymbol{\beta}_4)=2<4$,所以向量组(4) 线性相关.

8. a,b 分别取何值时,向量组 $A:\boldsymbol{\alpha}_1=(1,0,1,1)^{\mathrm{T}},\boldsymbol{\alpha}_2=(2,1,2,1)^{\mathrm{T}},\boldsymbol{\alpha}_3=(4,5,a-2,-1)^{\mathrm{T}},\boldsymbol{\alpha}_4=(3,b+4,3,1)^{\mathrm{T}}$ 线性相关?线性无关?

解 关键问题仍是向量组构成的矩阵的秩 $\boldsymbol{R}(\boldsymbol{\alpha}_1,\boldsymbol{\alpha}_2,\boldsymbol{\alpha}_3,\boldsymbol{\alpha}_4)$ 为等于4还是小于4的问题.

$$(\boldsymbol{\alpha}_1,\boldsymbol{\alpha}_2,\boldsymbol{\alpha}_3,\boldsymbol{\alpha}_4)=\begin{pmatrix}1&2&4&3\\0&1&5&b+4\\1&2&a-2&3\\1&1&-1&1\end{pmatrix}\xrightarrow[r_4-r_1]{r_3-r_1}\begin{pmatrix}1&2&4&3\\0&1&5&b+4\\0&0&a-b&0\\0&-1&-5&-2\end{pmatrix}$$

显然,当 $a=b$ 时第三行为零行,向量组构成矩阵的秩小于4,而当 $b=-2$ 时,矩阵第二行、第四行成比例,此时构成矩阵的秩也小于4,所以当 $b=-2$ 或 $a=b$ 时,向量组 $\boldsymbol{\alpha}_1,\boldsymbol{\alpha}_2,\boldsymbol{\alpha}_3,\boldsymbol{\alpha}_4$ 线性相关;而当 $a\neq b$ 且 $b\neq-2$ 时,$\boldsymbol{R}(\boldsymbol{\alpha}_1,\boldsymbol{\alpha}_2,\boldsymbol{\alpha}_3,\boldsymbol{\alpha}_4)=4$,故 $\boldsymbol{\alpha}_1,\boldsymbol{\alpha}_2,\boldsymbol{\alpha}_3,\boldsymbol{\alpha}_4$ 线性无关.

9. 已知向量组 $A:\boldsymbol{\alpha}_1,\boldsymbol{\alpha}_2,\boldsymbol{\alpha}_3$ 线性无关,当 k 取何值时向量组 $B:\boldsymbol{\alpha}_2-\boldsymbol{\alpha}_1,k\boldsymbol{\alpha}_3-\boldsymbol{\alpha}_2,\boldsymbol{\alpha}_1-\boldsymbol{\alpha}_3$ 线性无关?

解 设存在 c_1,c_2,c_3,使得

$$c_1(\boldsymbol{\alpha}_2-\boldsymbol{\alpha}_1)+c_2(k\boldsymbol{\alpha}_3-\boldsymbol{\alpha}_2)+c_3(\boldsymbol{\alpha}_1-\boldsymbol{\alpha}_3)=\boldsymbol{0}$$

即

$$(c_3-c_1)\boldsymbol{\alpha}_1+(c_1-c_2)\boldsymbol{\alpha}_2+(kc_2-c_3)\boldsymbol{\alpha}_3=\boldsymbol{0}$$

因为 $\boldsymbol{\alpha}_1,\boldsymbol{\alpha}_2,\boldsymbol{\alpha}_3$ 线性无关,所以

$$\begin{cases}c_3-c_1=0\\c_1-c_2=0\end{cases}\Rightarrow c_1=c_2=c_3$$

$$kc_2-c_3=0\Rightarrow k=1$$

这就是说,只要 $k=1$,当 $c_1=c_2=c_3$ 为任意实数时,都有 $c_1(\boldsymbol{\alpha}_2-\boldsymbol{\alpha}_1)+c_2(\boldsymbol{\alpha}_3-\boldsymbol{\alpha}_2)+c_3(\boldsymbol{\alpha}_1-\boldsymbol{\alpha}_3)=\boldsymbol{0}$.

即当 $k=1$ 时,向量组 B 线性无关.

10. 判定下列矩阵列向量组的线性相关性.

$$(1)\boldsymbol{A}=\begin{pmatrix}1&5&-1&-1\\1&-2&1&3\\3&8&-1&1\\1&-9&3&7\end{pmatrix};\quad(2)\boldsymbol{B}=\begin{pmatrix}-1&1&0&-1\\2&-1&1&4\\0&1&1&3\\0&-1&1&1\end{pmatrix}.$$

解　判定向量组的线性相关性，除了计算由向量组构成矩阵的秩这种方法外，本题因为是四个四维向量，便可以用计算其行列式是否等于零加以判定.

$$(1)\det\boldsymbol{A}=\begin{vmatrix}1&5&-1&-1\\1&-2&1&3\\3&8&-1&1\\1&-9&3&7\end{vmatrix}\xlongequal[\substack{r_3-3r_1\\r_4-r_1}]{r_2-r_1}\begin{vmatrix}1&5&-1&-1\\0&-7&2&4\\0&-7&2&4\\0&-14&4&8\end{vmatrix}=\boldsymbol{0}$$

矩阵 $\boldsymbol{A}$ 为降秩矩阵，所以矩阵 $\boldsymbol{A}$ 的列向量组线性相关.

$$(2)\det\boldsymbol{B}=\begin{vmatrix}-1&1&0&-1\\2&-1&1&4\\0&1&1&3\\0&-1&1&1\end{vmatrix}\xlongequal{r_2+2r_1}\begin{vmatrix}-1&1&0&-1\\0&1&1&2\\0&1&1&3\\0&-1&1&1\end{vmatrix}$$

$$\xlongequal[r_4+r_2]{r_3-r_2}\begin{vmatrix}-1&1&0&-1\\0&1&1&2\\0&0&0&1\\0&0&2&3\end{vmatrix}=-1\begin{vmatrix}1&1&2\\0&0&1\\0&2&3\end{vmatrix}=\begin{vmatrix}1&1&2\\0&2&3\\0&0&1\end{vmatrix}=2\neq 0,$$

矩阵 $\boldsymbol{B}$ 为满秩矩阵，所以 $\boldsymbol{B}$ 的列向量组线性无关.

11. 求下列矩阵列向量组的秩

$$(1)\boldsymbol{A}=\begin{pmatrix}1&-1&2&3&4\\2&1&-1&2&0\\-1&2&1&1&3\\3&-7&8&9&13\\1&5&-8&-5&-12\end{pmatrix};(2)\boldsymbol{B}=\begin{pmatrix}3&2&-1&2&0&1\\4&1&0&-3&0&2\\2&-1&-2&1&1&-3\\3&1&3&-9&-1&6\\3&-1&5&7&2&-7\end{pmatrix},$$

解　因为矩阵用有限次的初等变换化成行阶梯形矩阵后的非零行数就为矩阵的秩，所以可以用初等变换求矩阵列向量组的秩.

$$(1)\boldsymbol{A}=\begin{pmatrix}1&-1&2&3&4\\2&1&-1&2&0\\-1&2&1&1&3\\3&-7&8&9&13\\1&5&-8&-5&-12\end{pmatrix}\xrightarrow[\substack{r_4-3r_1\\r_5-r_1}]{\substack{r_2-2r_1\\r_3+r_1}}\begin{pmatrix}1&-1&2&3&4\\0&3&-5&-4&-8\\0&1&3&4&7\\0&-4&2&0&1\\0&6&-10&-8&-16\end{pmatrix}$$

$$\xrightarrow[\substack{r_4+4r_3\\r_5-6r_3}]{r_2-3r_3}\begin{pmatrix}1&-1&2&3&4\\0&0&-14&-16&-29\\0&1&3&4&7\\0&0&14&16&29\\0&0&-28&-32&-58\end{pmatrix}\xrightarrow[\substack{r_5-2r_2\\r_2\leftrightarrow r_3}]{r_4+r_2}\begin{pmatrix}1&-1&2&3&4\\0&1&3&4&7\\0&0&-14&-16&-29\\0&0&0&0&0\\0&0&0&0&0\end{pmatrix}$$

由最后行阶梯形矩阵可知 $\boldsymbol{R}(\boldsymbol{A})=3$.

$$(2)\boldsymbol{B}=\begin{pmatrix}3&2&-1&2&0&1\\4&1&0&-3&0&2\\2&-1&-2&1&1&-3\\3&1&3&-9&-1&6\\3&-1&5&7&2&-7\end{pmatrix}\xrightarrow[\substack{r_2-2r_3\\r_4-3r_1\\r_5-3r_1\\r_3-2r_1}]{r_1-r_3}\begin{pmatrix}1&3&1&1&-1&4\\0&3&4&-5&-2&8\\0&-7&-4&-1&3&-11\\0&-8&0&-12&2&-6\\0&-10&2&4&5&-19\end{pmatrix}$$

$$\overset{-\frac{1}{2}r_4}{\sim}\begin{pmatrix}1&3&1&1&-1&4\\0&3&4&-5&-2&8\\0&-7&-4&-1&3&-11\\0&4&0&6&-1&3\\0&-10&2&4&5&-19\end{pmatrix}$$

$$\xrightarrow[r_5+10r_4]{r_4-r_2}\begin{pmatrix}1&3&1&1&-1&4\\0&3&4&-5&-2&8\\0&-7&-4&-1&3&-11\\0&1&-4&11&1&-5\\0&0&-38&114&15&-69\end{pmatrix}$$

$$\xrightarrow[r_3+7r_4]{r_2-3r_4}\begin{pmatrix}1&3&1&1&-1&4\\0&0&16&-38&-5&23\\0&0&-32&76&10&-46\\0&1&-4&11&1&-5\\0&0&-38&114&15&-69\end{pmatrix}$$

$$\xrightarrow[\substack{r_2\leftrightarrow r_4\\r_3\leftrightarrow r_5}]{r_3-2r_2}\begin{pmatrix}1&3&1&1&-1&4\\0&1&-4&11&1&-5\\0&0&-38&114&15&-69\\0&0&16&-38&-5&23\\0&0&0&0&0&0\end{pmatrix}$$

由最后的行阶梯形矩阵可知 $\boldsymbol{R}(\boldsymbol{B})=4$.

12. 求下列向量组的一个最大无关组.

(1)A: $\boldsymbol{\alpha}_1=(1,2,3,-1)^{\mathrm{T}}$, $\boldsymbol{\alpha}_2=(3,2,1,-1)^{\mathrm{T}}$, $\boldsymbol{\alpha}_3=(2,3,1,1)^{\mathrm{T}}$, $\boldsymbol{\alpha}_4=(2,2,2,-1)^{\mathrm{T}}$, $\boldsymbol{\alpha}_5=(5,5,2,0)^{\mathrm{T}}$;

(2)B: $\boldsymbol{\beta}_1=(1,0,1,0,1)^{\mathrm{T}}$, $\boldsymbol{\beta}_2=(0,1,-1,1,0)^{\mathrm{T}}$, $\boldsymbol{\beta}_3=(-1,0,0,-1,0)^{\mathrm{T}}$, $\boldsymbol{\beta}_4=(0,-1,0,0,-1)^{\mathrm{T}}$, $\boldsymbol{\beta}_5=(1,0,1,1,1)^{\mathrm{T}}$, $\boldsymbol{\beta}_6=(0,1,-1,0,0)^{\mathrm{T}}$.

解 用初等变换求向量组的一个最大无关组.

$$(1)\boldsymbol{A}=\begin{pmatrix}1&3&2&2&5\\2&2&3&2&5\\3&1&1&2&2\\-1&-1&1&-1&0\end{pmatrix}\xrightarrow[\substack{r_3-3r_1\\r_4+r_1}]{r_2-2r_1}\begin{pmatrix}1&3&2&2&5\\0&-4&-1&-2&-5\\0&-8&-5&-4&-13\\0&2&3&1&5\end{pmatrix}$$

$$\xrightarrow[r_3+4r_4]{r_2+2r_4}\begin{pmatrix}1&3&2&2&5\\0&0&5&0&5\\0&0&7&0&7\\0&2&3&1&5\end{pmatrix}\xrightarrow[\substack{r_3-7r_2\\r_2\leftrightarrow r_4\\r_4\leftrightarrow r_3}]{\frac{1}{5}r_2}\begin{pmatrix}1&3&2&2&5\\0&2&3&1&5\\0&0&1&0&1\\0&0&0&0&0\end{pmatrix}$$

由行阶梯形矩阵可知，向量组 A 的一个最大无关组为 $\boldsymbol{\alpha}_1,\boldsymbol{\alpha}_2,\boldsymbol{\alpha}_3$；或 $\boldsymbol{\alpha}_1,\boldsymbol{\alpha}_2,\boldsymbol{\alpha}_5$.

$$(2)\boldsymbol{B}=\begin{pmatrix}1&0&-1&0&1&0\\0&1&0&-1&0&1\\1&-1&0&0&1&-1\\0&1&-1&0&1&0\\1&0&0&-1&1&0\end{pmatrix}\xrightarrow[r_5-r_1]{r_3-r_1}\begin{pmatrix}1&0&-1&0&1&0\\0&1&0&-1&0&1\\0&-1&1&0&0&-1\\0&1&-1&0&1&0\\0&0&1&-1&0&0\end{pmatrix}$$

$$\xrightarrow[r_4-r_2]{r_3+r_2}\begin{pmatrix}1&0&-1&0&1&0\\0&1&0&-1&0&1\\0&0&1&-1&0&0\\0&0&-1&1&1&-1\\0&0&1&-1&0&0\end{pmatrix}\xrightarrow[r_4+r_3]{r_5-r_3}\begin{pmatrix}1&0&-1&0&1&0\\0&1&0&-1&0&1\\0&0&1&-1&0&0\\0&0&0&0&1&-1\\0&0&0&0&0&0\end{pmatrix}$$

由行阶梯形矩阵可知，向量组 B 的一个最大无关组可选 $\boldsymbol{\beta}_1,\boldsymbol{\beta}_2,\boldsymbol{\beta}_3,\boldsymbol{\beta}_5$. 或 $\boldsymbol{\beta}_1,\boldsymbol{\beta}_2,\boldsymbol{\beta}_4,\boldsymbol{\beta}_5$，还可以选取 $\boldsymbol{\beta}_1,\boldsymbol{\beta}_2,\boldsymbol{\beta}_4,\boldsymbol{\beta}_6$ 等.

13. 求向量组 A：$\boldsymbol{\alpha}_1=(1,1,1,1)^{\mathrm{T}},\boldsymbol{\alpha}_2=(1,1,-1,-1)^{\mathrm{T}},\boldsymbol{\alpha}_3=(1,-1,1,-1)^{\mathrm{T}},\boldsymbol{\alpha}_4=(1,-1,-1,1)^{\mathrm{T}},\boldsymbol{\alpha}_5=(1,2,1,1)^{\mathrm{T}}$ 的一个最大无关组；并用所求最大无关组线性表示剩余向量.

解　$$(\boldsymbol{\alpha}_1,\boldsymbol{\alpha}_2,\boldsymbol{\alpha}_3,\boldsymbol{\alpha}_4,\boldsymbol{\alpha}_5)=\begin{pmatrix}1&1&1&1&1\\1&1&-1&-1&2\\1&-1&1&-1&1\\1&-1&-1&1&1\end{pmatrix}\xrightarrow[r_4-r_1]{\substack{r_2-r_1\\r_3-r_1}}\begin{pmatrix}1&1&1&1&1\\0&0&-2&-2&1\\0&-2&0&-2&0\\0&-2&-2&0&0\end{pmatrix}$$

$$\xrightarrow[\substack{-\frac{1}{2}r_3\\-\frac{1}{2}r_4}]{-\frac{1}{2}r_2,}\begin{pmatrix}1&1&1&1&1\\0&0&1&1&-\frac{1}{2}\\0&1&0&1&0\\0&1&1&0&0\end{pmatrix}\xrightarrow[r_4-r_2]{r_4-r_3}\begin{pmatrix}1&1&1&1&1\\0&0&1&1&-\frac{1}{2}\\0&1&0&1&0\\0&0&0&-2&\frac{1}{2}\end{pmatrix}$$

$$\xrightarrow[\substack{-\frac{1}{2}r_4\\r_2\leftrightarrow r_3}]{}\begin{pmatrix}1&1&1&1&1\\0&1&0&1&0\\0&0&1&1&-\frac{1}{2}\\0&0&0&1&-\frac{1}{4}\end{pmatrix}\xrightarrow[\substack{r_2-r_4\\r_1-r_4}]{r_3-r_4}\begin{pmatrix}1&1&1&0&\frac{5}{4}\\0&1&0&0&\frac{1}{4}\\0&0&1&0&-\frac{1}{4}\\0&0&0&1&-\frac{1}{4}\end{pmatrix}$$

$$\xrightarrow[r_1-r_3]{r_1-r_2}\begin{pmatrix}1&0&0&0&\frac{5}{4}\\0&1&0&0&\frac{1}{4}\\0&0&1&0&-\frac{1}{4}\\0&0&0&1&-\frac{1}{4}\end{pmatrix}$$

由最后一个行最简形矩阵可知，$\boldsymbol{\alpha}_1$、$\boldsymbol{\alpha}_2$、$\boldsymbol{\alpha}_3$、$\boldsymbol{\alpha}_4$ 为所求一个最大无关组；剩余向量为 $\boldsymbol{\alpha}_5$、$\boldsymbol{\alpha}_5$ 用所求最大无关组的线性表示为

$$\boldsymbol{\alpha}_5=\frac{5}{4}\boldsymbol{\alpha}_1+\frac{1}{4}\boldsymbol{\alpha}_2-\frac{1}{4}\boldsymbol{\alpha}_3-\frac{1}{4}\boldsymbol{\alpha}_4.$$

14. 求下列矩阵行向量组的一个最大无关组，剩余行向量用所求最大无关组线性表示.

(1) $\boldsymbol{A}=\begin{pmatrix}0&0&1&-1\\0&1&0&-1\\1&0&0&1\\2&-1&3&0\end{pmatrix}$； (2) $\boldsymbol{B}=\begin{pmatrix}1&1&0&0&1\\0&1&1&0&1\\1&0&1&0&1\\-3&2&3&0&1\end{pmatrix}$.

解 (1) 矩阵 $\boldsymbol{A}$ 用按行存放来求，将第四行化成零行.

$$\boldsymbol{A}=\begin{pmatrix}0&0&1&-1\\0&1&0&-1\\1&0&0&1\\2&-1&3&0\end{pmatrix}\begin{matrix}\boldsymbol{\alpha}_1\\\boldsymbol{\alpha}_2\\\boldsymbol{\alpha}_3\\\boldsymbol{\alpha}_4\end{matrix}\xrightarrow{r_4-2r_3}\begin{pmatrix}0&0&1&-1\\0&1&0&-1\\1&0&0&1\\0&-1&3&-2\end{pmatrix}\begin{matrix}\boldsymbol{\alpha}_1\\\boldsymbol{\alpha}_2\\\boldsymbol{\alpha}_3\\\boldsymbol{\alpha}_4-2\boldsymbol{\alpha}_3\end{matrix}$$

$$\xrightarrow{r_4+r_2}\begin{pmatrix}0&0&1&-1\\0&1&0&-1\\1&0&0&1\\0&0&3&-3\end{pmatrix}\begin{matrix}\boldsymbol{\alpha}_1\\\boldsymbol{\alpha}_2\\\boldsymbol{\alpha}_3\\\boldsymbol{\alpha}_4-2\boldsymbol{\alpha}_3+\boldsymbol{\alpha}_2\end{matrix}$$

$$\xrightarrow{r_4-3\alpha_1}\begin{pmatrix}0&0&1&-1\\0&1&0&-1\\1&0&0&1\\0&0&0&0\end{pmatrix}\begin{matrix}\boldsymbol{\alpha}_1\\\boldsymbol{\alpha}_2\\\boldsymbol{\alpha}_3\\\boldsymbol{\alpha}_4-2\boldsymbol{\alpha}_3+\boldsymbol{\alpha}_2-3\boldsymbol{\alpha}_1\end{matrix}$$

由最后的零行可知，矩阵 $\boldsymbol{A}$ 的行向量组的一个最大无关组为 $\boldsymbol{\alpha}_1,\boldsymbol{\alpha}_2,\boldsymbol{\alpha}_3$；$\boldsymbol{\alpha}_4$ 为剩余向量；且用所求最大无关组的线性表示为

$$\boldsymbol{\alpha}_4=3\boldsymbol{\alpha}_1-\boldsymbol{\alpha}_2+2\boldsymbol{\alpha}_3.$$

(2) 将矩阵 $\boldsymbol{B}$ 的行向量按列存放构造 $\boldsymbol{B}^{\mathrm{T}}$.

$$B^T=\begin{pmatrix}1&0&1&-3\\1&1&0&2\\0&1&1&3\\0&0&0&0\\1&1&1&1\end{pmatrix}\xrightarrow[r_5-r_1]{r_2-r_1}\begin{pmatrix}1&0&1&-3\\0&1&-1&5\\0&1&1&3\\0&0&0&0\\0&1&0&4\end{pmatrix}\xrightarrow[\substack{r_5-r_2\\r_4\leftrightarrow r_5}]{r_3-r_2}\begin{pmatrix}1&0&1&-3\\0&1&-1&5\\0&0&2&-2\\0&0&1&-1\\0&0&0&0\end{pmatrix}$$

$$\xrightarrow[\frac{1}{2}r_3]{r_4-\frac{1}{2}r_3}\begin{pmatrix}1&0&1&-3\\0&1&-1&5\\0&0&1&-1\\0&0&0&0\\0&0&0&0\end{pmatrix}\xrightarrow[r_2+r_3]{r_1-r_3}\begin{pmatrix}1&0&0&-2\\0&1&0&4\\0&0&1&-1\\0&0&0&0\\0&0&0&0\end{pmatrix}$$

由行最简形矩阵可知，矩阵 $\boldsymbol{B}$ 的行向量组的一个最大无关组为 $\boldsymbol{\alpha}_1,\boldsymbol{\alpha}_2,\boldsymbol{\alpha}_3$；剩余向量为 $\boldsymbol{\alpha}_4$，$\boldsymbol{\alpha}_4$ 用 $\boldsymbol{\alpha}_1,\boldsymbol{\alpha}_2,\boldsymbol{\alpha}_3$ 线性表示为

$$\boldsymbol{\alpha}_4=4\boldsymbol{\alpha}_2-2\boldsymbol{\alpha}_1-\boldsymbol{\alpha}_3.$$

15. 证明 n 维向量空间 $\mathbf{R}^n$ 中 n 个单位坐标向量 $e_1,e_2,\cdots,e_n$ 是 $\mathbf{R}^n$ 的一组基.

证明　首先 $e_1,e_2,\cdots,e_n$ 组成的行列式 $\det(e_1,e_2,\cdots,e_n)=1$ 说明这 n 个向量组成矩阵的秩等于向量的个数，即 $\mathbf{R}(e_1,e_2,\cdots,e_n)=n$，从而 $e_1,e_2,\cdots,e_n$ 线性无关；其次任意 $n+1$ 个 n 维向量必线性相关（组成矩阵的秩至多等于 n）这就足以说明 n 维向量空间 $\mathbf{R}^n$ 中 $e_1,e_2,\cdots,e_n$ 为其一个最大无关组，即 $e_1,e_2,\cdots,e_n$ 为 n 维向量空间 $\mathbf{R}^n$ 的一组基.

16. 在 n 维向量空间 $\mathbf{R}^n$ 中选定单位坐标向量 $e_1,e_2,\cdots,e_n$ 为一组基以后，对 n 维向量空间 $\mathbf{R}^n$ 中的任一向量 $\boldsymbol{\alpha}=(x_1,x_2,\cdots,x_n)^T$，则

$$\boldsymbol{\alpha}=x_1e_1+x_2e_2+\cdots+x_ne_n$$

且 $\boldsymbol{\alpha}$ 用 $e_1,e_2,\cdots,e_n$ 的这种线性表示是唯一的，我们把唯一表示向量 $\boldsymbol{\alpha}$ 的这 n 个实数 $x_1,x_2,\cdots,x_n$ 称为向量 $\boldsymbol{\alpha}$ 对这组基 $(e_1,e_2,\cdots,e_n)$ 的坐标.

(1) 证明向量组 $\boldsymbol{\alpha}_1=(1,1,1)^T,\boldsymbol{\alpha}_2=(1,1,-1)^T,\boldsymbol{\alpha}_3=(1,-1,-1)^T$ 是 $\mathbf{R}^3$ 的一组基；

(2) 求向量 $\boldsymbol{\beta}=(1,2,1)^T$ 对(1)所证一组基的坐标.

解　(1) 证明 $\det(\boldsymbol{\alpha}_1,\boldsymbol{\alpha}_2,\boldsymbol{\alpha}_3)=\begin{vmatrix}1&1&1\\1&1&-1\\1&-1&-1\end{vmatrix}=-4\neq 0$

所以 $R(\boldsymbol{\alpha}_1,\boldsymbol{\alpha}_2,\boldsymbol{\alpha}_3)=3$，故 $\boldsymbol{\alpha}_1,\boldsymbol{\alpha}_2,\boldsymbol{\alpha}_3$ 线性无关；对任意 $\boldsymbol{\beta}\in\mathbf{R}^3$，$R(\boldsymbol{\alpha}_1,\boldsymbol{\alpha}_2,\boldsymbol{\alpha}_3,\boldsymbol{\beta})\leqslant 3$，即 $\boldsymbol{\alpha}_1,\boldsymbol{\alpha}_2,\boldsymbol{\alpha}_3$ 为 $\mathbf{R}^3$ 的一个最大无关组，也就是 $\mathbf{R}^3$ 的一组基.

(2) 求 $\boldsymbol{\beta}=(1,2,1)^T$ 对 $\mathbf{R}^3$ 的一组基 $\boldsymbol{\alpha}_1=(1,1,1)^T,\boldsymbol{\alpha}_2=(1,1,-1)^T,\boldsymbol{\alpha}_3=(1,-1,-1)^T$ 的坐标，实际上是求向量方程

$$x_1\boldsymbol{\alpha}_1+x_2\boldsymbol{\alpha}_2+x_3\boldsymbol{\alpha}_3=\boldsymbol{\beta}$$

的解 x_1,x_2,x_3 的问题. 即求解非齐次线性方程组

$$\begin{cases} x_1 + x_2 + x_3 = 1 \\ x_1 + x_2 - x_3 = 2 \\ x_1 - x_2 - x_3 = 1 \end{cases}$$

的解.由(1)可知方程组系数行列式 $D=-4$.并求得 $D_1=-4, D_2=-2, D_3=2$,由克莱姆法则可知 $x_1=1, x_2=\frac{1}{2}, x_3=-\frac{1}{2}$,即

$$\boldsymbol{\beta}=\boldsymbol{\alpha}_1+\frac{1}{2}\boldsymbol{\alpha}_2-\frac{1}{2}\boldsymbol{\alpha}_3$$

从而 $\boldsymbol{\beta}$ 对这组基的坐标是 $1,\frac{1}{2},-\frac{1}{2}$.

17. 对任意的向量组 $A:\boldsymbol{\alpha}_1,\boldsymbol{\alpha}_2,\boldsymbol{\alpha}_3,\boldsymbol{\alpha}_4$,证明:向量组 $B:\boldsymbol{\alpha}_1+\boldsymbol{\alpha}_2,\boldsymbol{\alpha}_2+\boldsymbol{\alpha}_3,\boldsymbol{\alpha}_3+\boldsymbol{\alpha}_4,\boldsymbol{\alpha}_4+\boldsymbol{\alpha}_1$ 线性相关.

证明 只需证 $\boldsymbol{R}(\boldsymbol{\alpha}_1+\boldsymbol{\alpha}_2,\boldsymbol{\alpha}_2+\boldsymbol{\alpha}_3,\boldsymbol{\alpha}_3+\boldsymbol{\alpha}_4,\boldsymbol{\alpha}_4+\boldsymbol{\alpha}_1)<4$;将这四个向量构成的矩阵记为 A,即

$$\boldsymbol{A}=(\boldsymbol{\alpha}_1+\boldsymbol{\alpha}_2 \quad \boldsymbol{\alpha}_2+\boldsymbol{\alpha}_3 \quad \boldsymbol{\alpha}_3+\boldsymbol{\alpha}_4 \quad \boldsymbol{\alpha}_4+\boldsymbol{\alpha}_1)$$

将 $\boldsymbol{A}$ 的第二列、第三列、第一列都加到 $\boldsymbol{A}$ 的第四列上即对 $\boldsymbol{A}$ 施以初等列变换

$$\boldsymbol{A} \xrightarrow{c_4+c_1+c_2+c_3} (\boldsymbol{\alpha}_1+\boldsymbol{\alpha}_2 \quad \boldsymbol{\alpha}_2+\boldsymbol{\alpha}_3 \quad \boldsymbol{\alpha}_3+\boldsymbol{\alpha}_4 \quad 2(\boldsymbol{\alpha}_1+\boldsymbol{\alpha}_2+\boldsymbol{\alpha}_3+\boldsymbol{\alpha}_4))$$

$$\xrightarrow[c_4-2c_3]{c_4-2c_1} (\boldsymbol{\alpha}_1+\boldsymbol{\alpha}_2 \quad \boldsymbol{\alpha}_2+\boldsymbol{\alpha}_3 \quad \boldsymbol{\alpha}_3+\boldsymbol{\alpha}_4 \quad \boldsymbol{0})=\boldsymbol{B}$$

此时,显然有 $\boldsymbol{R}(\boldsymbol{B})\leqslant 3$,即 $\boldsymbol{R}(\boldsymbol{A})\leqslant 3<4$,故 $\boldsymbol{\alpha}_1+\boldsymbol{\alpha}_2,\boldsymbol{\alpha}_2+\boldsymbol{\alpha}_3,\boldsymbol{\alpha}_3+\boldsymbol{\alpha}_4.\boldsymbol{\alpha}_4+\boldsymbol{\alpha}_1$ 线性相关.

第 4 章　线性方程组

§4.1　基 本 要 求

1. 了解解线性方程组的消元法，理解采用消元法解线性方程组可以通过对线性方程组的增广矩阵用初等行变换化成行最简形矩阵加以实现.

2. 熟悉非齐次线性方程组、齐次线性方程组的矩阵表示与向量表示，理解非齐次线性方程组 $\boldsymbol{AX}=\boldsymbol{b}$ 解的判定的充分必要条件以及齐次线性方程组有非零解的充分必要条件. 熟练掌握线性方程组解的判定的方法.

3. 熟悉非齐次线性方程组、齐次线性方程组解的结构、理解齐次线性方程组的基础解系，理解非齐次线性方程组的一个特解. 熟练掌握求齐次线性方程组的一个基础解系的方法和求非齐次线性方程组通解的方法.

§4.2　内 容 提 要

1. 解线性方程组的消元法

(1) 消元法的消元过程实际上是将方程组的增广矩阵用初等行变换把系数矩阵部分化成上三角状的过程，而回代的过程则是将消元过程得到的上三角状系数矩阵用初等行变换化成单位矩阵的过程，因此解线性方程组完全可以只对方程组的增广矩阵或系数矩阵用初等行变换化成行阶梯形矩阵或行最简形矩阵来实现.

(2) 线性方程组解的判定.

1) 非齐次线性方程组解的判定.

由于非齐次线性方程组施以初等行变换的对象是方程组的增广矩阵，所以解的判定用系数矩阵 $\boldsymbol{A}$ 的秩与增广矩阵$(\boldsymbol{Ab})$ 的秩 $\boldsymbol{R}(\boldsymbol{Ab})$ 以及与未知数的个数 n 的关系可以断定.

① 当 $\boldsymbol{R}(\boldsymbol{A})<\boldsymbol{R}(\boldsymbol{Ab})$ 时，非齐次线性方程组无解.

② 当 $\boldsymbol{R}(\boldsymbol{A})=\boldsymbol{R}(\boldsymbol{Ab})$ 时，非齐次线性方程组有解. 且当 $\boldsymbol{R}(\boldsymbol{A})=\boldsymbol{R}(\boldsymbol{Ab})=n$ 时有唯一解；而当 $\boldsymbol{R}(\boldsymbol{A})=\boldsymbol{R}(\boldsymbol{Ab})<n$ 时，有无穷多解.

2) 齐次线性方程组解的判定.

由于齐次线性方程组右端常数全为零，所以 $\boldsymbol{R}(\boldsymbol{A})=\boldsymbol{R}(\boldsymbol{Ab})$ 一定成立，也就是齐次线性方程组至少有零解是肯定的. 问题是除了零解外是否有非零解的问题. 换句话说，齐次线性方程组需要作仅有零解还是有非零解的判定.

将非齐次线性方程组解的判定结论用于齐次线性方程组. 此时因为 $\boldsymbol{R}(\boldsymbol{A})=\boldsymbol{R}(\boldsymbol{A},\boldsymbol{b})$ 总是成立，所以有：

① 当 $\boldsymbol{R}(\boldsymbol{A})=n$ 时，齐次线性方程组仅有零解；

② 当 $\boldsymbol{R}(\boldsymbol{A})<n$ 时，齐次线性方程组有非零解(也即有无穷多解).

(3) 线性方程组解的结构.

1) 齐次线性方程组的基础解系.

齐次线性方程组 $\boldsymbol{Ax}=\boldsymbol{0}$ 的系数矩阵 $\boldsymbol{A}$ 的秩 $\boldsymbol{R}(\boldsymbol{A})=r<n$ 时，齐次线性方程组 $\boldsymbol{Ax}=\boldsymbol{0}$ 有基础解系，并且基础解系解向量的个数为 $n-r$ 个.

齐次线性方程组的基础解系就是方程组的所有解向量组成的向量组的一个最大无关组，向量组的最大无关组不唯一，从而齐次线性方程组的基础解系通常也不唯一，进而齐次线性方程组的通解也有多种形式.

齐次线性方程组的通解为方程组的一个基础解系的任意线性组合(即组合系数为任意常数).

通常求齐次线性方程组的一个基础解系和通解的步骤是：

① 将齐次线性方程组系数矩阵 $\boldsymbol{A}$ 施以有限次的初等行变换将 $\boldsymbol{A}$ 化成行最简形矩阵 $\boldsymbol{B}$(设 $\boldsymbol{R}(\boldsymbol{B})=r$)；

② 写出行最简形矩阵 $\boldsymbol{B}$ 所表示的齐次线性方程组的 r 个方程，并把 r 个主元对应的未知数保留在每个方程的左端，其余 $n-r$ 个未知数作为自由未知数移到每个方程的右端；

得
$$\begin{cases} x_1=-\mathrm{d}_{1r+1}x_{r+1}-x_{1r+2}x_{r+2}-\cdots-\mathrm{d}_{1n}x_n \\ x_2=-\mathrm{d}_{2r+1}x_{r+1}-\mathrm{d}_{2r+2}x_{r+2}-\cdots-\mathrm{d}_{2n}x_n \\ \vdots \qquad \vdots \qquad \vdots \qquad \vdots \\ x_r=-\mathrm{d}_{rr+1}x_{r+1}-\mathrm{d}_{rr+2}x_{r+2}-\cdots-\mathrm{d}_{rn}x_n \end{cases}$$

③ 在第 ② 步所得的 r 个方程的后面添加这样 $n-r$ 个方程

$$\begin{aligned} x_{r+1}&=1\cdot x_{r+1}+0x_{r+2}+\cdots+0x_n \\ x_{r+2}&=0x_{r+1}+1\cdot x_{r+2}+\cdots+0x_n \\ &\vdots \\ x_n&=0x_{r+1}+0x_{r+2}+\cdots+1\cdot x_n \end{aligned}$$

使方程组成为共有 n 个方程

$$\begin{cases} x_1=-\mathrm{d}_{1r+1}x_{r+1}-\mathrm{d}_{1+2}x_{r+2}\cdots-\mathrm{d}_{1n}x_n \\ x_2=-\mathrm{d}_{2r+1}x_{r+1}-\mathrm{d}_{2r+2}x_{r+2}\cdots-\mathrm{d}_{2n}x_n \\ \vdots \qquad \vdots \qquad \vdots \qquad \vdots \\ x_r=-\mathrm{d}_{rr+1}x_{r+1}-\mathrm{d}_{rr+2}x_{r+2}\cdots-\mathrm{d}_{rn}x_n \end{cases}$$

$$\begin{cases} x_{r+1} = 1 \cdot x_{r+1} + 0x_{r+2} + 0x_n \\ x_{r+2} = 0x_{r+1} + 1 \cdot x_{r+2} + 0x_n \\ \vdots \qquad \vdots \qquad \vdots \qquad \vdots \\ x_n = 0x_{r+1} + 0x_{r+2} + 1 \cdot x_n \end{cases}$$

④ 将上一步所得 n 个方程两边同时用向量表示，依次令 $x_{r+1} = c_1, x_{r+2} = c_2, \cdots, x_n = c_{n-r}$ 得齐次线性方程组的通解. 通解中右端 $n-r$ 个解向量便是齐次线性方程组的一个基础解系.

2) 非齐次线性方程组的通解.

非齐次线性方程组的通解为方程组对应的齐次线性方程组的通解加上非齐次线性方程组的一个特解. 非齐次线性方程组 $\boldsymbol{AX} = \boldsymbol{b}$ 对应的齐次线性方程组 $\boldsymbol{AX} = \boldsymbol{0}$. 有的也称为 $\boldsymbol{AX} = \boldsymbol{b}$ 的导出组. 因此非齐次线性方程组的通解也可以说成方程组的导出组的通解加上方程组本身的一个特解. 具体求解的步骤将求齐次线性方程组通解以及基础解系的步骤稍作修改便是：

① 将非齐次线性方程组的增广矩阵 $(\boldsymbol{Ab})$ 施以有限次的初等行变换化成行最简形矩阵 $\boldsymbol{B}$（设 $\boldsymbol{R}(\boldsymbol{B}) = r$）；

② 写出行最简形矩阵 $\boldsymbol{B}$ 所表示的非齐次线性方程组的 r 个方程，并把 r 个主元所对应的未知数保留在每个方程的左端，其余 $n-r$ 个未知数作为自由未知数移到方程的右端；

③ 在 ② 步中所得的 r 个方程下面添加 $n-r$ 个方程：$x_{r+1} = x_{r+1}, \cdots, x_n = x_n$；使方程的总个数为 n 个，并两边同时用向量表示，依次令 $n-r$ 个自由未知数为 $c_1, c_2, \cdots, c_{n-r}$. 便得到该非齐次线性方程组的通解. 其中与 $c_1, c_2, \cdots, c_{n-r}$ 无关的向量为非齐次线性方程组的一个特解.

§4.3　学习要点

本章主要讨论的是线性方程组解的判定以及解的结构，重点是解的判定以及求解的方法. 因此用初等行变换将非齐次线性方程组的增广矩阵、齐次线性方程组的系数矩阵施以初等行变换化成行最简形矩阵 $\boldsymbol{B}$ 为第一步.

对于非齐次线性方程组所得到的行最简形矩阵 $\boldsymbol{B}$，很容易得出 $\boldsymbol{R}(\boldsymbol{A},\boldsymbol{b}) = \boldsymbol{R}(\boldsymbol{A})$，或 $\boldsymbol{R}(\boldsymbol{A}) < \boldsymbol{R}(\boldsymbol{A},\boldsymbol{b})$ 的结论，当 $\boldsymbol{R}(\boldsymbol{A}) < \boldsymbol{R}(\boldsymbol{A},\boldsymbol{b})$ 时，非齐次线性方程组 $\boldsymbol{AX} = \boldsymbol{b}$ 无解；而当 $\boldsymbol{R}(\boldsymbol{A}) = \boldsymbol{R}(\boldsymbol{A},\boldsymbol{b}) = \boldsymbol{n}$ 时，方程组有唯一解；当 $\boldsymbol{R}(\boldsymbol{A}) = \boldsymbol{R}(\boldsymbol{A},\boldsymbol{b}) < n$ 时，方程组有无穷多解. 这是第二步，即对非齐次线性方程组作解的判定.

第三步求解可按给出的步骤一步一步地解出.

对于齐次线性方程组的系数矩阵 $\boldsymbol{A}$ 化成行最简形矩阵这一步，与非齐次线性方程组是类似的；第二步解的判定，当 $\boldsymbol{R}(\boldsymbol{A}) = \boldsymbol{n}$ 时，齐次线性方程组 $\boldsymbol{AX} = \boldsymbol{0}$ 仅有零解，而当 $\boldsymbol{R}(\boldsymbol{A}) < \boldsymbol{n}$ 时，方程组有非零解；第三步通解可以按步骤同样一步一步地得到通解和方程组的一个基础解系.

§4.4 释疑解难

1.理解齐次线性方程组解的结构.非齐次线性方程组解的结构,以及非齐次线性方程组的导出组的通解加非齐次线性方程组的一个特解就为该非齐次线性方程组的通解是十分重要的.

2.实际求非齐次线性方程组的通解当中,求方程组的导出组的通解以及方程组的一个特解是同时进行的,需要指出的是非齐次方程组的一个特解在非齐次线性方程组的通解向量形式中,与任意常数无关的解向量是特解,而与任意常数有关的则是非齐次线性方程组的导出组基础解系中的解向量.

由于向量组的最大无关组往往不唯一,所以齐次线性方程组的基础解系也不唯一,进而齐次方程组的通解形式也不唯一;同时也导致非齐次线性方程组的通解形式也不唯一.

例 1 求齐次线性方程组

$$\begin{cases} x_1+2x_2+3x_3+3x_4+7x_5=0 \\ 3x_1+2x_2+x_3+x_4-3x_5=0 \\ x_2+2x_3+2x_4+6x_5=0 \\ 5x_1+4x_2+3x_3+3x_4-x_5=0 \end{cases}$$

的基础解系.

解 将方程组系数矩阵施以初等行变换化成行最简形矩阵

$$\boldsymbol{A}=\begin{pmatrix} 1 & 2 & 3 & 3 & 7 \\ 3 & 2 & 1 & 1 & -3 \\ 0 & 1 & 2 & 2 & 6 \\ 5 & 4 & 3 & 3 & -1 \end{pmatrix} \sim \begin{pmatrix} 1 & 2 & 3 & 3 & 7 \\ 0 & 1 & 2 & 2 & 6 \\ 0 & 0 & 0 & 0 & 0 \\ 0 & 0 & 0 & 0 & 0 \end{pmatrix}$$

$$为此\ \boldsymbol{A}\sim\begin{pmatrix} 1 & 2 & 3 & 3 & 7 \\ 0 & 1 & 2 & 2 & 6 \\ 0 & 0 & 0 & 0 & 0 \\ 0 & 0 & 0 & 0 & 0 \end{pmatrix} \sim \begin{pmatrix} 1 & 0 & -1 & -1 & -5 \\ 0 & 1 & 2 & 2 & 6 \\ 0 & 0 & 0 & 0 & 0 \\ 0 & 0 & 0 & 0 & 0 \end{pmatrix}$$

得到同解方程组

$$\begin{cases} x_1=x_3+x_4+5x_5 \\ x_2=-2x_3-2x_4-6x_5 \end{cases}$$

补足方程个数为 5 个,即

$$\begin{cases} x_1=1\cdot x_3+1\cdot x_4+5x_5 \\ x_2=-2\cdot x_3-2x_4-6x_5 \\ x_3=1\cdot x_3+0\cdot x_4+0\cdot x_5 \\ x_4=0\cdot x_3+1\cdot x_4+0\cdot x_5 \\ x_5=0\cdot x_3+0\cdot x_4+1\cdot x_5 \end{cases}$$

两边同时用向量表示

$$\begin{pmatrix}x_1\\x_2\\x_3\\x_4\\x_5\end{pmatrix}=\begin{pmatrix}1\\-2\\1\\0\\0\end{pmatrix}x_3+\begin{pmatrix}1\\-2\\0\\1\\0\end{pmatrix}x_4+\begin{pmatrix}5\\-6\\0\\0\\1\end{pmatrix}x_5$$

上式右端三个向量便是齐次方程组的一个基础解系.

另外,若取自由未知量为 x_2,x_4,x_5 时

$$\boldsymbol{A}\sim\begin{pmatrix}1&2&3&3&7\\0&1&2&2&6\\0&0&0&0&0\\0&0&0&0&0\end{pmatrix}\sim\begin{pmatrix}1&2&3&3&7\\0&\frac{1}{2}&1&1&3\\0&0&0&0&0\\0&0&0&0&0\end{pmatrix}\sim\begin{pmatrix}1&\frac{1}{2}&0&0&-2\\0&\frac{1}{2}&1&1&3\\0&0&0&0&0\\0&0&0&0&0\end{pmatrix}$$

得到同解方程组为

$$\begin{cases}x_1=-\frac{1}{2}x_2+0\cdot x_4+2x_5\\x_3=-\frac{1}{2}x_2-x_4-3x_5\end{cases}$$

补足方程个数为5个:

$$\begin{cases}x_1=-\frac{1}{2}x_2+0\cdot x_4+2x_5\\x_2=1\cdot x_2+0\cdot x_4+0\cdot x_5\\x_3=-\frac{1}{2}x_2-x_4-3x_5\\x_4=0\cdot x_2+1\cdot x_4+0\cdot x_5\\x_5=0\cdot x_2+0\cdot x_4+1\cdot x_5\end{cases}$$

上式两边同时用向量表示

$$\begin{pmatrix}x_1\\x_2\\x_3\\x_4\\x_5\end{pmatrix}=\begin{pmatrix}-\frac{1}{2}\\1\\-\frac{1}{2}\\0\\0\end{pmatrix}x_2+\begin{pmatrix}0\\0\\-1\\1\\0\end{pmatrix}x_4+\begin{pmatrix}2\\0\\-3\\0\\1\end{pmatrix}x_5$$

上式右端三个向量为方程组另一个基础解系.

例2　已知齐次线性方程组

$$\begin{cases}a_{11}x_1+a_{12}x_2+\cdots+a_{1n}x_n=0\\a_{21}x_1+a_{22}x_2+\cdots+a_{2n}x_n=0\\\quad\vdots\qquad\quad\vdots\qquad\qquad\quad\vdots\quad\ \vdots\\a_{m1}x_1+a_{m2}x_2+\cdots+a_{mn}x_n=0\end{cases}$$

系数矩阵 $\boldsymbol{A}_{m\times n}=(a_{ij})_{m\times n}$ 的秩 $\boldsymbol{R}(\boldsymbol{A})=\boldsymbol{r}$,证明,该方程组的任意 $n-r$ 个线性无关的解向量都是该方程组的一个基础解系.

证明 方程组未知数个数为 n,$\boldsymbol{R}(\boldsymbol{A})=\boldsymbol{r}$. 所以齐次方程组一个基础解系含解向量的个数为 $n-r$ 个. 现要证明齐次方程组任意 $n-r$ 个线性无关的解向量 $\boldsymbol{\eta}_1,\boldsymbol{\eta}_2,\cdots,\boldsymbol{\eta}_{n-r}$ 是方程组的一个基础解系、实际上就是只要证明方程组的任一个解向量 $\boldsymbol{\eta}$,都可以由 $\boldsymbol{\eta}_1,\boldsymbol{\eta}_2,\cdots,\boldsymbol{\eta}_{n-r}$ 线性表示.

因为 $\boldsymbol{R}(\boldsymbol{A})=\boldsymbol{r}$,因此任意 $n-r+1$ 个解向量一定是线性相关的,于是可知 $\boldsymbol{\eta}_1,\boldsymbol{\eta}_2,\cdots,\boldsymbol{\eta}_{n-r},\boldsymbol{\eta}$ 线性相关,从而存在一组不全为零的实数 $k_1,k_2,\cdots,k_{n-r},k$,使得

$$k_1\boldsymbol{\eta}_1+k_2\boldsymbol{\eta}_2+\cdots+k_{n-r}\boldsymbol{\eta}_{n-r}+k\boldsymbol{\eta}=\boldsymbol{0}$$

显然 $k\neq 0$(不然,$k_1,k_2,\cdots,k_{n-r}$ 不全为零就有 $\boldsymbol{\eta}_1,\boldsymbol{\eta}_2,\cdots,\boldsymbol{\eta}_{n-r}$ 线性相关与给出条件线性无关矛盾),从而 $\boldsymbol{\eta}=-\dfrac{k_1}{k}\boldsymbol{\eta}_1-\dfrac{k_2}{k}\boldsymbol{\eta}_2-\cdots-\dfrac{k_{n-r}}{k}\boldsymbol{\eta}_{n-r}$ 即 $\boldsymbol{\eta}$ 可以由 $\boldsymbol{\eta}_1,\boldsymbol{\eta}_2,\cdots,\boldsymbol{\eta}_{n-r}$ 线性表出,由 η 的任意性可知,$\boldsymbol{\eta}_1,\boldsymbol{\eta}_2,\cdots,\boldsymbol{\eta}_{n-r}$ 是该齐次线性方程组的一个基础解系.

例 3 已知 $\boldsymbol{\alpha}_1,\boldsymbol{\alpha}_2,\cdots,\boldsymbol{\alpha}_r$ 是齐次线性方程组 $\boldsymbol{AX}=\boldsymbol{0}$ 的一个基础解系,向量组 B:$\boldsymbol{\beta}_1,\boldsymbol{\beta}_2,\cdots,\boldsymbol{\beta}_r$ 满足

$$\boldsymbol{\beta}_i=\sum_{j=1}^{r}a_{ij}\boldsymbol{\alpha}_j\quad(i=1,2,\cdots,r),$$

且行列式

$$D=\begin{vmatrix}a_{11}&a_{12}&\cdots&a_{1r}\\a_{21}&a_{22}&\cdots&a_{2r}\\\vdots&\vdots&&\vdots\\a_{r1}&a_{r2}&\cdots&a_{rr}\end{vmatrix}\neq 0$$

证明向量组 B:$\boldsymbol{\beta}_1,\boldsymbol{\beta}_2,\cdots,\boldsymbol{\beta}_r$ 也是该齐次方程组的一个基础解系.

分析 向量组 B 共有向量 r 个,但证明这 r 个向量线性无关相当困难,考虑证明两组向量等价. 事实上,一个向量组与基础解系等价,则这个向量组与基础解系的秩必相等,这时这个向量组与基础解系所含向量个数又相等,则这组向量必线性无关,从而是另一个基础解系.

证明 记向量组 A:$\boldsymbol{\alpha}_1,\boldsymbol{\alpha}_2,\cdots,\boldsymbol{\alpha}_r$,由给出条件可知向量组 B 可以由向量组 A 线性表出. 因为 $D\neq 0$,由克莱姆法则可知,向量组 A 中每一个向量也可以由向量组 B 线性表出,即向量组 A 可以由向量组 B 线性表出. 从而 $\boldsymbol{A}\sim\boldsymbol{B}$. 又向量组 B 中的向量个数与向量组 A 中的向量个数相同为 r. 因此 $\boldsymbol{\beta}_1,\boldsymbol{\beta}_2,\cdots,\boldsymbol{\beta}_r$ 线性无关. 即 $\boldsymbol{\beta}_1,\boldsymbol{\beta}_2,\cdots,\boldsymbol{\beta}_r$ 为齐次方程组 $\boldsymbol{AX}=\boldsymbol{0}$ 的另一个基础解系.

例 4 已知 $\boldsymbol{\beta}_1,\boldsymbol{\beta}_2,\cdots,\boldsymbol{\beta}_k$ 为非齐次线性方程组 $\boldsymbol{AX}=\boldsymbol{b}$ 的解向量,其线性组合

$$\lambda_1\boldsymbol{\beta}_1+\lambda_2\boldsymbol{\beta}_2+\cdots+\lambda_k\boldsymbol{\beta}_k$$

是否为方程组 $\boldsymbol{AX}=\boldsymbol{b}$ 的解向量?为什么?

解 因为 $\boldsymbol{A\beta}_i=b(i=1,2,\cdots,k)$ 所以

$$\boldsymbol{A}(\lambda_1\boldsymbol{\beta}_1+\lambda_2\boldsymbol{\beta}_2+\cdots+\lambda_k\boldsymbol{\beta}_k)=\lambda_1\boldsymbol{A\beta}_1+\lambda_2\boldsymbol{A\beta}_2+\cdots+\lambda_k\boldsymbol{A\beta}_k=(\lambda_1+\lambda_2+\cdots+\lambda_k)\boldsymbol{b}$$

若 $\lambda_1\boldsymbol{\beta}_1+\lambda_2\boldsymbol{\beta}_2+\cdots+\lambda_k\boldsymbol{\beta}_k$ 为方程组 $\boldsymbol{AX}=\boldsymbol{b}$ 的解向量,即

$$A(\lambda_1\boldsymbol{\beta}_1+\lambda_2\boldsymbol{\beta}_2+\cdots+\lambda_k\boldsymbol{\beta}_k)=\boldsymbol{b}$$

也即
$$(\lambda_1+\lambda_2+\cdots+\lambda_k)\boldsymbol{b}=\boldsymbol{b}$$

从而
$$(\lambda_1+\lambda_2+\cdots+\lambda_{k-1})\boldsymbol{b}=0\quad 而\ b\neq 0$$

所以，只有当 $\lambda_1+\lambda_2+\cdots+\lambda_n=1$ 时上式成立，即只有当 $\lambda_1+\lambda_2+\cdots+\lambda_n=1$ 时 $\lambda_1\boldsymbol{\beta}_1+\lambda_2\boldsymbol{\beta}_2+\cdots+\lambda_k\boldsymbol{\beta}_k$ 才是非齐次方程组 $\boldsymbol{AX}=\boldsymbol{b}$ 的解向量.

例 5　已知四元非齐次线性方程组 $\boldsymbol{AX}=\boldsymbol{b}$ 有三个解向量分别为 $\boldsymbol{\eta}_1,\boldsymbol{\eta}_2,\boldsymbol{\eta}_3$，且 $\boldsymbol{R}(\boldsymbol{A})=3$，$\boldsymbol{\eta}_1=(2,3,4,5)^{\mathrm{T}}$，$\boldsymbol{\eta}_2+\boldsymbol{\eta}_3=(1,2,3,4)^{\mathrm{T}}$，试求该方程组的通解.

分析　方程组系数以及右端常数均未给出直接求解不可能. 只能根据方程组的解与导出组解之间的关系求解.

解　因为 $\boldsymbol{A\eta}_2=\boldsymbol{b}$，$\boldsymbol{A\eta}_3=\boldsymbol{b}$，由例 4 可知只要 $\lambda_1\boldsymbol{\eta}_3+\lambda_2\boldsymbol{\eta}_2$ 的组合系数之和 $\lambda_1+\lambda_2=1$ 时，$\lambda_1\boldsymbol{\eta}_1+\lambda_2\boldsymbol{\eta}_2$ 仍为方程组 $\boldsymbol{AX}=\boldsymbol{b}$ 的解. 为方便取 $\lambda_1=\lambda_2=\dfrac{1}{2}$，故可知 $\boldsymbol{\eta}_4=\dfrac{1}{2}(\eta_2+\eta_3)=\left(\dfrac{1}{2}\quad 1\quad \dfrac{3}{2}\quad 2\right)^{\mathrm{T}}$ 也是方程组的解. 又因为 $\boldsymbol{R}(\boldsymbol{A})=3$. 故导出组 $\boldsymbol{AX}=\boldsymbol{0}$ 的基础解系只含一个向量，且 $\boldsymbol{\eta}_1-\boldsymbol{\eta}_4=\left(\dfrac{3}{2}\quad 2\quad \dfrac{5}{2}\quad 3\right)^{\mathrm{T}}$ 为导出组的解，$\boldsymbol{\alpha}=\boldsymbol{\eta}_1-\boldsymbol{\eta}_4\neq\boldsymbol{0}$. 线性无关、从而向量 $\left(\dfrac{3}{2}\quad 2\quad \dfrac{5}{2}\quad 3\right)^{\mathrm{T}}$ 为导出组的基础解系，而非齐次方程组的通解为

$$\boldsymbol{X}=c\left(\frac{3}{2}\quad 2\quad \frac{5}{2}\quad 3\right)^{\mathrm{T}}+(2\quad 3\quad 4\quad 5)^{\mathrm{T}}$$

其中 c 为任意常数.

§4.5　习题解答

1. 用消元法解下列方程组.

(1) $\begin{cases}2x_1-3x_2+x_3+2x_4=2\\3x_1-x_2-x_3+3x_4=4\\x_1-2x_2-3x_3+5x_4=1\\4x_1+3x_2-x_3-3x_4=3\end{cases}$；　(2) $\begin{cases}x_1+x_2+2x_3+x_4=7\\2x_1-x_2+3x_3+2x_4=7\\4x_1-x_2-2x_3+x_4=2\\3x_1-2x_2+3x_3-x_4=0\end{cases}$；

(3) $\begin{cases}x_1-x_2+2x_3+x_4=3\\3x_1+2x_2+5x_3+2x_4=4\\4x_1+3x_2+x_3-3x_4=5\\5x_1+4x_2+3x_3+2x_4=2\end{cases}$.

解　(1)
$$\begin{cases}2x_1-3x_2+x_3+2x_4=2\\3x_1-x_2-x_3+3x_4=4\\x_1-2x_2-3x_3+5x_4=1\\4x_1+3x_2-x_3-3x_4=3\end{cases}$$

交换第一、第三个方程

$$\begin{cases} x_1 - 2x_2 - 3x_3 + 5x_4 = 1 \\ 3x_1 - x_2 - x_3 + 3x_4 = 4 \\ 2x_1 - 3x_2 + x_3 + 2x_4 = 2 \\ 4x_1 + 3x_2 - x_3 - 3x_4 = 3 \end{cases}$$

消去第二、第三、第四个方程的 x_1 得

$$\begin{cases} x_1 - 2x_2 - 3x_3 + 5x_4 = 1 \\ 5x_2 + 8x_3 - 12x_4 = 1 \\ x_2 + 7x_3 - 8x_4 = 0 \\ 11x_2 + 11x_3 - 23x_4 = -1 \end{cases}$$

交换第二、第三个方程消去第三、第四个方程的 x_2 得

$$\begin{cases} x_1 - 2x_2 - 3x_3 + 5x_4 = 1 \\ x_2 + 7x_3 - 8x_4 = 0 \\ -27x_3 + 28x_4 = 1 \\ -66x_3 + 65x_4 = -1 \end{cases}$$

消去第四个方程的 x_3 得

$$\begin{cases} x_1 - 2x_2 - 3x_3 + 5x_4 = 1 \\ x_2 + 7x_3 - 8x_4 = 0 \\ -27x_3 + 28x_4 = 1 \\ -\dfrac{31}{9}x_4 = -\dfrac{31}{9} \end{cases}$$

即
$$\begin{cases} x_1 - 2x_2 - 3x_3 + 5x_4 = 1 \\ x_2 + 7x_3 - 8x_4 = 0 \\ -27x_3 + 28x_4 = 1 \\ x_4 = 1 \end{cases}$$

由下至上一个一个代入得：$\begin{cases} x_1 = 1 \\ x_2 = 1 \\ x_3 = 1 \\ x_4 = 1 \end{cases}$.

(2) 消去第二、第三、第四个方程的 x_1 得

$$\begin{cases} x_1 + x_2 + 2x_3 + x_4 = 7 \\ -3x_2 - x_3 = -7 \\ -5x_2 - 10x_3 - 3x_4 = -26 \\ -5x_2 - 3x_3 - 4x_4 = -21 \end{cases}$$

即
$$\begin{cases} x_1 + x_2 + 2x_3 + x_4 = 7 \\ 3x_2 + x_3 = 7 \\ 5x_2 + 10x_3 + 3x_4 = 26 \\ 5x_2 + 3x_3 + 4x_4 = 21 \end{cases}$$

第二个方程乘 2 减去第三个方程得

$$\begin{cases}x_1+x_2+2x_3+x_4=7\\ x_2-8x_3-3x_4=-12\\ 5x_2+10x_3+3x_4=26\\ 5x_2+3x_3+4x_4=21\end{cases}$$

消去第三、第四个方程的 x_2，第三个方程除2得

$$\begin{cases}x_1+x_2+2x_3+x_4=7\\ x_2-8x_3-3x_4=-12\\ 25x_3+9x_4=43\\ 43x_3+19x_4=81\end{cases}$$

再消去第四个方程的 x_3 得

$$\begin{cases}x_1+x_2+2x_3+x_4=7\\ x_2-8x_3-3x_4=-12\\ 25x_3+9x_4=43\\ 88x_4=176\end{cases}$$

实际上化简为

$$\begin{cases}x_1+x_2+2x_3+x_4=7\\ x_2-8x_3-3x_4=-12\\ 25x_3+9x_4=43\\ x_4=2\end{cases}$$

逐个往上代入得

$$\begin{cases}x_1=1\\ x_2=2\\ x_3=1\\ x_4=2\end{cases}.$$

(3) 消去第二、第三、第四个方程的 x_1 得

$$\begin{cases}x_1-x_2+2x_3+x_4=3\\ 5x_2-x_3-x_4=-5\\ 7x_2-7x_3-7x_4=-7\\ 9x_2-7x_3-3x_4=-13\end{cases}$$

第三个方程除以7，交换第二、第三个方程的位置，再消去第三、第四个方程的 x_2 得

$$\begin{cases}x_1-x_2+2x_3+x_4=3\\ x_2-x_3-x_4=-1\\ 4x_3+4x_4=0\\ 2x_3+6x_4=-4\end{cases}$$

第三、第四个方程两边分别除以4、2，消去第四个方程的 x_3 得

$$\begin{cases}x_1-x_2+2x_3+x_4=3\\ x_2-x_3-x_4=-1\\ x_3+x_4=0\\ 2x_4=-2\end{cases}$$

由第四个方程可知 $x_4=-1$,逐个往上代入得

$$\begin{cases}x_1=1\\x_2=-1\\x_3=1\\x_4=-1\end{cases}.$$

2.用初等行变换解下列方程组

$$(1)\begin{cases}2x_1+3x_2+2x_3+x_4=11\\3x_1+2x_2+4x_3-x_4=13\\6x_1+x_2-2x_3+5x_4=3\\4x_1-2x_2-3x_3+x_4=0\end{cases};\quad(2)\begin{cases}4x_1+3x_2=2\\x_1+4x_2+x_3=8\\x_2+6x_3+2x_4=4\\x_3+3x_4=-5\end{cases}$$

解 (1)
$$\begin{pmatrix}2&3&2&1&11\\3&2&4&-1&13\\6&1&-2&5&3\\4&-2&-3&1&0\end{pmatrix}\xrightarrow[\substack{r_1-2r_2\\r_3-6r_2\\r_4-4r_2}]{r_2-r_1}\begin{pmatrix}0&5&-2&5&7\\1&-1&2&-2&2\\0&7&-14&17&-9\\0&2&-11&9&-8\end{pmatrix}$$

$$\xrightarrow[r_1\leftrightarrow r_2]{r_1-2r_4}\begin{pmatrix}1&-1&2&-2&2\\0&1&20&-13&23\\0&7&-14&17&-9\\0&2&-11&9&-8\end{pmatrix}\xrightarrow[r_4-2r_2]{r_3-7r_2}\begin{pmatrix}1&-1&2&-2&2\\0&1&20&-13&23\\0&0&-154&108&-170\\0&0&-51&35&-54\end{pmatrix}$$

$$\xrightarrow{r_3\leftrightarrow r_4}\begin{pmatrix}1&-1&2&-2&2\\0&1&20&-13&23\\0&0&-51&35&-54\\0&0&-154&108&-170\end{pmatrix}\xrightarrow{r_4-\frac{154}{51}r_3}\begin{pmatrix}1&-1&2&-2&2\\0&1&20&-13&23\\0&0&-51&35&-54\\0&0&0&\frac{118}{51}&-\frac{354}{51}\end{pmatrix}$$

即
$$\begin{pmatrix}1&-1&2&-2&2\\0&1&20&-13&23\\0&0&-51&35&-54\\0&0&0&1&-3\end{pmatrix}\xrightarrow[\substack{r_2+13r_4\\r_1+2r_4}]{r_3-35r_4}\begin{pmatrix}1&-1&2&0&-4\\0&1&20&0&-16\\0&0&-51&0&51\\0&0&0&1&-3\end{pmatrix}$$

$$\xrightarrow{\frac{1}{-51}r_3}\begin{pmatrix}1&-1&2&0&-4\\0&1&20&0&-16\\0&0&1&0&-1\\0&0&0&1&-3\end{pmatrix}\xrightarrow[r_1-2r_3]{r_2-20r_3}\begin{pmatrix}1&-1&0&0&-2\\0&1&0&0&4\\0&0&1&0&-1\\0&0&0&1&-3\end{pmatrix}\xrightarrow{r_1+r_2}\begin{pmatrix}1&0&0&0&2\\0&1&0&0&4\\0&0&1&0&-1\\0&0&0&1&-3\end{pmatrix}$$

所以
$$\begin{cases}x_1=2\\x_2=4\\x_3=-1\\x_4=-3\end{cases}.$$

(2)
$$\begin{pmatrix}4&3&0&0&2\\1&4&1&0&8\\0&1&6&2&4\\0&0&1&3&-5\end{pmatrix}\xrightarrow[r_1\leftrightarrow r_2]{r_1-4r_2}\begin{pmatrix}1&4&1&0&8\\0&-13&-4&0&-30\\0&1&6&2&4\\0&0&1&3&-5\end{pmatrix}$$

$$\xrightarrow[r_2\leftrightarrow r_3]{r_2+13r_3}\begin{pmatrix}1&4&1&0&8\\0&1&6&2&4\\0&0&74&26&22\\0&0&1&3&-5\end{pmatrix}\xrightarrow[r_3\leftrightarrow r_4]{\frac{1}{2}r_3}\begin{pmatrix}1&4&1&0&8\\0&1&6&2&4\\0&0&1&3&-5\\0&0&37&13&11\end{pmatrix}$$

$$\xrightarrow{r_4-37r_3}\begin{pmatrix}1&4&1&0&8\\0&1&6&2&4\\0&0&1&3&-5\\0&0&0&-98&196\end{pmatrix}\xrightarrow{-\frac{1}{98}r_4}\begin{pmatrix}1&4&1&0&8\\0&1&6&2&4\\0&0&1&3&-5\\0&0&0&1&-2\end{pmatrix}\xrightarrow[r_2-2r_4]{r_3-3r_4}\begin{pmatrix}1&4&1&0&8\\0&1&6&0&8\\0&0&1&0&1\\0&0&0&1&-2\end{pmatrix}$$

$$\xrightarrow[r_1-r_3]{r_2-6r_3}\begin{pmatrix}1&4&0&0&7\\0&1&0&0&2\\0&0&1&0&1\\0&0&0&1&-2\end{pmatrix}\xrightarrow{r_1-4r_2}\begin{pmatrix}1&0&0&0&-1\\0&1&0&0&2\\0&0&1&0&1\\0&0&0&1&-2\end{pmatrix}$$

所以
$$\begin{cases}x_1=-1\\x_2=2\\x_3=1\\x_4=-2\end{cases}.$$

3. 选取 k 的值

(1) 使齐次线性方程组
$$\begin{cases}x_1+x_2+kx_3=0\\-x_1+kx_2+x_3=0\\x_1-2x_2+2x_3=0\end{cases}$$
有非零解，并求其解；

(2) 使非齐次线性方程组
$$\begin{cases}x+y+kz=1\\kx+y+z=1\\x+y+z=k\end{cases}$$
有解，并求其解.

解　(1) $\begin{vmatrix}1&1&k\\-1&k&1\\1&-2&2\end{vmatrix}=-k^2+4k+5$　所以当 $k_1=-1,k_2=5$ 时线性方程组有非零解.

当 $k=-1$ 时，将齐次方程组的系数矩阵化成行最简形矩阵.

$$\begin{pmatrix}1&1&-1\\-1&-1&1\\1&-2&2\end{pmatrix}\xrightarrow[r_3-r_1]{r_2+r_1}\begin{pmatrix}1&1&-1\\0&0&0\\0&-3&3\end{pmatrix}\xrightarrow[r_2\leftrightarrow r_3]{-\frac{1}{3}r_3}\begin{pmatrix}1&1&-1\\0&1&-1\\0&0&0\end{pmatrix}\xrightarrow{r_1-r_2}\begin{pmatrix}1&0&0\\0&1&-1\\0&0&0\end{pmatrix}$$，所以

其通解为 $\begin{pmatrix}x_1\\x_2\\x_3\end{pmatrix}=c\begin{pmatrix}0\\1\\1\end{pmatrix}$，其中 c 为任意常数.

当 $k=5$ 时，系数矩阵化成行最简形矩阵是

$\begin{pmatrix}1&1&5\\-1&5&1\\1&-2&2\end{pmatrix}\sim\begin{pmatrix}1&0&4\\0&1&1\\0&0&0\end{pmatrix}$，通解为 $\begin{pmatrix}x_1\\x_2\\x_3\end{pmatrix}=c\begin{pmatrix}-4\\-1\\1\end{pmatrix}$，其中 c 为任意常数.

(2) $\begin{pmatrix}1&1&k&1\\k&1&1&1\\1&1&1&k\end{pmatrix}\xrightarrow[r_3-r_1]{r_2-kr_1}\begin{pmatrix}1&1&k&1\\0&1-k&1-k^2&1-k\\0&0&1-k&k-1\end{pmatrix}$

当 $k\neq1$ 时，方程组的增广矩阵由初等行变换化成

$$\begin{pmatrix}1&0&0&-1\\0&1&0&k+2\\0&0&1&-1\end{pmatrix}$$

此时方程组有唯一解：$\begin{pmatrix}x_1\\x_2\\x_3\end{pmatrix}=\begin{pmatrix}-1\\k+2\\-1\end{pmatrix}$；

当 $k=1$ 时，方程组的增广矩阵化成

$$\begin{pmatrix}1&1&1&1\\0&0&0&0\\0&0&0&0\end{pmatrix}$$

此时方程组有无穷多解：

$$\begin{pmatrix}x_1\\x_2\\x_3\end{pmatrix}=c_1\begin{pmatrix}-1\\1\\0\end{pmatrix}+c_2\begin{pmatrix}-1\\0\\1\end{pmatrix}+\begin{pmatrix}1\\0\\0\end{pmatrix}，其中\ c_1,c_2\ 为任意常数.$$

4. 变量 x_1,x_2,x_3 与变量 y 有如下的线性关系

$$\begin{cases}y_1=a_{11}x_1+a_{12}x_2+a_{13}x_3\\y_2=a_{21}x_1+a_{22}x_2+a_{23}x_3\\y_3=a_{31}x_1+a_{32}x_2+a_{33}x_3\end{cases}$$

已知行列式 $D=\begin{vmatrix}a_{11}&a_{12}&a_{13}\\a_{21}&a_{22}&a_{23}\\a_{31}&a_{32}&a_{33}\end{vmatrix}\neq0$. 试将变量 x_1,x_2,x_3 用变量 y_1,y_2,y_3 线性表示.

解 因为 $D\neq0$，所以

$\begin{pmatrix}a_{11}&a_{12}&a_{13}\\a_{21}&a_{22}&a_{23}\\a_{31}&a_{32}&a_{33}\end{pmatrix}^{-1}$ 存在，故 $\begin{pmatrix}x_1\\x_2\\x_3\end{pmatrix}=\begin{pmatrix}a_{11}&a_{12}&a_{13}\\a_{21}&a_{22}&a_{23}\\a_{31}&a_{32}&a_{33}\end{pmatrix}^{-1}\begin{pmatrix}y_1\\y_2\\y_3\end{pmatrix}$.

另一种方法是根据克莱姆法则，$x_i=\dfrac{D_i}{D}$，$i=1,2,3$，其中 D_i 为 D 的第 i 列被 $\begin{pmatrix} y_1 \\ y_2 \\ y_3 \end{pmatrix}$ 替换后所得的三阶行列式.

5. 求线性方程组

$$\begin{cases} x_1+\qquad 2x_3+\ 4x_4=a+2c \\ 2x_1+2x_2+4x_3+\ 8x_4=2a+b \\ -x_1-2x_2+\ x_3+\ 2x_4=-a-b+c \\ 2x_1\qquad +7x_3+14x_4=3a+b+2c-d \end{cases}$$

有解时 a,b,c,d 应当满足的关系表达式.

解　这是一个非齐次线性方程组，有解必须满足 $\boldsymbol{R}(\boldsymbol{A})=\boldsymbol{R}(\boldsymbol{A},\boldsymbol{b})\leqslant 4$.

$$(\boldsymbol{A},\boldsymbol{b})=\begin{pmatrix} 1 & 0 & 2 & 4 & a+2c \\ 2 & 2 & 4 & 8 & 2a+b \\ -1 & -2 & 1 & 2 & -a-b+c \\ 2 & 0 & 7 & 14 & 3a+b+2c-d \end{pmatrix} \xrightarrow[\substack{r_3+r_1 \\ r_4-2r_1}]{r_2-2r_1} \begin{pmatrix} 1 & 0 & 2 & 4 & a+2c \\ 0 & 2 & 0 & 0 & b-4c \\ 0 & -2 & 3 & 6 & -b+3c \\ 0 & 0 & 3 & 6 & a+b-2c-d \end{pmatrix}$$

$$\xrightarrow{r_3+r_2} \begin{pmatrix} 1 & 0 & 2 & 4 & a+2c \\ 0 & 2 & 0 & 0 & b-4c \\ 0 & 0 & 3 & 6 & -c \\ 0 & 0 & 3 & 6 & a+b-2c-d \end{pmatrix} \xrightarrow{r_4-r_3} \begin{pmatrix} 1 & 0 & 2 & 4 & a+2c \\ 0 & 2 & 0 & 0 & b-4c \\ 0 & 0 & 3 & 6 & -c \\ 0 & 0 & 0 & 0 & a+b-c-d \end{pmatrix}$$

显然只有当 $a+b-c-d=0$ 时方程组有解. 即当 $a+b=c+d$ 时方程组有解.

6. 判定下列非齐次线性方程组的解（包括无解，有唯一解，有无穷多解）.

$$(1)\begin{cases} 4x_1+2x_2-\ x_3=2 \\ 3x_1-\ x_2+2x_3=10 \\ 11x_1+3x_2\qquad\ =8 \end{cases};\ (2)\begin{cases} 2x_1+x_2-x_3+x_4=1 \\ 4x_1+2x_2-2x_3+x_4=2 \\ 2x_1+x_2-x_3-x_4=1 \end{cases};\ (3)\begin{cases} 2x_1+\ x_2+\ x_3=1 \\ x_1+2x_2+\ x_3=2. \\ x_1+\ x_2+2x_3=4 \end{cases}$$

解　(1) $\begin{pmatrix} 4 & 2 & -1 & 2 \\ 3 & -1 & 2 & 10 \\ 11 & 3 & 0 & 8 \end{pmatrix} \xrightarrow[\substack{r_1+4r_3 \\ r_2+3r_3}]{r_3-3r_1} \begin{pmatrix} 0 & -10 & 11 & 10 \\ 0 & -10 & 11 & 16 \\ -1 & -3 & 3 & 2 \end{pmatrix}$

$$\xrightarrow{r_2-r_1} \begin{pmatrix} 0 & -10 & 11 & 10 \\ 0 & 0 & 0 & 6 \\ -1 & -3 & 3 & 2 \end{pmatrix} \xrightarrow[r_2\leftrightarrow r_1]{r_2\leftrightarrow r_3} \begin{pmatrix} -1 & -3 & 3 & 2 \\ 0 & -10 & 10 & 10 \\ 0 & 0 & 0 & 6 \end{pmatrix}$$

显然 $\boldsymbol{R}(\boldsymbol{A})=2$. $\boldsymbol{R}(\boldsymbol{A},\boldsymbol{b})=3$，所以方程组无解.

$$(2)\begin{pmatrix} 2 & 1 & -1 & 1 & 1 \\ 4 & 2 & -2 & 1 & 2 \\ 2 & 1 & -1 & -1 & 1 \end{pmatrix} \xrightarrow[r_3-r_1]{r_2-2r_1} \begin{pmatrix} 2 & 1 & -1 & 1 & 1 \\ 0 & 0 & 0 & -1 & 0 \\ 0 & 0 & 0 & -2 & 0 \end{pmatrix}$$

因为 $\boldsymbol{R}(\boldsymbol{A})=\boldsymbol{R}(\boldsymbol{A}\boldsymbol{b})=2<4$，所以方程组有无穷多解.

$$(3)\begin{pmatrix}2&1&1&1\\1&2&1&2\\1&1&2&4\end{pmatrix}\xrightarrow[r_1-2r_2]{r_3-r_2}\begin{pmatrix}0&-3&-1&-3\\1&2&1&2\\0&-1&1&2\end{pmatrix}\xrightarrow{-r_1}\begin{pmatrix}0&3&1&3\\1&2&1&2\\0&-1&1&2\end{pmatrix}$$

$$\xrightarrow{r_1+3r_3}\begin{pmatrix}0&0&4&9\\1&2&1&2\\0&-1&1&2\end{pmatrix}\xrightarrow[\substack{r_1\leftrightarrow r_2\\ r_2\leftrightarrow r_3}]{\frac{1}{4}\times r_1}\begin{pmatrix}1&2&1&2\\0&-1&1&2\\0&0&1&\frac{9}{4}\end{pmatrix}$$

$$\xrightarrow[r_1-r_3]{r_2-r_3}\begin{pmatrix}1&2&0&-\frac{1}{4}\\0&-1&0&-\frac{1}{4}\\0&0&1&\frac{9}{4}\end{pmatrix}\xrightarrow[(-r)r_2]{r_1+2r_2}\begin{pmatrix}1&0&0&-\frac{3}{4}\\0&1&0&\frac{1}{4}\\0&0&1&\frac{9}{4}\end{pmatrix}$$

显然方程组有唯一解.

7.判定下列齐次线性方程组的解(包括仅有零解以及有非零解).

$$(1)\begin{cases}x_1+x_2+x_3=0\\3x_1+x_2+4x_3=0\\-x_1+2x_2+x_3=0\end{cases};\quad(2)\begin{cases}3x_1+2x_2+2x_3=0\\2x_1+4x_2=0\\2x_1+2x_3=0\end{cases}.$$

解

$$(1)\boldsymbol{A}=\begin{pmatrix}1&1&1\\3&1&4\\-1&2&1\end{pmatrix}\xrightarrow[r_3+r_1]{r_2-3r_1}\begin{pmatrix}1&1&1\\0&-2&1\\0&3&2\end{pmatrix}\xrightarrow{r_3+r_2}\begin{pmatrix}1&1&1\\0&-2&1\\0&1&3\end{pmatrix}$$

$$\xrightarrow{r_2+2r_3}\begin{pmatrix}1&1&1\\0&0&7\\0&1&3\end{pmatrix}\xrightarrow{r_2\leftrightarrow r_3}\begin{pmatrix}1&1&1\\0&1&3\\0&0&7\end{pmatrix}$$

即 $\boldsymbol{R}(\boldsymbol{A})=3$,所论齐次线性方程组仅有零解.

另也可以计算系数矩阵行列式的值为-7,同样可知 $\boldsymbol{R}(\boldsymbol{A})=3$,故方程组仅有零解.

(2) 所论方程组的系数矩阵行列式

$$D=\begin{vmatrix}3&2&2\\2&4&0\\2&0&2\end{vmatrix}=0$$

所以,系数矩阵为降秩矩阵.即 $\boldsymbol{R}(\boldsymbol{A})<3$.故方程组有非零解.

8.非齐次线性方程组

$$\begin{cases}-x_1+x_2+4x_3=0\\3x_1-2x_2+5x_3=-3\\2x_1-6x_3=4\\x_2+x_3=k\end{cases}$$

当 k 分别取何值时无解?有解?有解时求出其解.

解　$$(\boldsymbol{A},\boldsymbol{b})=\begin{pmatrix}-1&1&4&0\\3&-2&5&-3\\2&0&-6&4\\0&1&1&k\end{pmatrix}\xrightarrow[r_3+2r_1]{r_2+3r_1}\begin{pmatrix}-1&1&4&0\\0&1&17&-3\\0&2&2&4\\0&1&1&k\end{pmatrix}$$

$$\xrightarrow[r_3-2r_4]{r_2-r_4}\begin{pmatrix}-1&1&4&0\\0&0&16&-3-k\\0&0&0&4-2k\\0&1&1&k\end{pmatrix}\xrightarrow[r_2\leftrightarrow r_3]{r_3\leftrightarrow r_4}\begin{pmatrix}-1&1&4&0\\0&1&1&k\\0&0&16&-3-k\\0&0&0&4-2k\end{pmatrix}$$

显然当 $k\neq 2$ 时 $\boldsymbol{R}(\boldsymbol{A})=3\neq\boldsymbol{R}(\boldsymbol{A},\boldsymbol{b})=4$,方程组无解;当 $k=2$ 时

$$(\boldsymbol{A},\boldsymbol{b})=\begin{pmatrix}-1&1&4&0\\3&-2&5&-3\\2&0&-6&4\\0&1&1&2\end{pmatrix}\sim\begin{pmatrix}-1&1&4&0\\0&1&1&2\\0&0&16&-5\\0&0&0&0\end{pmatrix}$$

方程组有唯一解.解得　$$\begin{pmatrix}x_1\\x_2\\x_3\end{pmatrix}=\begin{pmatrix}\frac{17}{16}\\\frac{37}{16}\\-\frac{5}{16}\end{pmatrix}.$$

9.齐次线性方程组

$$\begin{cases}x_1+7x_2-5x_3+5x_4=0\\2x_1+x_2-x_3+x_4=0\\x_1-2x_2+x_3-x_4=0\\3x_1-x_2-2x_3-\lambda x_4=0\end{cases}$$

当 λ 分别取何值时仅有零解?有非零解?有非零解时求出其解.

解

$$\boldsymbol{A}=\begin{pmatrix}1&7&-5&5\\2&1&-1&1\\1&-2&1&-1\\3&-1&-2&-\lambda\end{pmatrix}\xrightarrow[\substack{r_2-2r_3\\r_4-3r_3}]{r_1-r_3}\begin{pmatrix}0&9&-6&6\\0&5&-3&3\\1&-2&1&-1\\0&5&-5&3-\lambda\end{pmatrix}\xrightarrow[r_4-r_2]{r_1-2r_2}\begin{pmatrix}0&-1&0&0\\0&5&-3&3\\1&-2&1&-1\\0&0&-2&-\lambda\end{pmatrix}$$

$$\xrightarrow[r_3-2r_1]{r_2+5r_1}\begin{pmatrix}0&-1&0&0\\0&0&-3&3\\1&0&1&-1\\0&0&-2&-\lambda\end{pmatrix}\xrightarrow[\substack{r_2-r_2\\r_4+2r_2}]{-\frac{1}{3}r_2}\begin{pmatrix}0&-1&0&0\\0&0&1&-1\\1&0&0&0\\0&0&0&\lambda-2\end{pmatrix}\begin{matrix}r_2\leftrightarrow r_3\\r_2\leftrightarrow r_1\end{matrix}\begin{pmatrix}1&0&0&0\\0&-1&0&0\\0&0&1&-1\\0&0&0&\lambda-2\end{pmatrix}$$

显然当 $\lambda\neq 2$ 时系数矩阵的行列式 $D=-(\lambda-2)\neq 0$.齐次线性方程组仅有零解;而当 $\lambda=2$ 时,齐次线性方程组有无穷多解,其解为

$$\begin{pmatrix} x_1 \\ x_2 \\ x_3 \\ x_4 \end{pmatrix} = c\begin{pmatrix} 0 \\ 0 \\ 1 \\ 1 \end{pmatrix}$$

其中 c 为任意常数.

10. 求下列齐次方程组的一个基础解系

$$(1)\begin{cases} x_1 - x_2 + 5x_3 - x_4 = 0 \\ x_1 + 3x_2 - 9x_3 + 7x_4 = 0 \\ x_1 + x_2 - 2x_3 + 3x_4 = 0 \\ 3x_1 - x_2 + 8x_3 + x_4 = 0 \end{cases};\quad (2)\begin{cases} x_1 + x_2 + x_3 + x_4 + x_5 = 0 \\ 2x_1 + 3x_2 + x_3 + x_4 - 3x_5 = 0 \\ x_1 + 2x_3 + 2x_4 + 6x_5 = 0 \\ 4x_1 + 5x_2 + 3x_3 + 4x_4 - x_5 = 0 \end{cases}.$$

解

$$(1)\boldsymbol{A} = \begin{pmatrix} 1 & -1 & 5 & -1 \\ 1 & 3 & -9 & 7 \\ 1 & 1 & -2 & 3 \\ 3 & -1 & 8 & 1 \end{pmatrix} \xrightarrow[\substack{r_1 - r_3 \\ r_4 - 3r_3}]{r_2 - r_3} \begin{pmatrix} 0 & -2 & 7 & -4 \\ 0 & 2 & -7 & 4 \\ 1 & 1 & -2 & 3 \\ 0 & -4 & 14 & -8 \end{pmatrix} \xrightarrow[\substack{\frac{1}{2}r_2 \\ r_4 + 4r_2}]{r_1 - r_2} \begin{pmatrix} 0 & 0 & 0 & 0 \\ 0 & 1 & -\frac{7}{2} & 2 \\ 1 & 1 & -2 & 3 \\ 0 & 0 & 0 & 0 \end{pmatrix}$$

$$\xrightarrow[r_1 \leftrightarrow r_3]{r_3 - r_2} \begin{pmatrix} 1 & 0 & \frac{3}{2} & 1 \\ 0 & 1 & -\frac{7}{2} & 2 \\ 0 & 0 & 0 & 0 \\ 0 & 0 & 0 & 0 \end{pmatrix}$$

由最后一个行最简形矩阵表示的方程组是 $\begin{cases} x_1 = -\dfrac{3}{2}x_3 - x_4 \\ x_2 = \dfrac{7}{2}x_3 - 2x_4 \end{cases}$

补足方程的个数(即添加 $x_3 = 1 \cdot x_3 + 0 \cdot x_4 . x_4 = 0 \cdot x_3 + 1 \cdot x_4$)
用向量表示得

$$\begin{pmatrix} x_1 \\ x_2 \\ x_3 \\ x_4 \end{pmatrix} = \begin{pmatrix} -\frac{3}{2} \\ \frac{7}{2} \\ 1 \\ 0 \end{pmatrix} x_3 + \begin{pmatrix} -1 \\ -2 \\ 0 \\ 1 \end{pmatrix} x_4 = \boldsymbol{\alpha}_1 x_3 + \boldsymbol{\alpha}_2 x_4$$

所以方程组的一个基础解系为 $\boldsymbol{\alpha}_1, \boldsymbol{\alpha}_2$.

$$(2)\boldsymbol{A} = \begin{pmatrix} 1 & 1 & 1 & 1 & 1 \\ 2 & 3 & 1 & 1 & -3 \\ 1 & 0 & 2 & 2 & 6 \\ 4 & 5 & 3 & 4 & -1 \end{pmatrix} \xrightarrow[\substack{r_3 - r_1 \\ r_4 - 4r_1}]{r_2 - 2r_1} \begin{pmatrix} 1 & 1 & 1 & 1 & 1 \\ 0 & 1 & -1 & -1 & -5 \\ 0 & -1 & 1 & 1 & 5 \\ 0 & 1 & -1 & 0 & -5 \end{pmatrix}$$

$$\xrightarrow[r_4+r_3]{r_2+r_3}\begin{pmatrix}1&1&1&1&1\\0&0&0&0&0\\0&-1&1&1&5\\0&0&0&1&0\end{pmatrix}\xrightarrow[\substack{r_3\leftrightarrow r_4\\r_1-r_3\\r_2-r_3}]{r_2\leftrightarrow r_3}\begin{pmatrix}1&1&1&0&1\\0&-1&1&0&5\\0&0&0&1&0\\0&0&0&0&0\end{pmatrix}$$

$$\xrightarrow[-1\cdot r_2]{r_1+r_2}\begin{pmatrix}1&0&2&0&6\\0&1&-1&0&-5\\0&0&0&1&0\\0&0&0&0&0\end{pmatrix}$$

最后的行最简形矩阵所表示的同解方程组是$\begin{cases}x_1=-2x_3-6x_5\\x_2=x_3+5x_5\\x_4=0\end{cases}$

补充两个方程($x_3=x_3,x_5=x_5$)用向量表示上式两边得

$$\begin{pmatrix}x_1\\x_2\\x_3\\x_4\\x_5\end{pmatrix}=\begin{pmatrix}-2\\1\\1\\0\\0\end{pmatrix}x_3+\begin{pmatrix}-6\\5\\0\\0\\1\end{pmatrix}x_4$$

其基础解系为　$\boldsymbol{\alpha}_1=\begin{pmatrix}-2\\1\\1\\0\\0\end{pmatrix},\boldsymbol{\alpha}_2=\begin{pmatrix}-6\\5\\0\\0\\1\end{pmatrix}$.

11. 求下列齐次方程组的通解

(1)$\begin{cases}x_1-3x_2+x_3-2x_4=0\\-5x_1+x_2-2x_3+3x_4=0\\-x_1-11x_2+2x_3-5x_4=0\\3x_1+5x_2+x_4=0\end{cases}$；　(2)$\begin{cases}x_1+x_3-x_4-3x_5=0\\x_1-4x_2+5x_3-7x_4+5x_5=0\\3x_1+4x_2-x_3-4x_4+4x_5=0\\2x_1-2x_2+4x_3-7x_4+4x_5=0\end{cases}$.

解　(1) 将方程组的系数矩阵用初等行变换化成行最简形矩阵

$$\boldsymbol{A}\overset{\text{行}}{\sim}\begin{pmatrix}1&0&\frac{5}{14}&-\frac{1}{2}\\0&1&-\frac{3}{14}&\frac{1}{2}\\0&0&0&0\\0&0&0&0\end{pmatrix}$$

所以原方程组的同解方程组是

$$\begin{cases} x_1 = -\frac{5}{14}x_3 + \frac{1}{2}x_4 \\ x_2 = \frac{3}{14}x_3 - \frac{1}{2}x_4 \end{cases}$$

补足方程的个数

$$\begin{cases} x_1 = -\frac{5}{14}x_3 + \frac{1}{2}x_4 \\ x_2 = \frac{3}{14}x_3 - \frac{1}{2}x_4 \\ x_3 = 1 \cdot x_3 + 0 \cdot x_4 \\ x_4 = 0 \cdot x_3 + 1 \cdot x_4 \end{cases}$$

再将方程组两边同时用向量表示，把 x_3, x_4 依次令 x_3, x_4 为任意常数 c_1, c_2 得齐次方程组的通解

$$\begin{pmatrix} x_1 \\ x_2 \\ x_3 \\ x_4 \end{pmatrix} = c_1 \begin{pmatrix} -\frac{5}{14} \\ \frac{3}{14} \\ 1 \\ 0 \end{pmatrix} + c_2 \begin{pmatrix} \frac{1}{2} \\ -\frac{1}{2} \\ 0 \\ 1 \end{pmatrix}$$

其中 c_1, c_2 为任意常数.

$$(2)\boldsymbol{A} = \begin{pmatrix} 1 & 0 & 1 & -1 & -3 \\ 1 & -4 & 5 & -7 & 5 \\ 3 & 4 & -1 & -4 & 4 \\ 2 & -2 & 4 & -7 & 4 \end{pmatrix} \underset{\substack{r_3-3r_1 \\ r_4-2r_1}}{\overset{r_2-r_1}{\sim}} \begin{pmatrix} 1 & 0 & 1 & -1 & -3 \\ 0 & -4 & 4 & -6 & 8 \\ 0 & 4 & -4 & -1 & 13 \\ 0 & -2 & 2 & -5 & 10 \end{pmatrix} \overset{\cdots}{\sim} \begin{pmatrix} 1 & 0 & 1 & 0 & 0 \\ 0 & 1 & -1 & 0 & 0 \\ 0 & 0 & 0 & 1 & 0 \\ 0 & 0 & 0 & 0 & 1 \end{pmatrix}$$

所以方程组的通解是

$$\begin{pmatrix} x_1 \\ x_2 \\ x_3 \\ x_4 \\ x_5 \end{pmatrix} = c \begin{pmatrix} -1 \\ 1 \\ 1 \\ 0 \\ 0 \end{pmatrix}$$

其中 c 为任意常数.

12. 求非齐次线性方程组的一个特解

$$\begin{cases} 3x_1 + 4x_2 + 2x_3 + 2x_4 - 2x_5 = 2 \\ 2x_1 + 3x_2 + x_3 + x_4 - 3x_5 = 0 \\ 3x_1 + 5x_2 + x_3 + x_4 - 7x_5 = -2 \\ 4x_1 + 5x_2 + 3x_3 + 3x_4 - x_5 = 4 \end{cases}.$$

解 将方程组的增广矩阵用初等行变换化成行最简形矩阵是

$$(\boldsymbol{A},\boldsymbol{b}) \overset{\cdots}{\sim} \begin{pmatrix} 1 & 0 & 2 & 2 & 6 & 6 \\ 0 & 1 & -1 & -1 & -5 & -4 \\ 0 & 0 & 0 & 0 & 0 & 0 \\ 0 & 0 & 0 & 0 & 0 & 0 \end{pmatrix}$$

最简形矩阵所表示的同解方程组是

$$\begin{cases} x_1 = -2x_3 - 2x_4 - 6x_5 + 6 \\ x_2 = x_3 + x_4 + 5x_5 - 4 \end{cases}$$

补足方程的个数为

$$\begin{cases} x_1 = -2x_3 - 2x_4 - 6x_5 + 6 \\ x_2 = 1 \cdot x_3 + 1 \cdot x_4 + 5x_5 - 4 \\ x_3 = 1 \cdot x_3 + 0 \cdot x_4 + 0 \cdot x_5 + 0 \\ x_4 = 0 \cdot x_3 + 1 \cdot x_4 + 0 \cdot x_5 + 0 \\ x_5 = 0 \cdot x_3 + 0 \cdot x_4 + 1 \cdot x_5 + 0 \end{cases}$$

两边用向量表示

$$\begin{pmatrix} x_1 \\ x_2 \\ x_3 \\ x_4 \\ x_5 \end{pmatrix} = \begin{pmatrix} -2 \\ 1 \\ 1 \\ 0 \\ 0 \end{pmatrix} x_3 + \begin{pmatrix} -2 \\ 1 \\ 0 \\ 1 \\ 0 \end{pmatrix} x_4 + \begin{pmatrix} -6 \\ 5 \\ 0 \\ 0 \\ 1 \end{pmatrix} x_5 + \begin{pmatrix} 6 \\ -4 \\ 0 \\ 0 \\ 0 \end{pmatrix}$$

与自由未知量 x_3, x_4, x_5 无关的向量$(6, -4, 0, 0, 0)^T$ 便是方程组的一个特解.

13. 求非齐次线性方程组

$$\begin{cases} x_1 + x_2 + x_3 + x_4 = 1 \\ 3x_1 + 2x_2 + x_3 + x_4 = -3 \\ x_2 + 2x_3 + 2x_4 = 6 \\ 5x_1 + 4x_2 + 3x_3 + 3x_4 = -1 \end{cases}$$

的通解.

解　$$(\boldsymbol{A},\boldsymbol{b}) = \begin{pmatrix} 1 & 1 & 1 & 1 & 1 \\ 3 & 2 & 1 & 1 & -3 \\ 0 & 1 & 2 & 2 & 6 \\ 5 & 4 & 3 & 3 & -1 \end{pmatrix} \underset{r_4 - 5r_1}{\overset{r_2 - 3r_1}{\sim}} \begin{pmatrix} 1 & 1 & 1 & 1 & 1 \\ 0 & -1 & -2 & -2 & -6 \\ 0 & 1 & 2 & 2 & 6 \\ 0 & -1 & -2 & -2 & -6 \end{pmatrix}$$

$$\underset{r_4 - r_2}{\overset{r_3 + r_2}{\sim}} \begin{pmatrix} 1 & 1 & 1 & 1 & 1 \\ 0 & -1 & -2 & -2 & -6 \\ 0 & 0 & 0 & 0 & 0 \\ 0 & 0 & 0 & 0 & 0 \end{pmatrix} \underset{-r_2}{\overset{r_1 + r_2}{\sim}} \begin{pmatrix} 1 & 0 & -1 & -1 & -5 \\ 0 & 1 & 2 & 2 & 6 \\ 0 & 0 & 0 & 0 & 0 \\ 0 & 0 & 0 & 0 & 0 \end{pmatrix}$$

行最简形矩阵所表示的同解方程组是

$$\begin{cases} x_1 = 1 \cdot x_3 + x_4 - 5 \\ x_2 = -2x_3 - 2x_4 + 6 \\ x_3 = 1 \cdot x_3 + 0 \cdot x_4 + 0 \\ x_4 = 0 \cdot x_3 + 1 \cdot x_4 + 0 \end{cases}$$

两边同时用向量表示，并依次令 x_3, x_4 为 c_1, c_2，则方程组的通解是

$$\begin{pmatrix} x_1 \\ x_2 \\ x_3 \\ x_4 \end{pmatrix} = c_1 \begin{pmatrix} 1 \\ -2 \\ 1 \\ 0 \end{pmatrix} + c_2 \begin{pmatrix} 1 \\ -2 \\ 0 \\ 1 \end{pmatrix} + \begin{pmatrix} -5 \\ 6 \\ 0 \\ 0 \end{pmatrix}$$

其中 c_1, c_2 为任意常数.

14. 若向量 $\boldsymbol{\alpha}_1, \boldsymbol{\alpha}_2, \boldsymbol{\alpha}_3$ 为某一齐次线性方程组的基础解系，证明 $\boldsymbol{\alpha}_1 + \boldsymbol{\alpha}_2, \boldsymbol{\alpha}_2 + \boldsymbol{\alpha}_3, \boldsymbol{\alpha}_3 + \boldsymbol{\alpha}_1$ 也是这个齐次线性方程组的一个基础解系.

证明 因为 $\boldsymbol{\alpha}_1, \boldsymbol{\alpha}_2, \boldsymbol{\alpha}_3$ 为基础解系，说明它们线性无关，且含有三个解向量. 现 $\boldsymbol{\alpha}_1 + \boldsymbol{\alpha}_2, \boldsymbol{\alpha}_2 + \boldsymbol{\alpha}_3, \boldsymbol{\alpha}_3 + \boldsymbol{\alpha}_1$ 由方程组解的结构可知仍为方程组的解向量. 因此只要证明它们线性无关即可. 由习题 3 第 4 题可知 $\boldsymbol{\alpha}_1 + \boldsymbol{\alpha}_2, \boldsymbol{\alpha}_2 + \boldsymbol{\alpha}_3, \boldsymbol{\alpha}_3 + \boldsymbol{\alpha}_1$ 线性无关，故它们也是所讨论的齐次线性方程组的一个基础解系.

15. 求非齐次线性方程组

$$\begin{cases} x_1 + 2x_2 + 3x_3 + x_4 = 5 \\ 2x_1 + 4x_2 \qquad - x_4 = -3 \\ -x_1 - 2x_2 + 3x_3 + 2x_4 = 8 \\ x_1 + 2x_2 - 9x_3 - 5x_4 = -21 \end{cases}$$

的通解.

解 将方程组的增广矩阵化成行最简形矩阵

$$(\boldsymbol{A}, \boldsymbol{b}) = \begin{pmatrix} 1 & 2 & 3 & 1 & 5 \\ 2 & 4 & 0 & -1 & -3 \\ -1 & -2 & 3 & 2 & 8 \\ 1 & 2 & -9 & -5 & -21 \end{pmatrix} \xrightarrow[\substack{r_3 + r_1 \\ r_4 - r_1}]{r_2 - 2r_1} \begin{pmatrix} 1 & 2 & 3 & 1 & 5 \\ 0 & 0 & -6 & -3 & -13 \\ 0 & 0 & 6 & 3 & 13 \\ 0 & 0 & -12 & -6 & -26 \end{pmatrix}$$

$$\xrightarrow[\substack{r_4 - 2r_2 \\ -\frac{1}{6}r_2}]{r_3 + r_2} \begin{pmatrix} 1 & 2 & 3 & 1 & 5 \\ 0 & 0 & 1 & \frac{1}{2} & \frac{13}{6} \\ 0 & 0 & 0 & 0 & 0 \\ 0 & 0 & 0 & 0 & 0 \end{pmatrix} \xrightarrow{r_1 - 3r_2} \begin{pmatrix} 1 & 2 & 0 & -\frac{1}{2} & -\frac{3}{2} \\ 0 & 0 & 1 & \frac{1}{2} & \frac{13}{6} \\ 0 & 0 & 0 & 0 & 0 \\ 0 & 0 & 0 & 0 & 0 \end{pmatrix}$$

行最简形矩阵所表示的同解方程组是

$$\begin{cases} x_1 = -2x_2 + \frac{1}{2}x_4 - \frac{3}{2} \\ x_3 = \qquad -\frac{1}{2}x_4 + \frac{13}{6} \end{cases}$$

补足方程的个数

$$\begin{cases} x_1 = -2x_2 + \frac{1}{2}x_4 - \frac{3}{2} \\ x_2 = 1 \cdot x_2 + 0 \cdot x_4 + 0 \\ x_3 = 0 \cdot x_2 - \frac{1}{2}x_4 + \frac{13}{6} \\ x_4 = 0 \cdot x_3 + 1 \cdot x_4 + 0 \end{cases}$$

上式两边用向量表示，并依次令 x_2, x_4 为 c_1, c_2. 得非齐次方程组的通解是

$$\begin{pmatrix} x_1 \\ x_2 \\ x_3 \\ x_4 \end{pmatrix} = c_1 \begin{pmatrix} -2 \\ 1 \\ 0 \\ 0 \end{pmatrix} + c_2 \begin{pmatrix} \frac{1}{2} \\ 0 \\ -\frac{1}{2} \\ 1 \end{pmatrix} + \begin{pmatrix} -\frac{3}{2} \\ \frac{13}{6} \\ 0 \\ 0 \end{pmatrix}$$

其中 c_1, c_2 为任意常数.

16. 判定下列方程组是否有解？若有解，则求其解.

(1) $\begin{cases} x_1 + x_2 - 2x_3 = 2 \\ 2x_1 + 3x_2 + x_3 = 1 \\ 4x_1 + 7x_2 + 7x_3 = -1 \\ x_1 + 3x_2 + 8x_3 = -4 \end{cases}$;　(2) $\begin{cases} 2x_1 + x_2 - x_3 + x_4 = 1 \\ 4x_1 + 2x_2 - 2x_3 + 2x_4 = 2 \\ x_1 + \frac{1}{2}x_2 - \frac{1}{2}x_3 - \frac{1}{2}x_4 = \frac{1}{2} \end{cases}$.

解　若 $\boldsymbol{R}(\boldsymbol{A}) = \boldsymbol{R}(\boldsymbol{A}, \boldsymbol{b}) \leqslant n$ 有解；否则无解.

$$(1)\boldsymbol{R}(\boldsymbol{A}, \boldsymbol{b}) = \begin{pmatrix} 1 & 1 & -2 & 2 \\ 2 & 3 & 1 & 1 \\ 4 & 7 & 7 & -1 \\ 1 & 3 & 8 & -4 \end{pmatrix} \xrightarrow[\substack{r_3 - 4r_1 \\ r_4 - r_1}]{r_2 - 2r_1} \begin{pmatrix} 1 & 1 & -2 & 2 \\ 0 & 1 & 5 & -3 \\ 0 & 3 & 15 & -9 \\ 0 & 2 & 10 & -6 \end{pmatrix}$$

$$\xrightarrow[r_4 - 2r_2]{r_3 - 3r_2} \begin{pmatrix} 1 & 1 & -2 & 2 \\ 0 & 1 & 5 & -3 \\ 0 & 0 & 0 & 0 \\ 0 & 0 & 0 & 0 \end{pmatrix} \xrightarrow{r_1 - r_2} \begin{pmatrix} 1 & 0 & -7 & 5 \\ 0 & 1 & 5 & -3 \\ 0 & 0 & 0 & 0 \\ 0 & 0 & 0 & 0 \end{pmatrix}$$

$$\boldsymbol{R}(\boldsymbol{A}) = \boldsymbol{R}(\boldsymbol{A}, \boldsymbol{b}) = 2 < 3$$

故方程组有无穷多解，其解为

$$\begin{pmatrix} x_1 \\ x_2 \\ x_3 \end{pmatrix} = c \begin{pmatrix} 7 \\ -5 \\ 1 \end{pmatrix} + \begin{pmatrix} 5 \\ -3 \\ 0 \end{pmatrix}$$

其中 c 为任意常数.

$$(2)(\boldsymbol{A}, \boldsymbol{b}) = \begin{pmatrix} 2 & 1 & -1 & 1 & 1 \\ 4 & 2 & -2 & 2 & 2 \\ 1 & \frac{1}{2} & -\frac{1}{2} & -\frac{1}{2} & \frac{1}{2} \end{pmatrix} \xrightarrow{2 \cdot r_3} \begin{pmatrix} 2 & 1 & -1 & 1 & 1 \\ 4 & 2 & -2 & +2 & 2 \\ 2 & 1 & -1 & -1 & 1 \end{pmatrix}$$

$$\xrightarrow[r_3-r_1]{r_2-2r_1}\begin{pmatrix}2&1&-1&1&1\\0&0&0&0&0\\0&0&0&-2&0\end{pmatrix}\xrightarrow[\substack{r_2\leftrightarrow r_3\\ r_1-r_2}]{-\frac{1}{2}r_3}\begin{pmatrix}2&1&-1&0&1\\0&0&0&1&0\\0&0&0&0&0\end{pmatrix}$$

$$\boldsymbol{R(A)}=\boldsymbol{R(A,b)}=2<4$$

故方程组有无穷多解,其解为

$$\begin{pmatrix}x_1\\x_2\\x_3\\x_4\end{pmatrix}=c_1\begin{pmatrix}-\frac{1}{2}\\1\\0\\0\end{pmatrix}+c_2\begin{pmatrix}\frac{1}{2}\\0\\1\\0\end{pmatrix}+\begin{pmatrix}\frac{1}{2}\\0\\0\\0\end{pmatrix}$$

其中 c_1,c_2 为任意常数.

17. 设 $x_1,x_2,\cdots,x_t$ 为非齐次线性方程组 $\boldsymbol{Ax}=\boldsymbol{b}$ 的 t 个解,常数 $k_1,k_2,\cdots,k_t$ 满足 $k_1+k_2+\cdots+k_t=1$,证明

$$x=k_1x_1+k_2x_2+\cdots+k_tx_t$$

也是方程组 $\boldsymbol{Ax}=\boldsymbol{b}$ 的解.

证明 因为 $x_i\quad i=1,2,\cdots,t$ 为方程组 $\boldsymbol{Ax}=\boldsymbol{b}$ 的解. 即

$$\boldsymbol{A}x_i=\boldsymbol{b}.\ i=1,2,\cdots,t$$

将 k_ix_i 代入方程组 $\boldsymbol{Ax}=\boldsymbol{b}$ 相加. 得

$$k_1A_1x_1+\cdots+A_tAx_t=k_1\boldsymbol{b}+k_2\boldsymbol{b}+\cdots+k_t\boldsymbol{b}=(k_1+k_2+\cdots+k_t)b=1\times\boldsymbol{b}=\boldsymbol{b}$$

即

$$\boldsymbol{A}(k_1x_1+\cdots+k_tx_t)=\boldsymbol{b}$$

故 $\boldsymbol{x}=k_1x_1+k_2x_2+\cdots k_tx_t$ 为方程组 $\boldsymbol{Ax}=\boldsymbol{b}$ 的一个解.

18. 写出一个以

$$\begin{pmatrix}x_1\\x_2\\x_3\\x_4\end{pmatrix}=c_1\begin{pmatrix}-2\\1\\0\\0\end{pmatrix}+c_2\begin{pmatrix}1\\0\\0\\1\end{pmatrix}$$

(c_1,c_2 为任意常数) 为通解的齐次线性方程组.

解 方程组通解所表示的等价方程组为

$$\begin{cases}x_1=-2x_2+x_4\\x_2=1\cdot x_2+0\cdot x_4\\x_3=0\cdot x_2+0\cdot x_4\\x_4=0\cdot x_2+1\cdot x_4\end{cases}$$

相对应的最简形矩阵为

$$\begin{pmatrix}1&2&0&-1\\0&0&1&0\\0&0&0&0\\0&0&0&0\end{pmatrix}$$

为此齐次线性方程组为

$$\begin{cases} x_1 + 2x_2 - x_4 = 0 \\ 3x_1 + 6x_2 + x_3 - 3x_4 = 0 \\ 5x_1 + 10x_2 - 5x_4 = 0 \\ 4x_1 + 8x_2 - 4x_4 = 0 \end{cases}.$$

第5章 相似矩阵与二次型

§5.1 基本要求

1. 理解矩阵的特征值与特征向量的概念，了解其性质，并掌握其求法.

2. 了解相似矩阵的概念和性质，了解矩阵可相似对角化的充分必要条件.

3. 了解向量的内积、长度、正交、规范正交基、正交矩阵等概念，知道施密特(Schmidt) 正交化方法.

4. 了解对称矩阵的特征值与特征向量的性质，掌握利用正交矩阵将对称矩阵化为对角矩阵的方法.

5. 熟悉二次型及其矩阵表示，知道二次型的秩，了解矩阵的合同关系，掌握用正交变换把二次型化为标准形的方法.

6. 会用配方法化二次型为规范形，知道惯性定理，知道二次型的正定性及其判别法.

§5.2 内容提要

1. 特征值与特征向量

(1) 设 $\boldsymbol{A}$ 是 n 阶方阵，如果对于数 λ，存在非零列向量 $\boldsymbol{\alpha}$，使得

$$\boldsymbol{A\alpha} = \lambda\boldsymbol{\alpha}$$

则 λ 称为 $\boldsymbol{A}$ 的特征值，$\boldsymbol{\alpha}$ 称为 $\boldsymbol{A}$ 的属于特征值 λ 的特征向量.

(2)λ 的 n 次多项式

$$f(\lambda) = |\boldsymbol{A} - \lambda\boldsymbol{E}| = \begin{vmatrix} a_{11}-\lambda & a_{12} & \cdots & a_{1n} \\ a_{21} & a_{22}-\lambda & \cdots & a_{2n} \\ \vdots & \vdots & & \vdots \\ a_{n1} & a_{n2} & \cdots & a_{nn}-\lambda \end{vmatrix}$$

称为 n 阶矩阵 $\boldsymbol{A}$ 的特征多项式，并称 $f(\lambda) = 0$ 为矩阵 $\boldsymbol{A}$ 的特征方程. 特征方程的根就是矩阵 $\boldsymbol{A}$ 的特征值.

设 $\lambda_1, \lambda_2, \cdots, \lambda_n$ 是 n 阶矩阵 $\boldsymbol{A}$ 的 n 个特征值(k 重特征值算做 k 个特征值)，则：

①$\lambda_1 + \lambda_2 + \cdots + \lambda_n = a_{11} + a_{22} + \cdots + a_{nn} = \mathrm{tr}\boldsymbol{A}$(称为矩阵 $\boldsymbol{A}$ 的迹)；

②$\lambda_1 \cdot \lambda_2 \cdot \cdots \cdot \lambda_n = |\boldsymbol{A}|$；

③ 若 λ 是方阵 $\boldsymbol{A}$ 的一个特征值，$\varphi(\lambda)=a_0+a_1\lambda+a_2\lambda^2+\cdots+a_m\lambda^m$，则 $\varphi(\lambda)$ 是矩阵 $\varphi(\boldsymbol{A})$ 的特征值，其中 $\varphi(\boldsymbol{A})=a_0E+a_1A+a_2A^2+\cdots+a_mA^m$.

(3) 设 λ 是方阵 $\boldsymbol{A}$ 的特征值，则齐次线性方程组 $(\boldsymbol{A}-\lambda\boldsymbol{E})\boldsymbol{X}=\boldsymbol{0}$ 的全体非零解就是方阵 $\boldsymbol{A}$ 的属于特征值 λ 的全部特征向量.

设 $\lambda_1,\lambda_2,\cdots,\lambda_r$ 是矩阵 $\boldsymbol{A}$ 的 r 个特征值，对应的特征向量依次为 $\boldsymbol{\alpha}_1,\boldsymbol{\alpha}_2,\cdots,\boldsymbol{\alpha}_r$，如果 $\lambda_1,\lambda_2,\cdots,\lambda_r$ 各不相同，则 $\boldsymbol{\alpha}_1,\boldsymbol{\alpha}_2,\cdots,\boldsymbol{\alpha}_r$ 线性无关.

2. 相似矩阵

(1) 设 $\boldsymbol{A},\boldsymbol{B}$ 是 n 阶矩阵，如果存在可逆矩阵 $\boldsymbol{P}$，使 $\boldsymbol{B}=\boldsymbol{P}^{-1}\boldsymbol{AP}$，则称 $\boldsymbol{A}$ 与 $\boldsymbol{B}$ 相似. 将 $\boldsymbol{A}$ 化成 $\boldsymbol{B}$ 的变换称为相似变换.

若矩阵 $\boldsymbol{A}$ 与 $\boldsymbol{B}$ 相似，则 $\boldsymbol{A}$ 与 $\boldsymbol{B}$ 有相同的特征多项式，从而有相同的特征值.

(2) 若矩阵 $\boldsymbol{A}$ 与对角矩阵相似，即若存在可逆矩阵 $\boldsymbol{P}$，使

$$\boldsymbol{P}^{-1}\boldsymbol{AP}=\boldsymbol{\Lambda}=[\lambda_1,\lambda_2,\cdots,\lambda_n]$$

则：①$\lambda_1,\lambda_2,\cdots,\lambda_n$ 是矩阵 $\boldsymbol{A}$ 的 n 个特征值；

②$\boldsymbol{P}$ 的第 i 个列向量 $\boldsymbol{p}_i$ 是矩阵 $\boldsymbol{A}$ 的对应于特征值 λ_i 的特征向量.

由此可以推知：n 阶矩阵 $\boldsymbol{A}$ 能相似对角化的充分必要条件是矩阵 $\boldsymbol{A}$ 有 n 个线性无关的特征向量.

3. 向量的内积、长度及正交性

(1) 设 n 维向量

$$\boldsymbol{x}=\begin{bmatrix}x_1\\x_2\\\vdots\\x_n\end{bmatrix},\quad \boldsymbol{y}=\begin{bmatrix}y_1\\y_2\\\vdots\\y_n\end{bmatrix}$$

令
$$[\boldsymbol{x},\boldsymbol{y}]=x_1y_1+x_2y_2+\cdots+x_ny_n=\boldsymbol{x}^{\mathrm{T}}\boldsymbol{y}$$

则 $[\boldsymbol{x},\boldsymbol{y}]$ 称为向量 $\boldsymbol{x}$ 与 $\boldsymbol{y}$ 的内积.

(2) 非负实数 $\|\boldsymbol{x}\|=\sqrt{[\boldsymbol{x},\boldsymbol{x}]}$ 称为向量 $\boldsymbol{x}$ 的长度. 当 $\|\boldsymbol{x}\|=1$ 时，向量 $\boldsymbol{x}$ 称为单位向量. $\boldsymbol{x}=\boldsymbol{0}\Leftrightarrow\|\boldsymbol{x}\|=0$.

(3) 当 $[\boldsymbol{x},\boldsymbol{y}]=0$ 时，称向量 $\boldsymbol{x}$ 与向量 $\boldsymbol{y}$ 是正交的. 零向量与任何向量都正交.

(4) 一组两两正交的非零向量称为正交向量组. 正交向量组一定线性无关.

设 n 维向量 $\boldsymbol{e}_1,\boldsymbol{e}_2,\cdots,\boldsymbol{e}_r$ 是向量空间 $V(V\subset\mathbf{R}^n)$ 的一个基，如果 $\boldsymbol{e}_1,\boldsymbol{e}_2,\cdots,\boldsymbol{e}_r$ 两两正交，且都是单位向量，则称 $\boldsymbol{e}_1,\boldsymbol{e}_2,\cdots,\boldsymbol{e}_r$ 是 V 的一个规范正交基.

(5) 若 n 阶矩阵 $\boldsymbol{A}$ 满足 $\boldsymbol{A}^{\mathrm{T}}\boldsymbol{A}=\boldsymbol{E}$，则称 $\boldsymbol{A}$ 为正交矩阵.

$\boldsymbol{A}$ 为正交矩阵 $\Leftrightarrow\boldsymbol{A}^{\mathrm{T}}\boldsymbol{A}=\boldsymbol{E}\Leftrightarrow\boldsymbol{AA}^{\mathrm{T}}=\boldsymbol{E}\Leftrightarrow\boldsymbol{A}$ 可逆，且 $\boldsymbol{A}^{-1}=\boldsymbol{A}^{\mathrm{T}}$

$\Leftrightarrow\boldsymbol{A}$ 的行(列) 向量组是 $\mathbf{R}^n$ 的规范正交基.

(6) 施密特正交化方法：设向量组 $\boldsymbol{\alpha}_1,\boldsymbol{\alpha}_2,\cdots,\boldsymbol{\alpha}_s$ 线性无关，令

$$\beta_1 = \alpha_1$$

$$\beta_2 = \alpha_2 - \frac{[\beta_1, \alpha_2]}{[\beta_1, \beta_1]}\beta_1$$

$$\vdots \qquad \vdots$$

$$\beta_s = \alpha_s - \frac{[\beta_1, \alpha_s]}{[\beta_1, \beta_1]}\beta_1 - \cdots - \frac{[\beta_{s-1}, \alpha_s]}{[\beta_{s-1}, \beta_{s-1}]}\beta_{s-1}$$

则向量组 $\beta_1, \beta_2, \cdots, \beta_s$ 为正交向量组,且与向量组 $\alpha_1, \alpha_2, \cdots, \alpha_s$ 等价.

4. 对称矩阵的对角化

(1) 对称矩阵的性质:

① 对称矩阵的特征值为实数.

② 对称矩阵中属于不同特征值的特征向量是正交的.

③ 给定对称矩阵 A,存在正交矩阵 P,使

$$P^{-1}AP = P^{T}AP = \Lambda = [\lambda_1, \lambda_2, \cdots, \lambda_n]$$

其中对角矩阵以 A 的 n 个特征值为对角元素.

(2) 对称矩阵 A 对角化的步骤:

① 解特征方程 $|A - \lambda E| = 0$,求出矩阵 A 的全部特征值 $\lambda_1, \lambda_2, \cdots, \lambda_t$(均为实数).

② 求 $(A - \lambda_i E)X = 0$ 的基础解系 $\alpha_{i1}, \alpha_{i2}, \cdots, \alpha_{is_i}$,即 A 对应于特征值 λ_i(k_i 重根)的全部线性无关的特征向量(必有 k_i 个,且不同特征值对应的特征向量必正交).

③ 将 $\alpha_{i1}, \alpha_{i2}, \cdots, \alpha_{is_i}$ 正交化,单位化,得到一组正交的单位向量 $\eta_{i1}, \eta_{i2}, \cdots, \eta_{is_i}$,这一组向量是 A 的属于 λ_i 的线性无关的特征向量.

④ 因为 $\lambda_1, \lambda_2, \cdots, \lambda_t$ 各不相同,向量组

$$\eta_{11}, \cdots, \eta_{1s_1}, \eta_{21}, \cdots, \eta_{2s_2}, \cdots, \eta_{t1}, \cdots, \eta_{ts_t}$$

仍然是正交的单位向量组.这一组向量总数为 n 个.以这一组向量为列,作一个矩阵 P,则 P 即为所求的正交矩阵,且有

$$P^{-1}AP = P^{T}AP = \Lambda.$$

5. 二次型化标准形

(1) 二次齐次函数

$$f(x_1, x_2, \cdots, x_n) = a_{11}x_1^2 + 2a_{12}x_1x_2 + 2a_{13}x_1x_3 + \cdots + 2a_{1n}x_1x_n + a_{22}x_2^2 + 2a_{23}x_2x_3 + \cdots + 2a_{2n}x_2x_n + \cdots + a_{nn}x_n^2$$

称为 n 元二次型.

令 $a_{ij} = a_{ji}, A = (a_{ij})_{n\times n}, X = (x_1, x_2, \cdots, x_n)$,则上述二次型的矩阵形式为

$$f(x_1, x_2, \cdots, x_n) = X^{T}AX$$

对称矩阵 A 称为二次型 f 的矩阵,并规定二次型 f 的秩为矩阵 A 的秩.

(2) 二次型研究的主要问题是:寻找可逆的线性变换 $X = CY$,使

$$f(CY) = Y^{T}C^{T}ACY = d_1y_1^2 + d_2y_2^2 + \cdots + d_ny_n^2$$

这种只含平方项的二次型称为二次型的标准形.如果标准形中的系数 d_i 只在 $1, -1$,

0 三个数中取值，那么这个标准形称为二次型的规范形.

(3) 对于 n 阶矩阵 $\boldsymbol{A}$ 与 $\boldsymbol{B}$，若存在可逆矩阵 $\boldsymbol{C}$，使 $\boldsymbol{B} = \boldsymbol{C}^{\mathrm{T}}\boldsymbol{AC}$，则称矩阵 $\boldsymbol{A}$ 与矩阵 $\boldsymbol{B}$ 是合同的，并把矩阵 $\boldsymbol{A}$ 化为矩阵 $\boldsymbol{B}$ 的变换称为合同变换.

对二次型 $f(\boldsymbol{X}) = \boldsymbol{X}^{\mathrm{T}}\boldsymbol{AX}$ 作可逆线性变换 $\boldsymbol{X} = \boldsymbol{CY}$，相当于对对称矩阵 $\boldsymbol{A}$ 作合同变换；把二次型化成标准形相当于把对称矩阵 $\boldsymbol{A}$ 用合同变换化成对角矩阵，即寻求可逆矩阵 $\boldsymbol{C}$，使 $\boldsymbol{C}^{\mathrm{T}}\boldsymbol{AC} = \mathrm{diag}(d_1, d_2, \cdots, d_n)$.

在上一节关于"实对称矩阵的对角化"的讨论中可以看到，任给实对称矩阵 $\boldsymbol{A}$，总有正交矩阵 $\boldsymbol{P}$，使 $\boldsymbol{P}^{-1}\boldsymbol{AP} = \boldsymbol{\Lambda}$，即 $\boldsymbol{P}^{\mathrm{T}}\boldsymbol{AP} = \boldsymbol{\Lambda}$. 把这个结论应用于二次型，即有以下结论.

(4) 给定二次型 $f(\boldsymbol{X}) = \boldsymbol{X}^{\mathrm{T}}\boldsymbol{AX}(\boldsymbol{A}^{\mathrm{T}} = \boldsymbol{A})$，存在正交变换 $\boldsymbol{X} = \boldsymbol{PY}$，使

$$f(\boldsymbol{PY}) = \boldsymbol{Y}^{\mathrm{T}}\boldsymbol{P}^{\mathrm{T}}\boldsymbol{APY} = \boldsymbol{Y}^{\mathrm{T}}\boldsymbol{\Lambda Y} = \lambda_1 y_1^2 + \lambda_2 y_2^2 + \cdots + \lambda_n y_n^2$$

其中 $\lambda_1, \lambda_2, \cdots, \lambda_n$ 是对称矩阵 $\boldsymbol{A} = (a_{ij})$ 的特征值.

(5) 配方法是化二次型成标准形(或规范形) 的一种实用方法.

6. 正定二次型

(1) 惯性定理：设二次型 f 的标准形为

$$f = d_1 y_1^2 + d_2 y_2^2 + \cdots + d_r y_r^2 \quad (d_i \neq 0),$$

那么系数 d_i 中正数的个数是确定的(上式中项数 r 为 f 的秩，也是确定的).

二次型 f 的标准形中正(负) 系数的个数称为二次型 f 的正(负) 惯性指数.

若二次型 f 的秩为 r，正惯性指数为 p，则 f 的规范形为

$$f = y_1^2 + \cdots + y_p^2 - y_{p+1}^2 - \cdots - y_r^2$$

(2) 如果 $\forall \boldsymbol{X} \neq \boldsymbol{0}$，总有 $f(\boldsymbol{X}) > 0$，则称二次型 f 是正定的，并称 f 的矩阵 $\boldsymbol{A}$ 是正定矩阵.

$$\begin{aligned} f = \boldsymbol{X}^{\mathrm{T}}\boldsymbol{AX} \text{ 正定} &\Leftrightarrow f \text{ 的正惯性指数 } p = n \\ &\Leftrightarrow \boldsymbol{A} \text{ 的 } n \text{ 个特征值全为正} \\ &\Leftrightarrow f \text{ 的规范形为 } f = \boldsymbol{Y}^{\mathrm{T}}\boldsymbol{Y} \\ &\Leftrightarrow \boldsymbol{A} \text{ 合同于单位矩阵 } \boldsymbol{E} \\ &\Leftrightarrow \boldsymbol{A} \text{ 的 } n \text{ 阶顺序主子式全为正.} \end{aligned}$$

§5.3　学习要点

本章的中心议题是(实) 对称矩阵的相似对角化问题. 对于一个对称矩阵 $\boldsymbol{A}$，既可以把 $\boldsymbol{A}$ 相似对角化，又可以把 $\boldsymbol{A}$ 合同对角化，即可求得正交矩阵 $\boldsymbol{P}$，使

$$\boldsymbol{P}^{-1}\boldsymbol{AP} = \boldsymbol{P}^{\mathrm{T}}\boldsymbol{AP} = \boldsymbol{\Lambda} = [\lambda_1, \lambda_2, \cdots, \lambda_n],$$

其中 $\lambda_1, \lambda_2, \cdots, \lambda_n$ 是对称矩阵 $\boldsymbol{A} = (a_{ij})$ 的特征值. 这样的对角化称为正交相似对角化. 因此，求方阵的特征值和特征向量是本章的重点之一. 对具体给定的数值矩阵，一般用特征方程 $|\boldsymbol{A} - \lambda\boldsymbol{E}| = 0$ 及 $(\boldsymbol{A} - \lambda\boldsymbol{E})\boldsymbol{X} = \boldsymbol{0}$ 即可求得；抽象地由给定矩阵的特征值

求其相关矩阵的特征值,可以用定义 $\boldsymbol{A\alpha}=\lambda\boldsymbol{\alpha}$. 同时还要注意特征值和特征向量的性质和应用. 有关相似矩阵和对角化的问题,则是本章的难点. 要了解一般矩阵对角化的条件,实对称矩阵的对角化及正交变换相似于对角矩阵的方法,会由矩阵 $\boldsymbol{A}$ 的特征值、特征向量来确定矩阵 $\boldsymbol{A}$ 的参数或确定矩阵 $\boldsymbol{A}$,知道对角化后可以计算行列式 $|\boldsymbol{A}|$ 及矩阵 $\boldsymbol{A}^n$.

把一个二次型化为标准形,是对称矩阵对角化的直接应用. 将二次型表示成矩阵形式,用矩阵的方法研究二次型也是本章的重点内容. 包括两个方面:一是化二次型为标准形,既要掌握正交变换法(这与把实对称矩阵化为对角矩阵是一个问题的两种提法),也要掌握配方法;二是二次型的正定性问题,对于具体的数值二次型,一般可以用顺序主子式是否全部大于零来判别.

§5.4 释疑解难

1. 方阵 $\boldsymbol{A}$ 与 $\boldsymbol{B}$ 有相同的特征值,$\boldsymbol{A}$ 与 $\boldsymbol{B}$ 同一特征值的特征向量是否也相同?

答 不一定. 如 $\boldsymbol{A}=\begin{bmatrix}0 & -2\\1 & 3\end{bmatrix}$,$\boldsymbol{B}=\begin{bmatrix}-2 & -2\\6 & 5\end{bmatrix}$,$\boldsymbol{A}$ 与 $\boldsymbol{B}$ 有相同的特征值 1 和 2,但矩阵 $\boldsymbol{A}$ 的属于特征值 1 的特征向量为 $\boldsymbol{c}=(-2,1)^{\mathrm{T}}$,$\boldsymbol{c}\neq\boldsymbol{0}$;而矩阵 $\boldsymbol{B}$ 的属于特征值 1 的特征向量为 $\boldsymbol{k}=(-2,3)^{\mathrm{T}}$,$\boldsymbol{k}\neq\boldsymbol{0}$.

2. 如果 λ 是方阵 $\boldsymbol{A}$ 的 r 重特征值,那么方阵 A 的属于 $\boldsymbol{\lambda}$ 的特征向量是否一定有 r 个线性无关的特征向量?

答 不一定. 若 $\boldsymbol{A}$ 为对称矩阵,则对应于特征值 λ 恰好有 r 个线性无关的特征向量. 否则特征值的重数与特征向量的个数不一定相同. 如矩阵

$$\boldsymbol{A}=\begin{bmatrix}-1 & 1 & 0\\-4 & 3 & 0\\1 & 0 & 2\end{bmatrix}$$

的特征值为 $\lambda_1=\lambda_2=1$,$\lambda_3=2$. 其中 $\lambda_1=\lambda_2=1$ 是矩阵 $\boldsymbol{A}$ 的二重特征值,但与之对应的矩阵 $\boldsymbol{A}$ 的线性无关特征向量只有一个 $\boldsymbol{\alpha}=(-1,-2,1)^{\mathrm{T}}$;又如矩阵

$$\boldsymbol{A}=\begin{bmatrix}-2 & 1 & 1\\0 & 2 & 0\\-4 & 1 & 3\end{bmatrix}$$

的特征值为 $\lambda_1=\lambda_2=2$,$\lambda_3=-1$. 其中 $\lambda_1=\lambda_2=2$ 是矩阵 $\boldsymbol{A}$ 的二重特征值,而与之对应的矩阵 $\boldsymbol{A}$ 的线性无关特征向量也有两个:$\boldsymbol{\alpha}_1=(0,1,-1)^{\mathrm{T}}$,$\boldsymbol{\alpha}_2=(1,0,4)^{\mathrm{T}}$.

因此,该命题的正确叙述是:n 阶矩阵 $\boldsymbol{A}$ 的 r 重特征值对应的线性无关特征向量的个数不超过 r 个.

3. 为什么要在向量空间中定义内积?

答 因为在向量空间中,向量之间的运算只定义了加法和数乘(即向量的线性

运算),如果把三维向量空间 $\mathbf{R}^3$ 与解析几何中三维几何空间(即欧氏空间)相比较,就会发现前者缺少向量的几何度量性质,如向量的长度、两向量之间的夹角等. 而向量的几何度量性质在许多问题中(包括几何性质)有着特殊的地位. 因此,在 $\mathbf{R}^n$ 中引入向量的内积,就能合理地定义向量的长度、两向量之间的夹角等,使之进一步成为可度量的向量空间. 从而也就有了单位向量、正交向量组、规范正交基和正交变换等概念.

4. 设矩阵 $\boldsymbol{A}=\begin{bmatrix}1 & 2\\ 2 & 1\end{bmatrix}$,则在实数域上与矩阵 $\boldsymbol{A}$ 合同的矩阵为(　　):

A. $\begin{bmatrix}-2 & 1\\ 1 & -2\end{bmatrix}$　B. $\begin{bmatrix}2 & -1\\ -1 & 2\end{bmatrix}$　C. $\begin{bmatrix}2 & 1\\ 1 & 2\end{bmatrix}$　D. $\begin{bmatrix}1 & -2\\ -2 & 1\end{bmatrix}$

解　选 D. 判断两个矩阵 $\boldsymbol{A}$ 与 $\boldsymbol{B}$ 是否合同,可以用定义:存在可逆矩阵 $\boldsymbol{C}$,使 $\boldsymbol{B}=\boldsymbol{C}^{\mathrm{T}}\boldsymbol{A}\boldsymbol{C}$;也可以用一个充分必要条件:矩阵 $\boldsymbol{A}$、$\boldsymbol{B}$ 的秩与正惯性指数分别相等;还可以转化为对二次型进行配方. 但这些方法计算量都偏大. 本题最简便的方法是利用各矩阵的行列式是否与 $|\boldsymbol{A}|$ 同号来判别. 由合同的定义,有

$$|\boldsymbol{B}|=|\boldsymbol{C}^{\mathrm{T}}\boldsymbol{A}\boldsymbol{C}|=|\boldsymbol{C}^{\mathrm{T}}|\,|\boldsymbol{A}|\,|\boldsymbol{C}|=|\boldsymbol{C}|^2|\boldsymbol{A}|$$

由 $|\boldsymbol{C}|^2>0$ 知 $|\boldsymbol{A}|$ 与 $|\boldsymbol{B}|$ 同号,故选 D.

5. 方阵能相似对角化有何意义?

答　n 阶矩阵 $\boldsymbol{A}$ 能相似对角化,即存在可逆矩阵 $\boldsymbol{P}$,使

$$\boldsymbol{P}^{-1}\boldsymbol{A}\boldsymbol{P}=\boldsymbol{\Lambda}=[\lambda_1,\lambda_2,\cdots,\lambda_n] \tag{1}$$

这是方阵 $\boldsymbol{A}$ 自身所固有的重要属性,其意义在于:

① 式(1)中矩阵 $\boldsymbol{\Lambda}$ 的对角元必定是矩阵 $\boldsymbol{A}$ 的 n 个特征值. 于是在不考虑矩阵 $\boldsymbol{\Lambda}$ 的对角元次序的意义下,$\boldsymbol{\Lambda}$ 由 $\boldsymbol{A}$ 唯一确定,并且式(1)中矩阵 $\boldsymbol{P}$ 的列向量组的结构完全由 $\boldsymbol{\Lambda}$ 确定,从而也就由 $\boldsymbol{A}$ 确定,即有 $\boldsymbol{A}\boldsymbol{p}_j=\lambda_j\boldsymbol{p}_j$,亦即矩阵 $\boldsymbol{P}$ 的第 j 个列向量是对应特征值 λ_j 的特征向量,而且这 n 个特征向量构成的向量组是线性无关的.

② 矩阵 $\boldsymbol{A}$ 能对角化的作用表现在 $\boldsymbol{A}$ 的多项式 $\varphi(\boldsymbol{A})$ 的计算上. 若式(1)成立,则

$$\boldsymbol{A}=\boldsymbol{P}\boldsymbol{\Lambda}\boldsymbol{P}^{-1}=\varphi(\boldsymbol{A})=\boldsymbol{P}\varphi(\boldsymbol{\Lambda})\boldsymbol{P}^{-1}=\boldsymbol{P}(\mathrm{diag}(\varphi(\lambda_1),\cdots,\varphi(\lambda_1)))P^{-1}$$

即矩阵 $\boldsymbol{A}$ 的多项式可以通过同一多项式的数值计算而得到(见本章习题 6).

③ 若 $\boldsymbol{A}$ 为对称矩阵,则 $\boldsymbol{A}$ 必定能正交相似对角化,与矩阵 $\boldsymbol{A}$ 对应的二次型 $f=\boldsymbol{X}^{\mathrm{T}}\boldsymbol{A}\boldsymbol{X}$ 必定能通过正交变换将矩阵 $\boldsymbol{A}$ 化为标准形.

§5.5　习题解答

1. 设 $\lambda=2$ 是可逆方阵 $\boldsymbol{A}$ 的一个特征值,试写出方阵 $\left(\frac{1}{2}\boldsymbol{A}^2\right)^{-1}$ 的一个特征值.

解　设 $\boldsymbol{\alpha}$ 为 $\boldsymbol{A}$ 的属于特征值 $\lambda=2$ 的一个特征向量,即 $\boldsymbol{A}\boldsymbol{\alpha}=2\boldsymbol{\alpha}$,于是

$$\left(\frac{1}{2}\boldsymbol{A}^2\right)\boldsymbol{\alpha}=\frac{1}{2}\boldsymbol{A}(\boldsymbol{A}\boldsymbol{\alpha})=\frac{1}{2}\boldsymbol{A}(2\boldsymbol{\alpha})=\boldsymbol{A}\boldsymbol{\alpha}=2\boldsymbol{\alpha}$$

两边左乘$\left(\frac{1}{2}\boldsymbol{A}^2\right)^{-1}$，得$\boldsymbol{\alpha}=2\left(\frac{1}{2}\boldsymbol{A}^2\right)^{-1}\boldsymbol{\alpha}$，即

$$\left(\frac{1}{2}\boldsymbol{A}^2\right)^{-1}\boldsymbol{\alpha}=\frac{1}{2}\boldsymbol{\alpha}$$

故$\frac{1}{2}$为方阵$\left(\frac{1}{2}\boldsymbol{A}^2\right)^{-1}$的一个特征值.

2. 设方阵$\boldsymbol{A}$满足$\boldsymbol{A}^2-3\boldsymbol{A}+2\boldsymbol{E}=\boldsymbol{0}$，证明$\boldsymbol{A}$的特征值只能取1或2.

证明 设方阵$\boldsymbol{A}$的特征值λ对应的特征向量为$\boldsymbol{\alpha}$，则由$\boldsymbol{A}^2-3\boldsymbol{A}+2\boldsymbol{E}=\boldsymbol{0}$，有

$$(\boldsymbol{A}^2-3\boldsymbol{A}+2\boldsymbol{E})\alpha=\boldsymbol{A}^2\boldsymbol{\alpha}-3\boldsymbol{A}\boldsymbol{\alpha}-2\boldsymbol{E}\boldsymbol{\alpha}=\boldsymbol{0}\alpha=\boldsymbol{0}$$

而$\boldsymbol{A}^2\boldsymbol{\alpha}=\boldsymbol{A}(\boldsymbol{A}\boldsymbol{\alpha})=\boldsymbol{A}(\lambda\boldsymbol{\alpha})=\lambda(\boldsymbol{A}\boldsymbol{\alpha})=\lambda^2\boldsymbol{\alpha},3\boldsymbol{A}\boldsymbol{\alpha}=3\lambda\boldsymbol{\alpha},2\boldsymbol{E}\boldsymbol{\alpha}=2\boldsymbol{\alpha}$，于是

$$(\boldsymbol{A}^2-3\boldsymbol{A}+2\boldsymbol{E})\boldsymbol{\alpha}=(\lambda^2-3\lambda+2)\boldsymbol{\alpha}=\boldsymbol{0}$$

又$\boldsymbol{\alpha}\neq\boldsymbol{0}$，故$\lambda^2-3\lambda+2=0$，即$(\lambda-1)(\lambda-2)=0$，从而矩阵$\boldsymbol{A}$的特征值只能取1或2.

3. 设二阶矩阵$\boldsymbol{A}$的特征值为$\lambda_1=2,\lambda_2=4$，对应的特征向量分别为$\boldsymbol{\alpha}_1=(1\ ,\ 1)^{\mathrm{T}},\boldsymbol{\alpha}_2=(-1\ ,\ 1)^{\mathrm{T}}$，试求矩阵$\boldsymbol{A}$.

解 设矩阵$\boldsymbol{A}=\begin{bmatrix}x_1 & x_2\\ x_3 & x_4\end{bmatrix}$，则由$\boldsymbol{A}\boldsymbol{\alpha}_1=\lambda_1\boldsymbol{\alpha}_1,\boldsymbol{A}\boldsymbol{\alpha}_2=\lambda_2\boldsymbol{\alpha}_2$有

$$\begin{bmatrix}x_1 & x_2\\ x_3 & x_4\end{bmatrix}\begin{bmatrix}1\\1\end{bmatrix}=2\begin{bmatrix}1\\1\end{bmatrix},\quad \begin{bmatrix}x_1 & x_2\\ x_3 & x_4\end{bmatrix}\begin{bmatrix}-1\\1\end{bmatrix}=4\begin{bmatrix}-1\\1\end{bmatrix},$$

即
$$\begin{cases}x_1+x_2=2\\x_3+x_4=2\end{cases},\quad\begin{cases}-x_1+x_2=-4\\x_3+x_4=4\end{cases}.$$

联立解得$x_1=3,x_2=-1,x_3=-1,x_4=3$. 故

$$\boldsymbol{A}=\begin{bmatrix}3 & -1\\-1 & 3\end{bmatrix}.$$

4. 设矩阵$\boldsymbol{A}=\begin{bmatrix}2&1&1\\1&2&1\\1&1&a\end{bmatrix}$可逆，向量$\boldsymbol{\alpha}=\begin{bmatrix}1\\b\\1\end{bmatrix}$是矩阵$\boldsymbol{A}^*$的一个特征向量，$\lambda$是向量$\boldsymbol{\alpha}$对应的特征值，其中$\boldsymbol{A}^*$是矩阵$\boldsymbol{A}$的伴随矩阵. 试求$a,b$和$\lambda$的值.

解 设矩阵$\boldsymbol{A}^*$的属于特征值λ的特征向量为$\boldsymbol{\alpha}$，由于矩阵$\boldsymbol{A}$可逆，故$\boldsymbol{A}^*$可逆，且$\lambda\neq0,|\boldsymbol{A}|\neq0$. 又已知$\boldsymbol{A}^*\boldsymbol{\alpha}=\lambda\boldsymbol{\alpha}$，两边左乘矩阵$\boldsymbol{A}$，得$\boldsymbol{A}\boldsymbol{A}^*\boldsymbol{\alpha}=\lambda\boldsymbol{A}\boldsymbol{\alpha}$，而$\boldsymbol{A}\boldsymbol{A}^*=|\boldsymbol{A}|\boldsymbol{E}$，故$\boldsymbol{A}\boldsymbol{\alpha}=\frac{|\boldsymbol{A}|}{\lambda}\boldsymbol{\alpha}$，即

$$\begin{bmatrix}2&1&1\\1&2&1\\1&1&a\end{bmatrix}\begin{bmatrix}1\\b\\1\end{bmatrix}=\frac{|\boldsymbol{A}|}{\lambda}\begin{bmatrix}1\\b\\1\end{bmatrix}.\quad 而|\boldsymbol{A}|=\begin{vmatrix}2&1&1\\1&2&1\\1&1&a\end{vmatrix}=3a-2$$

于是得方程组

$$\begin{cases}2+b+1=\dfrac{3a-2}{\lambda}\\1+2b+1=\dfrac{3a-2}{\lambda}b\\1+b+a=\dfrac{3a-2}{\lambda}\end{cases}$$

并解得 $a=2,b=1,\lambda=1$ 或 $a=2,b=-2,\lambda=4$.

5. 求矩阵 $A=\begin{bmatrix}-1&4&-2\\-3&4&0\\-3&1&3\end{bmatrix}$ 的特征值和特征向量.

解　矩阵 A 的特征多项式为

$$|A-\lambda E|=\begin{vmatrix}-1-\lambda&4&-2\\-3&4-\lambda&0\\-3&1&3-\lambda\end{vmatrix}=\begin{vmatrix}-1-\lambda&0&-2\\-3&4-\lambda&0\\-3&7-2\lambda&3-\lambda\end{vmatrix}$$

$$=(-1-\lambda)\begin{vmatrix}4-\lambda&0\\7-2\lambda&3-\lambda\end{vmatrix}+(-2)\begin{vmatrix}-3&4-\lambda\\-3&7-2\lambda\end{vmatrix}$$

$$=(-1-\lambda)(4-\lambda)(3-\lambda)+6(3-\lambda)=(3-\lambda)(\lambda-1)(\lambda-2)$$

所以矩阵 A 的特征值为 $\lambda_1=1,\lambda_2=2,\lambda_3=3$.

当 $\lambda_1=1$ 时,解方程组 $(A-E)X=0$. 由

$$A-E=\begin{bmatrix}-2&4&-2\\-3&3&0\\-3&1&2\end{bmatrix}\sim\begin{bmatrix}1&-2&1\\-3&3&0\\-3&1&2\end{bmatrix}\sim\begin{bmatrix}1&-2&1\\0&-3&3\\0&-5&5\end{bmatrix}\sim\begin{bmatrix}1&-2&1\\0&-1&1\\0&0&0\end{bmatrix}$$

有 $\begin{cases}x_1-2x_2+x_3=0\\\quad-x_2+x_3=0\end{cases}$,故得基础解系 $\eta_1=(1,1,1)^T$.

所以矩阵 A 的属于特征值1的全部特征向量为 $k_1\eta_1(k_1\neq0)$.

当 $\lambda_2=2$ 时,解方程组 $(A-2E)X=0$. 由

$$A-2E=\begin{bmatrix}-3&4&-2\\-3&2&0\\-3&1&1\end{bmatrix}\sim\begin{bmatrix}-3&4&-2\\0&-2&2\\0&-3&3\end{bmatrix}\sim\begin{bmatrix}-3&4&-2\\0&-1&1\\0&0&0\end{bmatrix},$$

有 $\begin{cases}-3x_1+4x_2-2x_3=0\\\quad-x_2+x_3=0\end{cases}$,故得基础解系 $\eta_2=(2,3,3)^T$.

所以矩阵 A 的属于特征值2的全部特征向量为 $k_2\eta_2(k_2\neq0)$.

当 $\lambda_3=3$ 时,解方程组 $(A-3E)X=0$. 由

$$A-3E=\begin{bmatrix}-4&4&-2\\-3&1&0\\-3&1&0\end{bmatrix}\sim\begin{bmatrix}2&-2&1\\-3&1&0\\0&0&0\end{bmatrix}$$

有 $\begin{cases}2x_1-2x_2+x_3=0\\-3x_1+x_2=0\end{cases}$,故得基础解系 $\eta_3=(1,3,4)^T$.

所以矩阵 A 的属于特征值 3 的全部特征向量为 $k_3\boldsymbol{\eta}_3(k_3 \neq 0)$.

6. 设 3 阶矩阵 A 的特征值为 $1,-1,2$，试求 $A^*+3A-2E$ 的特征值.

解　由于 $\lambda_1=1,\lambda_2=-1,\lambda_3=2$ 是矩阵 A 的特征值，所以

$$|A|=1\times(-1)\times 2=-2\neq 0,$$

即矩阵 A 可逆，从而 $A^*=|A|A^{-1}=-2A^{-1}$，于是

$$A^*+3A-2E=-2A^{-1}+3A-2E.$$

设 $\boldsymbol{\alpha}$ 为矩阵 A 的属于特征值 λ 的一个特征向量，即 $A\boldsymbol{\alpha}=\lambda\boldsymbol{\alpha}$，并且 $A^{-1}\boldsymbol{\alpha}=\frac{1}{\lambda}\boldsymbol{\alpha}$，故所求 $A^*+3A-2E$ 的特征值为

$$\mu_1=-\frac{2}{\lambda_1}+3\lambda_1-2=-1,\quad \mu_2=-\frac{2}{\lambda_2}+3\lambda_2-2=-3,\quad \mu_3=-\frac{2}{\lambda_3}+3\lambda_3-2=3.$$

7. 设可逆方阵 A 与 B 相似，证明：A^{-1} 与 B^{-1} 相似.

证明　因为矩阵 A 与矩阵 B 相似，且 A 可逆，所以 $|A|=|B|\neq 0$，即矩阵 B 可逆，于是由 $P^{-1}AP=B$ 两边取逆阵，有 $P^{-1}A^{-1}P=B^{-1}$，故 A^{-1} 与 B^{-1} 相似.

8. 设 3 阶矩阵 A 与矩阵 $B=\begin{bmatrix}1&3&0\\1&-1&0\\0&0&2\end{bmatrix}$ 相似，试求矩阵 A 的特征值.

解　因为相似矩阵有相同的特征值，所以只需求矩阵 B 的特征值即可. 故由矩阵 B 的特征多项式

$$|B-\lambda E|=\begin{vmatrix}1-\lambda&3&0\\1&-1-\lambda&0\\0&&2-\lambda\end{vmatrix}=(2-\lambda)\begin{vmatrix}1-\lambda&3\\1&-1-\lambda\end{vmatrix}$$

$$=(2-\lambda)(\lambda^2-4)=-(\lambda-2)^2(\lambda+2)$$

得矩阵 A 的特征值为 $\lambda_1=\lambda_2=2,\lambda_3=-2$.

9. 设矩阵 $A=\begin{bmatrix}2&0&0\\0&0&1\\0&1&x\end{bmatrix}$ 与对角矩阵 $B=\begin{bmatrix}2&&\\&y&\\&&-1\end{bmatrix}$ 相似，试求 x 与 y 的值.

解　因为相似矩阵 A 与 B 有相同的行列式，所以由 $|B|=-2y$ 及

$$|A|=\begin{vmatrix}2&0&0\\0&0&1\\0&1&x\end{vmatrix}=2\begin{vmatrix}0&1\\1&x\end{vmatrix}=-2$$

有 $-2y=-2$，故得 $y=1$.

再利用相似矩阵及特征值的性质，有 $2+0+x=2+y-1$，代入 $y=1$，即得

$$x=0.$$

10. 矩阵 $A=\begin{bmatrix}2&1&0\\0&2&0\\0&0&2\end{bmatrix}$ 与矩阵 $B=\begin{bmatrix}1&0&0\\0&2&0\\0&0&3\end{bmatrix}$ 是否等价？是否相似？

解　由第 2 章的定理知，若 $R(\boldsymbol{A})=R(\boldsymbol{B})$，则 $\boldsymbol{A}$ 与 $\boldsymbol{B}$ 等价.

因 $|\boldsymbol{A}|=8\neq 0$，$|\boldsymbol{B}|=6\neq 0$，即 $R(\boldsymbol{A})=R(\boldsymbol{B})=3$，所以矩阵 $\boldsymbol{A}$ 与矩阵 $\boldsymbol{B}$ 等价. 又相似矩阵有相同的特征值，所以由

$$|\boldsymbol{A}-\lambda\boldsymbol{E}|=\begin{vmatrix}2-\lambda & 1 & 0\\ 0 & 2-\lambda & 0\\ 0 & 0 & 2-\lambda\end{vmatrix}=(2-\lambda)^3$$

$$|\boldsymbol{B}-\lambda\boldsymbol{E}|=\begin{vmatrix}1-\lambda & 0 & 0\\ 0 & 2-\lambda & 0\\ 0 & 0 & 3-\lambda\end{vmatrix}=(1-\lambda)(2-\lambda)(3-\lambda)$$

即知矩阵 $\boldsymbol{A}$ 与矩阵 $\boldsymbol{B}$ 不相似.

11. 证明矩阵 $\boldsymbol{A}=\begin{bmatrix}1 & 1\\ 0 & 1\end{bmatrix}$ 不能相似对角化.

证　用反证法. 设矩阵 $\boldsymbol{A}$ 可以相似对角化，则存在可逆矩阵 $\boldsymbol{P}$，使得

$$\boldsymbol{P}^{-1}\boldsymbol{A}\boldsymbol{P}=\begin{bmatrix}\lambda_1 & \\ & \lambda_2\end{bmatrix}=\boldsymbol{\Lambda}$$

于是矩阵 $\boldsymbol{A}$ 与矩阵 $\boldsymbol{\Lambda}$ 有相同的特征值. 又矩阵 $\boldsymbol{A}$ 的全部特征值为二重特征值 1，而对角矩阵 $\boldsymbol{\Lambda}$ 的特征值就是 $\boldsymbol{\Lambda}$ 的主对角线上的元素，因此 $\lambda_1=\lambda_2=1$，故 $\boldsymbol{\Lambda}=\boldsymbol{E}$，由此即得

$$\boldsymbol{A}=\boldsymbol{P}\boldsymbol{\Lambda}\boldsymbol{P}^{-1}=\boldsymbol{P}\boldsymbol{E}\boldsymbol{P}^{-1}=\boldsymbol{E}$$

这与 $\boldsymbol{A}\neq\boldsymbol{E}$ 矛盾，所以矩阵 $\boldsymbol{A}$ 不能相似对角化.

12. 设矩阵 $\boldsymbol{A}=\begin{bmatrix}1 & -1 & 1\\ x & 4 & y\\ -3 & -3 & 5\end{bmatrix}$，已知矩阵 $\boldsymbol{A}$ 有三个线性无关的特征向量，$\lambda=2$ 是矩阵 $\boldsymbol{A}$ 的二重特征值. 试求 x 与 y 的值，并求可逆矩阵 $\boldsymbol{P}$，使 $\boldsymbol{P}^{-1}\boldsymbol{A}\boldsymbol{P}$ 成为对角矩阵.

解　因为矩阵 $\boldsymbol{A}$ 有三个线性无关的特征向量，$\lambda=2$ 是矩阵 $\boldsymbol{A}$ 的二重特征值，所以矩阵 $\boldsymbol{A}$ 的对应于 $\lambda=2$ 的线性无关的特征向量有两个，故其秩 $R(\boldsymbol{A}-2\boldsymbol{E})=1$. 于是经过行的初等变换

$$\boldsymbol{A}-2\boldsymbol{E}=\begin{bmatrix}-1 & -1 & 1\\ x & 2 & y\\ -3 & -3 & 3\end{bmatrix}\sim\begin{bmatrix}-1 & -1 & 1\\ 0 & 2-x & y+x\\ 0 & 0 & 0\end{bmatrix}$$

可以解得 $x=2$，$y=-2$. 从而矩阵 $\boldsymbol{A}=\begin{bmatrix}1 & -1 & 1\\ 2 & 4 & -2\\ -3 & -3 & 5\end{bmatrix}$ 的特征多项式

$$|\boldsymbol{A}-\lambda\boldsymbol{E}|=\begin{vmatrix}1-\lambda & -1 & 1\\ 2 & 4-\lambda & -2\\ -3 & -3 & 5-\lambda\end{vmatrix}=\begin{vmatrix}2-\lambda & 0 & 1\\ 0 & 2-\lambda & -2\\ 2-\lambda & 2-\lambda & 5-\lambda\end{vmatrix}=(2-\lambda)^2(6-\lambda)$$

即得矩阵 $\boldsymbol{A}$ 的特征值为 $\lambda_1=\lambda_2=2,\lambda_3=6$. 当 $\lambda_1=\lambda_2=2$ 时,解方程组 $(\boldsymbol{A}-2\boldsymbol{E})\boldsymbol{X}=\boldsymbol{0}$,由

$$\boldsymbol{A}-2\boldsymbol{E}=\begin{bmatrix}-1&-1&1\\2&2&-2\\-3&-3&3\end{bmatrix}\sim\begin{bmatrix}1&1&-1\\0&0&0\\0&0&0\end{bmatrix},\quad \text{有}\quad x_1+x_2-x_3=0$$

故得对应的特征向量 $\boldsymbol{\eta}_1=(1,-1,0)^{\mathrm{T}};\boldsymbol{\eta}_2=(1,0,1)^{\mathrm{T}}$.

当 $\lambda_3=6$ 时,解方程组 $(\boldsymbol{A}-6\boldsymbol{E})\boldsymbol{X}=\boldsymbol{0}$,由

$$\boldsymbol{A}-6\boldsymbol{E}=\begin{bmatrix}-5&-1&1\\2&-2&-2\\-3&-3&-1\end{bmatrix}\sim\begin{bmatrix}1&-1&-1\\0&-3&-2\\0&0&0\end{bmatrix},\text{有}\begin{cases}x_1-x_2-x_3=0\\-3x_2-2x_3=0\end{cases}$$

故得对应的特征向量 $\boldsymbol{\eta}_3=(1,-2,3)^{\mathrm{T}}$.

$$\text{令 }\boldsymbol{P}=(\boldsymbol{\eta}_1,\boldsymbol{\eta}_2,\boldsymbol{\eta}_3)=\begin{bmatrix}1&1&1\\-1&0&-2\\0&1&3\end{bmatrix},\quad \text{则}\quad \boldsymbol{P}^{-1}\boldsymbol{A}\boldsymbol{P}=\begin{bmatrix}2&&\\&2&\\&&6\end{bmatrix}.$$

13. 已知 $[\boldsymbol{\alpha},\boldsymbol{\beta}]=2,\|\boldsymbol{\beta}\|=1,[\boldsymbol{\alpha},\boldsymbol{\gamma}]=3,[\boldsymbol{\beta},\boldsymbol{\gamma}]=-1$,试求内积 $[2\boldsymbol{\alpha}+\boldsymbol{\beta},\boldsymbol{\beta}-3\boldsymbol{\gamma}]$.

解 由内积运算的基本性质,得

$$\begin{aligned}[2\boldsymbol{\alpha}+\boldsymbol{\beta},\boldsymbol{\beta}-3\boldsymbol{\gamma}]&=[2\boldsymbol{\alpha},\boldsymbol{\beta}]+[2\boldsymbol{\alpha},-3\boldsymbol{\gamma}]+[\boldsymbol{\beta},\boldsymbol{\beta}]+[\boldsymbol{\beta},-3\boldsymbol{\gamma}]\\&=2[\boldsymbol{\alpha},\boldsymbol{\beta}]-6[\boldsymbol{\alpha},\boldsymbol{\gamma}]+\|\boldsymbol{\beta}\|^2-3[\boldsymbol{\beta},\boldsymbol{\gamma}]\\&=2\times2-6\times3+1^2-3\times(-1)=-10.\end{aligned}$$

14. 试验证方程 $x_1+ax_2+bx_3=0$ 的基础解系.

$$\boldsymbol{\xi}_1=(-a,1,0)^{\mathrm{T}}\quad,\boldsymbol{\xi}_2=(-b,-ab,1+a^2)^{\mathrm{T}}$$

是正交向量组.

解 令 $x_2=1,x_3=0$,得 $\boldsymbol{\xi}_1=(-a,1,0)^{\mathrm{T}}$;

令 $x_2=-ab,x_3=1+a^2$,得 $\boldsymbol{\xi}_2=(-b,-ab,1+a^2)^{\mathrm{T}}$.

又 $\boldsymbol{\xi}_1,\boldsymbol{\xi}_2$ 的秩为 2,故 $\boldsymbol{\xi}_1,\boldsymbol{\xi}_2$ 为方程的基础解系,而

$$[\boldsymbol{\xi}_1,\boldsymbol{\xi}_2]=ab-ab+0=0$$

所以 $\boldsymbol{\xi}_1,\boldsymbol{\xi}_2$ 是正交向量组.

15. 已知 3 维向量空间 $\mathbf{R}^3$ 中两个向量 $\boldsymbol{\alpha}_1=\begin{bmatrix}1\\1\\1\end{bmatrix},\boldsymbol{\alpha}_2=\begin{bmatrix}1\\-2\\1\end{bmatrix}$ 正交,试求一个非零向量 $\boldsymbol{\alpha}_3$,使 $\boldsymbol{\alpha}_1,\boldsymbol{\alpha}_2,\boldsymbol{\alpha}_3$ 两两正交.

解 设 $\boldsymbol{\alpha}_3=(x_1,x_2,x_3)^{\mathrm{T}}$ 是与 $\boldsymbol{\alpha}_1,\boldsymbol{\alpha}_2$ 都正交的向量,记

$$\boldsymbol{A}=\begin{bmatrix}\boldsymbol{\alpha}_1^{\mathrm{T}}\\\boldsymbol{\alpha}_2^{\mathrm{T}}\end{bmatrix}=\begin{bmatrix}1&1&1\\1&-2&1\end{bmatrix}$$

则 $\boldsymbol{\alpha}_3$ 应满足齐次线性方程 $\boldsymbol{A}\boldsymbol{X}=\boldsymbol{0}$,即

$$\begin{bmatrix}1 & 1 & 1\\1 & -2 & 1\end{bmatrix}\begin{bmatrix}x_1\\x_2\\x_3\end{bmatrix}=\begin{bmatrix}0\\0\end{bmatrix}$$

由　$A=\begin{bmatrix}1 & 1 & 1\\1 & -2 & 1\end{bmatrix}\sim\begin{bmatrix}1 & 1 & 1\\0 & -3 & 0\end{bmatrix}\sim\begin{bmatrix}1 & 0 & 1\\0 & 1 & 0\end{bmatrix}$，　有 $\begin{cases}x_1=-x_3\\x_2=0\end{cases}$

故得基础解系 $\begin{bmatrix}-1\\0\\1\end{bmatrix}$. 令 $\alpha_3=\begin{bmatrix}-1\\0\\1\end{bmatrix}$，则 α_3 即为所求.

16. 证明：(1) 若 A 为正交矩阵，则 $A^{-1}=A^T$ 也是正交矩阵，且 $|A|=1$ 或 (-1)；

(2) 若 A 和 B 都是正交矩阵，则 AB 也是正交矩阵.

证明　(1) 因为 A 为正交矩阵，所以 $A^TA=E$ 即 $A^{-1}=A^T$. 于是

$$(A^{-1})^TA^{-1}=(A^T)^TA^{-1}=AA^{-1}=E$$

从而 $A^{-1}=A^T$ 也是正交矩阵；

又由 $A^TA=E$ 两边取行列式，有 $|A|^2=|A^T||A|=|E|=1$，即 $|A|=1$ 或 (-1).

(2) 因为 $A^TA=B^TB=E$，而

$$(AB)^T(AB)=B^T(A^TA)B=B^TEB=B^TB=E$$

所以 AB 也是正交矩阵.

17. 利用施密特正交化方法，把向量组 $\alpha_1=(1,1,2,3)^T$，$\alpha_2=(-1,1,4,-1)^T$ 化为正交单位向量组.

解　先正交化，取　$\beta_1=\alpha_1=\begin{bmatrix}1\\1\\2\\3\end{bmatrix}$

$$\beta_2=\alpha_2-\frac{[\beta_1,\alpha_2]}{[\beta_1,\beta_1]}\beta_1=\begin{bmatrix}-1\\1\\4\\-1\end{bmatrix}-\frac{5}{15}\begin{bmatrix}1\\1\\2\\3\end{bmatrix}=\frac{2}{3}\begin{bmatrix}-2\\1\\5\\-3\end{bmatrix}$$

再单位化，即得所求的正交单位向量组为

$$\gamma_1=\frac{1}{\sqrt{15}}(1,1,2,3)^T,\quad \gamma_2=\frac{1}{\sqrt{39}}(-2,1,5,-3)^T.$$

18. 利用施密特正交化方法，试由向量组 $\alpha_1=(0,1,1)^T$，$\alpha_2=(1,1,0)^T$，$\alpha_3=(1,0,1)^T$ 构造出一组规范正交基.

解　先正交化，取　$\beta_1=\alpha_1=\begin{bmatrix}0\\1\\1\end{bmatrix}$

$$\boldsymbol{\beta}_2=\boldsymbol{\alpha}_2-\frac{[\boldsymbol{\beta}_1,\boldsymbol{\alpha}_2]}{[\boldsymbol{\beta}_1,\boldsymbol{\beta}_1]}\boldsymbol{\beta}_1=\begin{bmatrix}1\\1\\0\end{bmatrix}-\frac{1}{2}\begin{bmatrix}0\\1\\1\end{bmatrix}=\frac{1}{2}\begin{bmatrix}2\\1\\-1\end{bmatrix}$$

$$\boldsymbol{\beta}_3=\boldsymbol{\alpha}_3-\frac{[\boldsymbol{\beta}_1,\boldsymbol{\alpha}_3]}{[\boldsymbol{\beta}_1,\boldsymbol{\beta}_1]}\boldsymbol{\beta}_1-\frac{[\boldsymbol{\beta}_2,\boldsymbol{\alpha}_3]}{[\boldsymbol{\beta}_2,\boldsymbol{\beta}_2]}\boldsymbol{\beta}_2=\begin{bmatrix}1\\0\\1\end{bmatrix}-\frac{1}{2}\begin{bmatrix}0\\1\\1\end{bmatrix}-\frac{1}{3}\begin{bmatrix}1\\\frac{1}{2}\\\frac{1}{3}\end{bmatrix}=\frac{2}{3}\begin{bmatrix}1\\-1\\1\end{bmatrix}.$$

再单位化,即得所求的规范正交基为

$$\boldsymbol{\gamma}_1=\frac{1}{\sqrt{2}}(0,1,1)^{\mathrm{T}},\quad \boldsymbol{\gamma}_2=\frac{1}{\sqrt{6}}(2,1,-1)^{\mathrm{T}},\quad \boldsymbol{\gamma}_3=\frac{1}{\sqrt{3}}(1,-1,1)^{\mathrm{T}}.$$

19. 求正交矩阵 $\boldsymbol{P}$,使 $\boldsymbol{P}^{-1}\boldsymbol{AP}$ 成为对角矩阵,其中 $\boldsymbol{A}=\begin{bmatrix}3&-1\\-1&3\end{bmatrix}$.

解 由 $|\boldsymbol{A}-\lambda\boldsymbol{E}|=\begin{vmatrix}3-\lambda&-1\\-1&3-\lambda\end{vmatrix}=(\lambda-2)(\lambda-4)$

得矩阵 $\boldsymbol{A}$ 的特征值为 $\lambda_1=2$, $\lambda_2=4$.

当 $\lambda_1=2$ 时,由 $(\boldsymbol{A}-2\boldsymbol{E})\boldsymbol{X}=\begin{bmatrix}1&-1\\-1&1\end{bmatrix}\begin{bmatrix}x_1\\x_2\end{bmatrix}=\begin{bmatrix}0\\0\end{bmatrix}$

求得一个基础解系 $\boldsymbol{\alpha}_1=\begin{bmatrix}1\\1\end{bmatrix}$,单位化后取 $\boldsymbol{\eta}_1=\begin{bmatrix}\frac{1}{\sqrt{2}}\\\frac{1}{\sqrt{2}}\end{bmatrix}$.

当 $\lambda_2=4$ 时,由 $(\boldsymbol{A}-4\boldsymbol{E})\boldsymbol{X}=\begin{bmatrix}-1&-1\\-1&-1\end{bmatrix}\begin{bmatrix}x_1\\x_2\end{bmatrix}=\begin{bmatrix}0\\0\end{bmatrix}$

求得一个基础解系 $\boldsymbol{\alpha}_2=\begin{bmatrix}-1\\1\end{bmatrix}$,单位化后取 $\boldsymbol{\eta}_2=\begin{bmatrix}-\frac{1}{\sqrt{2}}\\\frac{1}{\sqrt{2}}\end{bmatrix}$.

故 $\boldsymbol{\eta}_1,\boldsymbol{\eta}_2$ 为一正交单位向量组,从而所求的正交矩阵为

$$\boldsymbol{P}=(\boldsymbol{\eta}_1,\boldsymbol{\eta}_2)=\begin{bmatrix}\frac{1}{\sqrt{2}}&-\frac{1}{\sqrt{2}}\\\frac{1}{\sqrt{2}}&\frac{1}{\sqrt{2}}\end{bmatrix}$$

且 $$\boldsymbol{P}^{-1}\boldsymbol{AP}=\boldsymbol{P}^{\mathrm{T}}\boldsymbol{AP}=\begin{bmatrix}2&\\&4\end{bmatrix}.$$

20. 设矩阵 $\boldsymbol{A}=\begin{bmatrix}0&-1&1\\-1&0&1\\1&1&0\end{bmatrix}$,求一个正交矩阵 $\boldsymbol{P}$,使 $\boldsymbol{P}^{-1}\boldsymbol{AP}$ 为对角矩阵.

解　由 $|\boldsymbol{A}-\lambda\boldsymbol{E}|=\begin{vmatrix}-\lambda & -1 & 1\\ -1 & -\lambda & 1\\ 1 & 1 & -\lambda\end{vmatrix}=\begin{vmatrix}1-\lambda & \lambda-1 & 0\\ -1 & -\lambda & 1\\ 1 & 1 & -\lambda\end{vmatrix}$

$$=(\lambda-1)\begin{vmatrix}-1 & 1 & 0\\ -1 & -\lambda & 1\\ 1 & 1 & -\lambda\end{vmatrix}=(\lambda-1)\begin{vmatrix}0 & 1 & 0\\ -1-\lambda & -\lambda & 1\\ 2 & 1 & -\lambda\end{vmatrix}$$

$$=-(\lambda-1)\begin{vmatrix}-1-\lambda & 1\\ 2 & -\lambda\end{vmatrix}=-(\lambda+2)(\lambda-1)^2$$

得矩阵 $\boldsymbol{A}$ 的特征值为 $\lambda_1=-2,\lambda_2=\lambda_3=1$.

当 $\lambda_1=-2$ 时，由　$(\boldsymbol{A}+2\boldsymbol{E})\boldsymbol{X}=\begin{bmatrix}2 & -1 & 1\\ -1 & 2 & 1\\ 1 & 1 & 2\end{bmatrix}\begin{bmatrix}x_1\\ x_2\\ x_3\end{bmatrix}=\begin{bmatrix}0\\ 0\\ 0\end{bmatrix}$

求得一个基础解系 $\boldsymbol{\alpha}_1=(-1,-1,1)^{\mathrm{T}}$，单位化后取　$\boldsymbol{\eta}_1=\left(-\frac{1}{\sqrt{3}},-\frac{1}{\sqrt{3}},\frac{1}{\sqrt{3}}\right)^{\mathrm{T}}$.

当 $\lambda_2=\lambda_3=1$ 时，由　$(\boldsymbol{A}-\boldsymbol{E})\boldsymbol{X}=\begin{bmatrix}-1 & -1 & 1\\ -1 & -1 & 1\\ 1 & 1 & -1\end{bmatrix}\begin{bmatrix}x_1\\ x_2\\ x_3\end{bmatrix}=\begin{bmatrix}0\\ 0\\ 0\end{bmatrix}$

求得一个基础解系 $\boldsymbol{\alpha}_2=(-1,1,0)^{\mathrm{T}},\boldsymbol{\alpha}_3=(1,0,1)^{\mathrm{T}}$.
将它们先正交化，即取

$$\boldsymbol{\beta}_2=\boldsymbol{\alpha}_2=\begin{bmatrix}-1\\ 1\\ 0\end{bmatrix},\quad \boldsymbol{\beta}_3=\boldsymbol{\alpha}_3-\frac{[\boldsymbol{\beta}_2,\boldsymbol{\alpha}_3]}{[\boldsymbol{\beta}_2,\boldsymbol{\beta}_2]}\boldsymbol{\beta}_2=\begin{bmatrix}1\\ 0\\ 1\end{bmatrix}+\frac{1}{2}\begin{bmatrix}-1\\ 1\\ 0\end{bmatrix}=\frac{1}{2}\begin{bmatrix}1\\ 1\\ 2\end{bmatrix}$$

再单位化，得 $\boldsymbol{\eta}_2=\frac{\boldsymbol{\beta}_2}{\|\boldsymbol{\beta}_2\|}=\begin{bmatrix}-\frac{1}{\sqrt{2}}\\ \frac{1}{\sqrt{2}}\\ 0\end{bmatrix},\quad \boldsymbol{\eta}_3=\frac{\boldsymbol{\beta}_3}{\|\boldsymbol{\beta}_3\|}=\begin{bmatrix}\frac{1}{\sqrt{6}}\\ \frac{1}{\sqrt{6}}\\ \frac{2}{\sqrt{6}}\end{bmatrix}$

于是所求正交矩阵为

$$\boldsymbol{P}=(\boldsymbol{\eta}_1,\boldsymbol{\eta}_2,\boldsymbol{\eta}_3)=\begin{bmatrix}-\frac{1}{\sqrt{3}} & -\frac{1}{\sqrt{2}} & \frac{1}{\sqrt{6}}\\ -\frac{1}{\sqrt{3}} & \frac{1}{\sqrt{2}} & \frac{1}{\sqrt{6}}\\ \frac{1}{\sqrt{3}} & 0 & \frac{2}{\sqrt{6}}\end{bmatrix}$$

且　$$\boldsymbol{P}^{-1}\boldsymbol{A}\boldsymbol{P}=\boldsymbol{P}^{\mathrm{T}}\boldsymbol{A}\boldsymbol{P}=\begin{bmatrix}-2 & & \\ & 1 & \\ & & 1\end{bmatrix}.$$

21. 设三阶实对称矩阵 $\boldsymbol{A}$ 的特征值为 $\lambda_1=-1,\lambda_2=\lambda_3=1$，矩阵 $\boldsymbol{A}$ 的属于特征值 $\lambda_1=-1$ 的特征向量是 $\boldsymbol{\alpha}_1=(0,1,1)^{\mathrm{T}}$，试求矩阵 $\boldsymbol{A}$.

解 设矩阵 $\boldsymbol{A}$ 的属于特征值 $\lambda_2=\lambda_3=1$ 的特征向量为 $\boldsymbol{\alpha}=(x_1,x_2,x_3)^{\mathrm{T}}$，因为对于实对称矩阵，属于不同特征值的特征向量相互正交，所以由 $[\boldsymbol{\alpha}_1,\boldsymbol{\alpha}]=0$，有

$$x_2+x_3=0.$$

故求得一个基础解系 $\boldsymbol{\alpha}_2=(1,0,0)^{\mathrm{T}},\boldsymbol{\alpha}_3=(0,1,-1)^{\mathrm{T}}$.

将 $\boldsymbol{\alpha}_1,\boldsymbol{\alpha}_2,\boldsymbol{\alpha}_3$ 单位化后，令矩阵

$$\boldsymbol{P}=\begin{bmatrix}0&1&0\\\frac{1}{\sqrt{2}}&0&\frac{1}{\sqrt{2}}\\\frac{1}{\sqrt{2}}&0&-\frac{1}{\sqrt{2}}\end{bmatrix}$$

又令

$$\boldsymbol{\Lambda}=\begin{bmatrix}-1&0&0\\0&1&0\\0&0&1\end{bmatrix}$$

则由 $\boldsymbol{P}^{-1}\boldsymbol{A}\boldsymbol{P}=\begin{bmatrix}-1&&\\&1&\\&&1\end{bmatrix}$ 及 $\boldsymbol{P}^{-1}=\boldsymbol{P}^{\mathrm{T}}$，得所求矩阵为

$$\boldsymbol{A}=\boldsymbol{P}\begin{bmatrix}-1&0&0\\0&1&0\\0&0&1\end{bmatrix}\boldsymbol{P}^{-1}=\boldsymbol{P}\begin{bmatrix}-1&0&0\\0&1&0\\0&0&1\end{bmatrix}\boldsymbol{P}^{\mathrm{T}}$$

$$=\begin{bmatrix}0&1&0\\\frac{1}{\sqrt{2}}&0&\frac{1}{\sqrt{2}}\\\frac{1}{\sqrt{2}}&0&-\frac{1}{\sqrt{2}}\end{bmatrix}\begin{bmatrix}-1&0&0\\0&1&0\\0&0&1\end{bmatrix}\begin{bmatrix}0&\frac{1}{\sqrt{2}}&\frac{1}{\sqrt{2}}\\1&0&0\\0&\frac{1}{\sqrt{2}}&-\frac{1}{\sqrt{2}}\end{bmatrix}=\begin{bmatrix}1&0&0\\0&0&-1\\0&-1&0\end{bmatrix}.$$

22. 设 $\boldsymbol{A}$ 为 n 阶实对称矩阵，试求 n 阶实对称矩阵 $\boldsymbol{B}$，使得 $\boldsymbol{A}=\boldsymbol{B}^3$.

解 因为 $\boldsymbol{A}$ 为 n 阶实对称矩阵，所以必存在正交矩阵 $\boldsymbol{P}$，使得

$$\boldsymbol{P}^{-1}\boldsymbol{A}\boldsymbol{P}=\begin{bmatrix}\lambda_1&&&\\&\lambda_2&&\\&&\ddots&\\&&&\lambda_n\end{bmatrix}$$

其中 $\lambda_i(i=1,2,\cdots,n)$ 是矩阵 $\boldsymbol{A}$ 的实特征值，故

$$\boldsymbol{A}=\boldsymbol{P}\begin{bmatrix}\lambda_1&&&\\&\lambda_2&&\\&&\ddots&\\&&&\lambda_n\end{bmatrix}\boldsymbol{P}^{-1}=\boldsymbol{P}\begin{bmatrix}\lambda_1^{\frac{1}{3}}&&&\\&\lambda_2^{\frac{1}{3}}&&\\&&\ddots&\\&&&\lambda_n^{\frac{1}{3}}\end{bmatrix}^3\boldsymbol{P}^{-1}$$

$$= P\begin{bmatrix}\lambda_1^{\frac{1}{3}} & & & \\ & \lambda_2^{\frac{1}{3}} & & \\ & & \ddots & \\ & & & \lambda_n^{\frac{1}{3}}\end{bmatrix}P^{-1}P\begin{bmatrix}\lambda_1^{\frac{1}{3}} & & & \\ & \lambda_2^{\frac{1}{3}} & & \\ & & \ddots & \\ & & & \lambda_n^{\frac{1}{3}}\end{bmatrix}P^{-1}P\begin{bmatrix}\lambda_1^{\frac{1}{3}} & & & \\ & \lambda_2^{\frac{1}{3}} & & \\ & & \ddots & \\ & & & \lambda_n^{\frac{1}{3}}\end{bmatrix}P^{-1} = B^3$$

其中 $B = P\begin{bmatrix}\lambda_1^{\frac{1}{3}} & & & \\ & \lambda_2^{\frac{1}{3}} & & \\ & & \ddots & \\ & & & \lambda_n^{\frac{1}{3}}\end{bmatrix}P^{-1}$，且 B 为实对称矩阵.

23. 试用配方法将二次型

$$f(x_1,x_2,x_3) = x_1^2 + x_2^2 + 2x_3^2 + 4x_1x_2 + 2x_1x_3 + 2x_2x_3$$

化成标准形，并写出所用的可逆线性变换.

解　先把含 x_1 的项归并起来，配方可得

$$f = (x_1 + 2x_2 + x_3)^2 - 3x_2^2 + x_3^2 - 2x_2x_3$$

再把含 x_2 的项归并起来，配方可得

$$\begin{aligned} f &= (x_1 + 2x_2 + x_3)^2 - 3\left(x_2^2 + \frac{2}{3}x_2x_3 + \frac{1}{9}x_3^2\right) + \frac{4}{3}x_3^2 \\ &= (x_1 + 2x_2 + x_3)^2 - 3\left(x_2 + \frac{1}{3}x_3\right)^2 + \frac{4}{3}x_3^2 \\ &= y_1^2 - 3y_2^2 + \frac{4}{3}y_3^2 \end{aligned}$$

其中

$$\begin{cases} y_1 = x_1 + 2x_2 + x_3 \\ y_2 = x_2 + \frac{1}{3}x_3 \\ y_3 = x_3 \end{cases}$$

故所用的线性变换为

$$\begin{cases} x_1 = y_1 - 2y_2 - \frac{1}{3}y_3 \\ x_2 = y_2 - \frac{1}{3}y_3 \\ x_3 = y_3 \end{cases},\quad 即 \quad \begin{bmatrix}x_1\\x_2\\x_3\end{bmatrix} = \begin{bmatrix}1 & -2 & -\frac{1}{3}\\ 0 & 1 & -\frac{1}{3}\\ 0 & 0 & 1\end{bmatrix}\begin{bmatrix}y_1\\y_2\\y_3\end{bmatrix}.$$

因为

$$\begin{vmatrix}1 & -2 & -\frac{1}{3}\\ 0 & 1 & -\frac{1}{3}\\ 0 & 0 & 1\end{vmatrix} = 1 \neq 0$$

故所用的线性变换是可逆的.

24. 试用配方法将二次型 $f(x_1,x_2,x_3) = 2x_1x_2 + 2x_1x_3 - 6x_2x_3$ 化成标准形，并写出所用的可逆线性变换.

解 在 f 中不含平方项，但含有 x_1,x_2 的乘积项，故令

$$\begin{cases}x_1=y_1+y_2\\x_2=y_1-y_2\\x_3=\qquad\quad y_3\end{cases}$$

即
$$\begin{bmatrix}x_1\\x_2\\x_3\end{bmatrix}=\begin{bmatrix}1&1&0\\1&-1&0\\0&0&1\end{bmatrix}\begin{bmatrix}y_1\\y_2\\y_3\end{bmatrix}$$

代入可得
$$f=2y_1^2-2y_2^2-4y_1y_3+8y_2y_3$$

再配方，得
$$f=2(y_1-y_3)^2-2(y_2-2y_3)^2+6y_3{}^2$$

令
$$\begin{cases}z_1=y_1-\qquad y_3\\z_2=\qquad y_2-2y_3\\z_3=\qquad\qquad y_3\end{cases}$$

即
$$\begin{bmatrix}y_1\\y_2\\y_3\end{bmatrix}=\begin{bmatrix}1&0&1\\0&1&2\\0&0&1\end{bmatrix}\begin{bmatrix}z_1\\z_2\\z_3\end{bmatrix}$$

于是 f 化成标准形 $f=2z_1^2-2z_2^2+6z_3^2$，所用线性变换矩阵为

$$\boldsymbol{C}=\begin{bmatrix}1&1&0\\1&-1&0\\0&0&1\end{bmatrix}\begin{bmatrix}1&0&1\\0&1&2\\0&0&1\end{bmatrix}=\begin{bmatrix}1&1&3\\1&-1&-1\\0&0&1\end{bmatrix}$$

又 $|\boldsymbol{C}|=2\neq0$，故所用的线性变换是可逆的.

25. 试将二次型 $f=x_1x_2+x_1x_3+x_1x_4+x_2x_3+x_2x_4+x_3x_4$ 写成矩阵形式，并求二次型的秩.

解
$$f=(x_1,x_2,x_3,x_4)\begin{bmatrix}0&\frac{1}{2}&\frac{1}{2}&\frac{1}{2}\\\frac{1}{2}&0&\frac{1}{2}&\frac{1}{2}\\\frac{1}{2}&\frac{1}{2}&0&\frac{1}{2}\\\frac{1}{2}&\frac{1}{2}&\frac{1}{2}&0\end{bmatrix}\begin{bmatrix}x_1\\x_2\\x_3\\x_4\end{bmatrix}$$

又

$$|\boldsymbol{A}|=\begin{vmatrix}0&\frac{1}{2}&\frac{1}{2}&\frac{1}{2}\\\frac{1}{2}&0&\frac{1}{2}&\frac{1}{2}\\\frac{1}{2}&\frac{1}{2}&0&\frac{1}{2}\\\frac{1}{2}&\frac{1}{2}&\frac{1}{2}&0\end{vmatrix}=\frac{3}{2}\begin{vmatrix}1&\frac{1}{2}&\frac{1}{2}&\frac{1}{2}\\1&0&\frac{1}{2}&\frac{1}{2}\\1&\frac{1}{2}&0&\frac{1}{2}\\1&\frac{1}{2}&\frac{1}{2}&0\end{vmatrix}=\frac{3}{2}\begin{vmatrix}1&\frac{1}{2}&\frac{1}{2}&\frac{1}{2}\\0&-\frac{1}{2}&0&0\\0&0&-\frac{1}{2}&0\\0&0&0&-\frac{1}{2}\end{vmatrix}=-\frac{3}{16}\neq0$$

故二次型的秩为 $R(A)=4$.

26. 试求一个正交变换，把二次型 $f(x_1,x_2,x_3)=x_1^2+x_2^2+x_3^2-2x_1x_3$ 化成标准形. 并指出 $f(x_1,x_2,x_3)=1$ 表示何种曲面.

解　二次型的矩阵
$$A=\begin{bmatrix}1&0&-1\\0&1&0\\-1&0&1\end{bmatrix}$$

由
$$|A-\lambda E|=\begin{vmatrix}1-\lambda&0&-1\\0&1-\lambda&0\\-1&0&1-\lambda\end{vmatrix}$$
$$=(1-\lambda)\begin{vmatrix}1-\lambda&0\\0&1-\lambda\end{vmatrix}-\begin{vmatrix}0&1-\lambda\\-1&0\end{vmatrix}$$
$$=\lambda(1-\lambda)(\lambda-2)$$

得矩阵 A 的特征值为 $\lambda_1=1$，$\lambda_2=2$，$\lambda_3=0$.

当 $\lambda_1=1$ 时，由 $(A-E)X=\begin{bmatrix}0&0&-1\\0&0&0\\-1&0&0\end{bmatrix}\begin{bmatrix}x_1\\x_2\\x_3\end{bmatrix}=\begin{bmatrix}0\\0\\0\end{bmatrix}$，解得　$\xi_1=\begin{bmatrix}0\\1\\0\end{bmatrix}$

当 $\lambda_2=2$ 时，由 $(A-E)X=\begin{bmatrix}-1&0&-1\\0&-1&0\\-1&0&-1\end{bmatrix}\begin{bmatrix}x_1\\x_2\\x_3\end{bmatrix}=\begin{bmatrix}0\\0\\0\end{bmatrix}$，解得 $\xi_2=\begin{bmatrix}1\\0\\-1\end{bmatrix}$

当 $\lambda_3=0$ 时，由　$AX=\begin{bmatrix}1&0&-1\\0&1&0\\-1&0&1\end{bmatrix}\begin{bmatrix}x_1\\x_2\\x_3\end{bmatrix}=\begin{bmatrix}0\\0\\0\end{bmatrix}$，解得　$\xi_3=\begin{bmatrix}1\\0\\1\end{bmatrix}$.

因 $\lambda_1,\lambda_2,\lambda_3$ 互异，故 ξ_1,ξ_2,ξ_3 是正交向量组，单位化后合并成正交矩阵 P，于是
$$P=\begin{bmatrix}0&\frac{1}{\sqrt{2}}&\frac{1}{\sqrt{2}}\\1&0&0\\0&-\frac{1}{\sqrt{2}}&\frac{1}{\sqrt{2}}\end{bmatrix}$$
即为所求的正交矩阵，其标准形为 $f=y_1^2+2y_2^2$.

$f(x_1,x_2,x_3)=1$ 即 $y_1^2+2y_2^2=1$ 在几何上表示准线是 y_1Oy_2 平面上的椭圆，而母线平行于 Oy_3 轴的椭圆柱面.

27. 试判断下列二次型是否合同：
$$f(x_1,x_2,x_3,x_4)=x_1^2+x_3^2,\quad g(y_1,y_2,y_3,y_4)=y_2^2+y_4^2.$$

解　因为
$$f=(x_1,x_2,x_3,x_4)\begin{bmatrix}1&0&0&0\\0&0&0&0\\0&0&1&0\\0&0&0&0\end{bmatrix}\begin{bmatrix}x_1\\x_2\\x_3\\x_4\end{bmatrix}$$

$$g=(y_1,y_2,y_3,y_4)\begin{bmatrix}0&0&0&0\\0&1&0&0\\0&0&0&0\\0&0&0&1\end{bmatrix}\begin{bmatrix}y_1\\y_2\\y_3\\y_4\end{bmatrix}$$

设
$$C^{\mathrm{T}}\begin{bmatrix}0&0&0&0\\0&1&0&0\\0&0&0&0\\0&0&0&1\end{bmatrix}C=\begin{bmatrix}1&0&0&0\\0&0&0&0\\0&0&1&0\\0&0&0&0\end{bmatrix}$$

其中$C=\begin{bmatrix}c_{11}&c_{12}&c_{13}&c_{14}\\c_{21}&c_{22}&c_{23}&c_{24}\\c_{31}&c_{32}&c_{33}&c_{34}\\c_{41}&c_{42}&c_{43}&c_{44}\end{bmatrix}$为待定的可逆矩阵,则由

$$\begin{bmatrix}c_{11}&c_{21}&c_{31}&c_{41}\\c_{12}&c_{22}&c_{32}&c_{42}\\c_{13}&c_{23}&c_{33}&c_{43}\\c_{14}&c_{24}&c_{34}&c_{44}\end{bmatrix}\begin{bmatrix}0&0&0&0\\0&1&0&0\\0&0&0&0\\0&0&0&1\end{bmatrix}\begin{bmatrix}c_{11}&c_{12}&c_{13}&c_{14}\\c_{21}&c_{22}&c_{23}&c_{24}\\c_{31}&c_{32}&c_{33}&c_{34}\\c_{41}&c_{42}&c_{43}&c_{44}\end{bmatrix}=\begin{bmatrix}1&0&0&0\\0&0&0&0\\0&0&1&0\\0&0&0&0\end{bmatrix}$$

解得$C=\begin{bmatrix}0&0&0&0\\1&0&0&0\\0&0&0&0\\0&0&1&0\end{bmatrix}$,所以这两个二次型是合同的.

28.证明:如果实二次型 $f(x_1,x_2)=a_{11}x_1^2+a_{22}x_2^2+2a_{12}x_1x_2$ 正定,则 $a_{ii}>0$ $(i=1,2)$.

证明 用反证法.假定 $a_{11}\leqslant 0$,取 $x_1=1,x_2=0$,则有 $f(1,0)=a_{11}\leqslant 0$,与 f 正定矛盾,故 $a_{11}>0$;

同理,假定 $a_{22}\leqslant 0$,取 $x_1=0,x_2=1$,则有 $f(0,1)=a_{22}\leqslant 0$,与 f 正定矛盾,故 $a_{22}>0$.

29.设 n 阶矩阵 $\boldsymbol{A},\boldsymbol{B}$ 都是正定矩阵,证明:$\boldsymbol{A}+\boldsymbol{B}$ 也是正定矩阵.

证明 因为$\boldsymbol{A},\boldsymbol{B}$都是正定矩阵,所以$\boldsymbol{A}^{\mathrm{T}}=\boldsymbol{A},\boldsymbol{B}^{\mathrm{T}}=\boldsymbol{B}$,即$\boldsymbol{A},\boldsymbol{B}$都是对称矩阵,且当$\boldsymbol{X}=(x_1,x_2,\cdots,x_n)^{\mathrm{T}}\neq\boldsymbol{0}$时,有$\boldsymbol{X}^{\mathrm{T}}\boldsymbol{A}\boldsymbol{X}>0,\boldsymbol{X}^{\mathrm{T}}\boldsymbol{B}\boldsymbol{X}>0$.

又因为$(\boldsymbol{A}+\boldsymbol{B})^{\mathrm{T}}=\boldsymbol{A}^{\mathrm{T}}+\boldsymbol{B}^{\mathrm{T}}=\boldsymbol{A}+\boldsymbol{B}$,所以$\boldsymbol{A}+\boldsymbol{B}$也是对称矩阵.

于是当$\boldsymbol{X}=(x_1,x_2,\cdots,x_n)^{\mathrm{T}}\neq\boldsymbol{0}$时,二次型

$$f(\boldsymbol{X})=\boldsymbol{X}^{\mathrm{T}}(\boldsymbol{A}+\boldsymbol{B})\boldsymbol{X}=\boldsymbol{X}^{\mathrm{T}}\boldsymbol{A}\boldsymbol{X}+\boldsymbol{X}^{\mathrm{T}}\boldsymbol{B}\boldsymbol{X}>0$$

即$\boldsymbol{A}+\boldsymbol{B}$为正定矩阵.

30.试确定参数λ的值,使二次型

$$f(x_1,x_2,x_3)=2x_1^2+x_2^2+3x_3^2+2\lambda x_1x_2+2x_1x_3$$

正定.

解　二次型 f 的矩阵
$$A=\begin{bmatrix}2&\lambda&1\\\lambda&1&0\\1&0&3\end{bmatrix}$$

又顺序主子式
$$\Delta_1=|2|=2>0$$
$$\Delta_2=\begin{vmatrix}2&\lambda\\\lambda&1\end{vmatrix}=2-\lambda^2>0,\text{即}|\lambda|<\sqrt{2}$$
$$\Delta_3=|A|=5-3\lambda^2>0,\text{即}|\lambda|<\sqrt{\frac{5}{3}}$$

故当 $|\lambda|<\sqrt{\frac{5}{3}}$ 时,二次型正定.

31. 若二次型 $f(x_1,x_2,x_3)=tx_1^2+tx_2^2+tx_3^2+2x_1x_2+2x_1x_3-2x_2x_3$ 正定,试求实数 t 的取值范围.

解　二次型 f 的矩阵 $A=\begin{bmatrix}t&1&1\\1&t&-1\\1&-1&t\end{bmatrix}$,其顺序主子式为

$$\Delta_1=t,\quad \Delta_2=\begin{vmatrix}t&1\\1&t\end{vmatrix}=t^2-1$$
$$\Delta_3=|A|=\begin{vmatrix}t&1&1\\1&t&-1\\1&-1&t\end{vmatrix}=\begin{vmatrix}t&1&1\\0&t+1&-1-t\\1&-1&t\end{vmatrix}=\begin{vmatrix}t&1&2\\0&t+1&0\\1&-1&t-1\end{vmatrix}$$
$$=(t+1)^2(t-2)$$

当 $\Delta_1>0,\Delta_2>0,\Delta_3>0$ 时,f 为正定二次型.

故求解联立不等式
$$t>0,\quad t^2-1>0,\quad (t+1)^2(t-2)>0$$
可得 $t>2$.

32. 设矩阵 $A=\begin{bmatrix}1&-10&10\\0&-2&8\\0&0&3\end{bmatrix}$,试判别二次型 $f=X^{\mathrm{T}}(A^{\mathrm{T}}A)X$ 是否正定?(其中 $X=(x_1,x_2,x_3)^{\mathrm{T}}$)

解　矩阵 A 不是对称矩阵,但矩阵 $A^{\mathrm{T}}A$ 是对称矩阵($(A^{\mathrm{T}}A)^{\mathrm{T}}=A^{\mathrm{T}}A$),故二次型 $f=X^{\mathrm{T}}(A^{\mathrm{T}}A)X$ 仍是通常的二次型(即二次型的矩阵是对称矩阵). 因此判别这个二次型的正定性有两种思路:一种思路是按照对待具体的数值二次型的方法,用顺序主子式是否全部大于零来判别. 由

$$A^{\mathrm{T}}A=\begin{bmatrix}1&0&0\\-10&-2&0\\10&8&3\end{bmatrix}\begin{bmatrix}1&-10&10\\0&-2&8\\0&0&3\end{bmatrix}=\begin{bmatrix}1&-10&10\\-10&104&-116\\10&-116&173\end{bmatrix}$$

有 $\boldsymbol{\Delta}_1 = 1 > 0$， $\boldsymbol{\Delta}_2 = \begin{vmatrix} 1 & -10 \\ -10 & 104 \end{vmatrix} = 4 > 0$， $\boldsymbol{\Delta}_3 = |A^{\mathrm{T}}A| = 36 > 0$.

故二次型 $f = \boldsymbol{X}^{\mathrm{T}}(\boldsymbol{A}^{\mathrm{T}}\boldsymbol{A})\boldsymbol{X}$ 是正定的.

另一种思路是按照对待抽象的二次型的方法来处理. 先由 $|\boldsymbol{A}| = -6 \neq 0$ 知矩阵 $\boldsymbol{A}$ 可逆，故对任意 $\boldsymbol{X} \neq \boldsymbol{0}$，有 $\boldsymbol{AX} \neq \boldsymbol{0}$，从而对任意 $\boldsymbol{X} \neq \boldsymbol{0}$，有

$$f = \boldsymbol{X}^{\mathrm{T}}(\boldsymbol{A}^{\mathrm{T}}\boldsymbol{A})\boldsymbol{X} = (\boldsymbol{X}^{\mathrm{T}}\boldsymbol{A}^{\mathrm{T}})(\boldsymbol{AX}) = (\boldsymbol{AX})^{\mathrm{T}}(\boldsymbol{AX}) = \|\boldsymbol{AX}\|^2 > 0$$

即二次型 $f = \boldsymbol{X}^{\mathrm{T}}(\boldsymbol{A}^{\mathrm{T}}\boldsymbol{A})\boldsymbol{X}$ 是正定的.

综合练习一

一、单项选择题

1. 三阶行列式$\begin{vmatrix} a^2 & ab & b^2 \\ 2a & a+b & 2b \\ 1 & 1 & 1 \end{vmatrix}=($　　$)$.

A. $(a-b)^3$　　B. $(b-a)^3$　　C. $(a+b)^3$　　D. $(a-b)^2$

选 A.

2. 设 n 阶矩阵 $\boldsymbol{A}$ 满足 $\boldsymbol{A}^2-\boldsymbol{A}-2\boldsymbol{E}=\boldsymbol{0}$,则必有(　　).

A. $\boldsymbol{A}=2\boldsymbol{E}$　　B. $\boldsymbol{A}=-\boldsymbol{E}$　　C. $\boldsymbol{A}-\boldsymbol{E}$ 可逆　　D. $\boldsymbol{A}$ 不可逆

选 C. 由 $\boldsymbol{A}^2-\boldsymbol{A}-2\boldsymbol{E}=\boldsymbol{0}$,有$\frac{1}{2}\boldsymbol{A}(\boldsymbol{A}-\boldsymbol{E})=\boldsymbol{E}$,即 $\boldsymbol{A}-\boldsymbol{E}$ 可逆.

3. 设 n 阶矩阵 $\boldsymbol{A},\boldsymbol{B},\boldsymbol{C}$ 满足关系式 $\boldsymbol{ABC}=\boldsymbol{E}$,其中 $\boldsymbol{E}$ 是 n 阶单位矩阵,则必有(　　).

A. $\boldsymbol{ACB}=\boldsymbol{E}$　　B. $\boldsymbol{CBA}=\boldsymbol{E}$　　C. $\boldsymbol{BAC}=\boldsymbol{E}$　　D. $\boldsymbol{BCA}=\boldsymbol{E}$

选 D. 因为 $\boldsymbol{ABC}=\boldsymbol{E}$,所以 $|\boldsymbol{ABC}|=|\boldsymbol{A}||\boldsymbol{B}||\boldsymbol{C}|=|\boldsymbol{E}|=1\neq 0$,即 $\boldsymbol{A},\boldsymbol{B},\boldsymbol{C}$ 可逆,故由 $\boldsymbol{ABC}=\boldsymbol{E}$,有 $\boldsymbol{A}^{-1}\boldsymbol{ABCA}=\boldsymbol{A}^{-1}\boldsymbol{EA}$,即 $\boldsymbol{BCA}=\boldsymbol{E}$.

4. 若已知$\begin{bmatrix} 2 & 5 \\ 1 & 3 \end{bmatrix}\boldsymbol{X}=\begin{bmatrix} 4 & -6 \\ 2 & 1 \end{bmatrix}$,则 $\boldsymbol{X}=($　　$)$.

A. $\begin{bmatrix} 2 & 0 \\ -23 & 8 \end{bmatrix}$　　B. $\begin{bmatrix} 2 & -23 \\ 0 & 8 \end{bmatrix}$　　C. $\begin{bmatrix} 0 & 2 \\ 8 & -23 \end{bmatrix}$　　D. $\begin{bmatrix} 0 & 8 \\ 2 & -23 \end{bmatrix}$

选 B.

5. 设 $\boldsymbol{A},\boldsymbol{B}$ 都是相似 n 阶矩阵,则 $(\boldsymbol{A}+\boldsymbol{B})^2=\boldsymbol{A}^2+2\boldsymbol{AB}+\boldsymbol{B}^2$ 的充要条件是(　　).

A. $\boldsymbol{A}=\boldsymbol{E}$　　B. $\boldsymbol{B}=\boldsymbol{O}$　　C. $\boldsymbol{AB}=\boldsymbol{BA}$　　D. $\boldsymbol{A}=\boldsymbol{B}$

选 C.

6. 若四阶矩阵 $\boldsymbol{A}$ 的行列式等于零,则(　　).

A. $\boldsymbol{A}$ 中至少有一行是其余行的线性组合

B. $\boldsymbol{A}$ 中每一行都是其余行的线性组合

C. $\boldsymbol{A}$ 中必有一行为零行

D. $\boldsymbol{A}$ 的列向量组线性无关

选 A.

7. 已知$\boldsymbol{\beta}_1,\boldsymbol{\beta}_2$是非齐次线性方程组$\boldsymbol{AX}=\boldsymbol{b}$的两个不同解，$\boldsymbol{\alpha}_1,\boldsymbol{\alpha}_2$是对应齐次线性方程组$\boldsymbol{AX}=\boldsymbol{0}$的基础解系，$k_1,k_2$为任意常数，则方程组$\boldsymbol{AX}=\boldsymbol{b}$的通解为(　　).

A. $k_1\boldsymbol{\alpha}_1+k_2(\boldsymbol{\alpha}_1+\boldsymbol{\alpha}_2)+\dfrac{\boldsymbol{\beta}_1-\boldsymbol{\beta}_2}{2}$

B. $k_1\boldsymbol{\alpha}_1+k_2(\boldsymbol{\alpha}_1-\boldsymbol{\alpha}_2)+\dfrac{\boldsymbol{\beta}_1+\boldsymbol{\beta}_2}{2}$

C. $k_1\boldsymbol{\alpha}_1+k_2(\boldsymbol{\beta}_1+\boldsymbol{\beta}_2)+\dfrac{\boldsymbol{\beta}_1-\boldsymbol{\beta}_2}{2}$

D. $k_1\boldsymbol{\alpha}_1+k_2(\boldsymbol{\beta}_1-\boldsymbol{\beta}_2)+\dfrac{\boldsymbol{\beta}_1+\boldsymbol{\beta}_2}{2}$

选 B.

8. 设$\boldsymbol{A}$为$m\times n$矩阵，若任何n维列向量都是方程组$\boldsymbol{AX}=\boldsymbol{0}$的解，则(　　).

A. $\boldsymbol{A}=\boldsymbol{O}$　　B. $0<\boldsymbol{R}(\boldsymbol{A})<n$

C. $\boldsymbol{R}(\boldsymbol{A})=n$　　D. $\boldsymbol{R}(\boldsymbol{A})=m$

选 A.

9. n阶矩阵$\boldsymbol{A}$与对角矩阵相似的充要条件是(　　).

A. $\boldsymbol{A}$有n个互不相同的特征值

B. $\boldsymbol{A}$有n个互不相同的特征向量

C. $\boldsymbol{A}$有n个线性无关的特征向量

D. $\boldsymbol{A}$有n个两两正交的特征向量

选 C.

10. 同阶方阵$\boldsymbol{A}$与$\boldsymbol{B}$相似的充要条件是(　　).

A. 存在两个可逆矩阵$\boldsymbol{P}$与$\boldsymbol{Q}$，使$\boldsymbol{PAQ}=\boldsymbol{B}$

B. 存在可逆矩阵$\boldsymbol{P}$，使$\boldsymbol{A}=\boldsymbol{P}^{-1}\boldsymbol{BP}$

C. 存在可逆矩阵$\boldsymbol{P}$，使$\boldsymbol{P}^{\mathrm{T}}\boldsymbol{AP}=\boldsymbol{B}$

D. $\boldsymbol{R}(\boldsymbol{A})=\boldsymbol{R}(\boldsymbol{B})$

选 B.

二、填空题

11. $\begin{vmatrix}2 & 1 & 4\\ -4 & 3 & 8\\ 7 & 0 & 9\end{vmatrix}=$ ________.

填 62.

12. 三阶行列式$|\boldsymbol{A}|=-2$，则$|\boldsymbol{A}^2|=$ ________.

填 4.

13. $\begin{bmatrix}0 & 2 & 0\\ 0 & 0 & 3\\ 4 & 0 & 0\end{bmatrix}^{-1}=$ ________.

填$\begin{bmatrix} 0 & 0 & \frac{1}{4} \\ \frac{1}{2} & 0 & 0 \\ 0 & \frac{1}{3} & 0 \end{bmatrix}$.

14. 设矩阵 $\boldsymbol{A}=\begin{bmatrix} 8 & 0 & 2 \\ 0 & 2 & 0 \\ 3 & 0 & 1 \end{bmatrix}$，$\boldsymbol{A}^*$ 为 $\boldsymbol{A}$ 的伴随矩阵，则 $|\boldsymbol{A}^*|=$ ________.

填 1.

15. 矩阵 $\boldsymbol{A}=\begin{bmatrix} 1 & 2 & -1 & 3 \\ 0 & 0 & 1 & 2 \\ 2 & 4 & -1 & 8 \\ 1 & 2 & 0 & 0 \end{bmatrix}$ 的秩 $=$ ________.

填 3.

16. 若 $\boldsymbol{\alpha}_1,\boldsymbol{\alpha}_2$ 线性无关，而 $\boldsymbol{\alpha}_1,\boldsymbol{\alpha}_2,\boldsymbol{\alpha}_3$ 线性相关，则向量组 $\boldsymbol{\alpha}_1,2\boldsymbol{\alpha}_2,3\boldsymbol{\alpha}_3$ 的最大无关组为________.

填 $\boldsymbol{\alpha}_1,2\boldsymbol{\alpha}_2$.

17. 若方程组$\begin{cases} x_1-x_2=2 \\ x_1+2x_2=1 \\ 3x_1+4x_2=k \end{cases}$有解，则常数 $k=$ ________.

填$\frac{1}{3}$.

18. 若 $\lambda=0$ 是矩阵 $\boldsymbol{A}$ 的一个特征值，则 $|\boldsymbol{A}|=$ ________.

填 0.

19. 若 $\lambda=2$ 是可逆矩阵 $\boldsymbol{A}$ 的一个特征值，则矩阵 $\left(\frac{1}{2}\boldsymbol{A}^2\right)^{-1}$ 必有一个特征值为________.

填$\frac{1}{2}$.

20. 若二阶实对称矩阵 $\boldsymbol{A}$ 与矩阵 $\begin{bmatrix} -1 & 0 \\ 0 & 2 \end{bmatrix}$ 合同，则二次型 $\boldsymbol{X}^{\mathrm{T}}\boldsymbol{A}\boldsymbol{X}$ 的标准形是(　　).

填 $-y_1^2+2y_2^2$.

三、计算题

21. 计算下列行列式：(1) $D=\begin{vmatrix} 1 & -1 & x+1 \\ 1 & x-1 & 1 \\ x+1 & -1 & 1 \end{vmatrix}$；

$$(2)D_n=\begin{vmatrix}a&b&0&\cdots&0&0\\0&a&b&\cdots&0&0\\0&0&a&\cdots&0&0\\\vdots&\vdots&\vdots&\cdots&\vdots&\vdots\\0&0&0&\cdots&a&b\\b&0&0&\cdots&0&a\end{vmatrix};\quad (3)D_n=\begin{vmatrix}0&1&1&\cdots&1&1\\1&0&1&\cdots&1&1\\1&1&0&\cdots&1&1\\\vdots&\vdots&\vdots&\cdots&\vdots&\vdots\\1&1&1&\cdots&0&1\\1&1&1&\cdots&1&0\end{vmatrix}.$$

解 (1) 将第2、3列加至第1列，提出公因子$(x+1)$，有

$$D=(x+1)\begin{vmatrix}1&-1&x+1\\1&x-1&1\\1&-1&1\end{vmatrix}\xlongequal{c_3-c_1}(x+1)\begin{vmatrix}1&-1&x\\1&x-1&0\\1&-1&0\end{vmatrix}$$

$$=x(x+1)\begin{vmatrix}1&x-1\\1&-1\end{vmatrix}=-(x^3+x^2).$$

(2) 按第1列展开，得

$$D_n=a\begin{vmatrix}a&b&\cdots&0&0\\0&a&\cdots&0&0\\\vdots&\vdots&\cdots&\vdots&\vdots\\0&0&\cdots&a&b\\0&0&\cdots&0&a\end{vmatrix}+b(-1)^{n+1}\begin{vmatrix}b&0&\cdots&0&0\\a&b&\cdots&0&0\\\vdots&\vdots&\cdots&\vdots&\vdots\\0&0&\cdots&b&0\\0&0&\cdots&a&b\end{vmatrix}$$

$$=a^n+(-1)^{n+1}b^n.$$

(3) 将第$2,3,\cdots,n$列都加至第1列，再提出公因子$(n-1)$后，从第2行起，各行减去第1行，可得

$$D_n=(n-1)\begin{vmatrix}1&1&1&\cdots&1&1\\1&0&1&\cdots&1&1\\1&1&0&\cdots&1&1\\\vdots&\vdots&\vdots&\cdots&\vdots&\vdots\\1&1&1&\cdots&0&1\\1&1&1&\cdots&1&0\end{vmatrix}$$

$$=(n-1)\begin{vmatrix}1&1&1&\cdots&1&1\\0&-1&0&\cdots&0&0\\0&0&-1&\cdots&0&0\\\vdots&\vdots&\vdots&\cdots&\vdots&\vdots\\0&0&0&\cdots&-1&0\\0&0&0&\cdots&0&-1\end{vmatrix}=(-1)^{n-1}(n-1).$$

22. 设$\boldsymbol{A}=\begin{bmatrix}1&1&1\\1&1&-1\\1&-1&1\end{bmatrix}$，$\boldsymbol{B}=\begin{bmatrix}1&2&3\\-1&-2&4\\0&5&1\end{bmatrix}$，试求$\boldsymbol{AB}^{\mathrm{T}}-\boldsymbol{A}^2$.

解 $\boldsymbol{AB}^{\mathrm{T}}-\boldsymbol{A}^2=\boldsymbol{A}(\boldsymbol{B}^{\mathrm{T}}-\boldsymbol{A})$

$$=\begin{bmatrix}1&1&1\\1&1&-1\\1&-1&1\end{bmatrix}\left(\begin{bmatrix}1&-1&0\\2&-2&5\\3&4&1\end{bmatrix}-\begin{bmatrix}1&1&1\\1&1&-1\\1&-1&1\end{bmatrix}\right)$$

$$=\begin{bmatrix}1&1&1\\1&1&-1\\1&-1&1\end{bmatrix}\begin{bmatrix}0&-2&-1\\1&-3&6\\2&5&0\end{bmatrix}=\begin{bmatrix}3&0&5\\-1&-10&5\\1&6&-7\end{bmatrix}.$$

23. 解矩阵方程

(1) $\begin{bmatrix}0&1&0\\1&0&0\\0&0&1\end{bmatrix}\boldsymbol{X}\begin{bmatrix}1&0&0\\0&0&1\\0&1&0\end{bmatrix}=\begin{bmatrix}1&-4&3\\2&0&-1\\1&-2&0\end{bmatrix}$；

(2) $\boldsymbol{X}\begin{bmatrix}2&1&-1\\2&1&0\\1&-1&1\end{bmatrix}=\begin{bmatrix}1&-1&3\\4&3&2\end{bmatrix}$.

解 (1) 因 $\begin{bmatrix}0&1&0\\1&0&0\\0&0&1\end{bmatrix}^{-1}=\begin{bmatrix}0&1&0\\1&0&0\\0&0&1\end{bmatrix}$，$\begin{bmatrix}1&0&0\\0&0&1\\0&1&0\end{bmatrix}^{-1}=\begin{bmatrix}1&0&0\\0&0&1\\0&1&0\end{bmatrix}$

所以

$$\boldsymbol{X}=\begin{bmatrix}0&1&0\\1&0&0\\0&0&1\end{bmatrix}^{-1}\begin{bmatrix}1&-4&3\\2&0&-1\\1&-2&0\end{bmatrix}\begin{bmatrix}1&0&0\\0&0&1\\0&1&0\end{bmatrix}^{-1}$$

$$=\begin{bmatrix}0&1&0\\1&0&0\\0&0&1\end{bmatrix}\begin{bmatrix}1&-4&3\\2&0&-1\\1&-2&0\end{bmatrix}\begin{bmatrix}1&0&0\\0&0&1\\0&1&0\end{bmatrix}=\begin{bmatrix}2&-1&0\\1&3&-4\\1&0&-2\end{bmatrix}.$$

(2) 因为 $\begin{bmatrix}2&1&-1\\2&1&0\\1&-1&1\end{bmatrix}^{-1}=\begin{bmatrix}\frac{1}{3}&0&\frac{1}{3}\\-\frac{2}{3}&1&-\frac{2}{3}\\-1&1&0\end{bmatrix}$

所以

$$\boldsymbol{X}=\begin{bmatrix}1&-1&3\\4&3&2\end{bmatrix}\begin{bmatrix}\frac{1}{3}&0&\frac{1}{3}\\-\frac{2}{3}&1&-\frac{2}{3}\\-1&1&0\end{bmatrix}=\begin{bmatrix}-2&2&1\\-\frac{8}{3}&5&-\frac{2}{3}\end{bmatrix}.$$

24. 讨论向量组 $\boldsymbol{\alpha}_1=(1,1,0)$，$\boldsymbol{\alpha}_2=(1,3,-1)$，$\boldsymbol{\alpha}_3=(5,3,t)$ 的线性相关性.

解 对矩阵 $\boldsymbol{A}=\begin{bmatrix}\boldsymbol{\alpha}_1\\\boldsymbol{\alpha}_2\\\boldsymbol{\alpha}_3\end{bmatrix}$ 进行初等行变换，有

$$A=\begin{bmatrix}1&1&0\\1&3&-1\\5&3&t\end{bmatrix}\overset{\substack{r_2-r_1\\r_3-5r_1}}{\sim}\begin{bmatrix}1&1&0\\0&2&-1\\0&-2&t\end{bmatrix}\overset{r_3+r_2}{\sim}\begin{bmatrix}1&1&0\\0&2&-1\\0&0&t-1\end{bmatrix}$$

故当 $t\neq 1$ 时,$\boldsymbol{R}(\boldsymbol{A})=\boldsymbol{R}(\boldsymbol{\alpha}_1,\boldsymbol{\alpha}_2,\boldsymbol{\alpha}_3)=3$,即向量组 $\boldsymbol{\alpha}_1,\boldsymbol{\alpha}_2,\boldsymbol{\alpha}_3$ 线性无关;当 $t=1$ 时,$\boldsymbol{R}(\boldsymbol{A})=\boldsymbol{R}(\boldsymbol{\alpha}_1,\boldsymbol{\alpha}_2,\boldsymbol{\alpha}_3)=2$,即向量组 $\boldsymbol{\alpha}_1,\boldsymbol{\alpha}_2,\boldsymbol{\alpha}_3$ 线性相关.

25. λ 取何值时,非齐次线性方程组

$$\begin{cases}\lambda x_1+x_2+x_3=1\\x_1+\lambda x_2+x_3=\lambda\\x_1+x_2+\lambda x_3=\lambda^2\end{cases}$$

(1) 有唯一解;(2) 无解;(3) 有无穷多个解?

解 非齐次线性方程组系数矩阵 $\boldsymbol{A}$ 的行列式

$$|\boldsymbol{A}|=\begin{vmatrix}\lambda&1&1\\1&\lambda&1\\1&1&\lambda\end{vmatrix}=(\lambda+2)\begin{vmatrix}1&1&1\\1&\lambda&1\\1&1&\lambda\end{vmatrix}=(\lambda+2)\begin{vmatrix}1&1&1\\0&\lambda-1&0\\0&0&\lambda-1\end{vmatrix}$$

$$=(\lambda-1)^2(\lambda+2).$$

(1) 当 $|\boldsymbol{A}|\neq 0$,即当 $\lambda\neq 1,\lambda\neq -2$ 时,$\boldsymbol{R}(\boldsymbol{A})=3$,方程组有唯一解.

(2) 当 $\lambda=-2$ 时,增广矩阵

$$\boldsymbol{B}=\begin{bmatrix}-2&1&1&1\\1&-2&1&-2\\1&1&-2&4\end{bmatrix}\overset{r_3\leftrightarrow r_1}{\underset{\substack{r_2-r_1\\r_3+2r_1}}{\sim}}$$

$$\begin{bmatrix}1&1&-2&4\\0&-3&3&-6\\0&3&-3&9\end{bmatrix}\overset{r_3+r_2}{\sim}\begin{bmatrix}1&1&-2&4\\0&-3&3&-6\\0&0&0&3\end{bmatrix}$$

故 $\boldsymbol{R}(\boldsymbol{A})=2,\boldsymbol{R}(\boldsymbol{B})=3,\boldsymbol{R}(\boldsymbol{A})\neq\boldsymbol{R}(\boldsymbol{B})$,方程组无解.

(3) 当 $\lambda=1$ 时,增广矩阵

$$\boldsymbol{B}=\begin{bmatrix}1&1&1&1\\1&1&1&1\\1&1&1&1\end{bmatrix}\sim\begin{bmatrix}1&1&1&1\\0&0&0&0\\0&0&0&0\end{bmatrix}$$

即 $\boldsymbol{R}(\boldsymbol{A})=\boldsymbol{R}(\boldsymbol{B})=1<3$,方程组有无穷多解.

26. 求下列矩阵的特征值与特征向量

$$(1)\boldsymbol{A}=\begin{bmatrix}2&-1&2\\5&-3&3\\-1&0&-2\end{bmatrix};\qquad(2)\ \boldsymbol{A}=\begin{bmatrix}1&2&3\\2&1&3\\3&3&6\end{bmatrix}.$$

解 (1) 由 $|\boldsymbol{A}-\lambda\boldsymbol{E}|=\begin{vmatrix}2-\lambda&-1&2\\5&-3-\lambda&3\\-1&0&-2-\lambda\end{vmatrix}$

$$\xlongequal{c_3-(\lambda+2)c_1}\begin{vmatrix}2-\lambda & -1 & \lambda^2-2\\ 5 & -3-\lambda & -7-5\lambda\\ -1 & 0 & 0\end{vmatrix}$$

$$=\begin{vmatrix}-1 & \lambda^2-2\\ 3+\lambda & 7+5\lambda\end{vmatrix}\xlongequal{c_2-c_1}\begin{vmatrix}-1 & \lambda^2-1\\ 3+\lambda & 4(\lambda+1)\end{vmatrix}$$

$$=(1+\lambda)\begin{vmatrix}-1 & \lambda-1\\ 3+\lambda & 4\end{vmatrix}=-(1+\lambda)^3$$

得矩阵 $\boldsymbol{A}$ 的特征值为 $\lambda_1=\lambda_2=\lambda_3=-1$.

对于特征值 -1,解方程组 $(\boldsymbol{A}+\boldsymbol{E})\boldsymbol{X}=\boldsymbol{0}$. 因

$$\boldsymbol{A}+\boldsymbol{E}=\begin{bmatrix}3 & -1 & 2\\ 5 & -2 & 3\\ -1 & 0 & -1\end{bmatrix}\overset{r}{\sim}\begin{bmatrix}1 & 0 & 1\\ 0 & 1 & 1\\ 0 & 0 & 1\end{bmatrix},\text{得特征向量 } \boldsymbol{\eta}=\begin{bmatrix}1\\ 1\\ -1\end{bmatrix}.$$

(2) 由 $|\boldsymbol{A}-\lambda\boldsymbol{E}|=\begin{vmatrix}1-\lambda & 2 & 3\\ 2 & 1-\lambda & 3\\ 3 & 3 & 6-\lambda\end{vmatrix}\xlongequal{c_1-c_2}\begin{vmatrix}-(1+\lambda) & 2 & 3\\ 1+\lambda & 1-\lambda & 3\\ 0 & 3 & 6-\lambda\end{vmatrix}$

$$=(1+\lambda)\begin{vmatrix}-1 & 2 & 3\\ 0 & 3-\lambda & 6\\ 0 & 3 & 6-\lambda\end{vmatrix}$$

$$=-(1+\lambda)\begin{bmatrix}3-\lambda & 6\\ 3 & 6-\lambda\end{bmatrix}=-\lambda(\lambda+1)(\lambda-9)$$

得矩阵 $\boldsymbol{A}$ 的特征值为 $\lambda_1=-1,\lambda_2=0,\lambda_3=9$.

当 $\lambda_1=-1$ 时,解方程组 $(\boldsymbol{A}+\boldsymbol{E})\boldsymbol{X}=\boldsymbol{0}$,可以求得特征向量 $\boldsymbol{\eta}_1=\begin{bmatrix}1\\ -1\\ 0\end{bmatrix}$,

当 $\lambda_2=0$ 时,解方程组 $\boldsymbol{AX}=\boldsymbol{0}$,可以求得特征向量 $\boldsymbol{\eta}_2=\begin{bmatrix}1\\ 1\\ -1\end{bmatrix}$,

当 $\lambda_3=9$ 时,解方程组 $(\boldsymbol{A}-9\boldsymbol{E})\boldsymbol{X}=\boldsymbol{0}$,可以求得特征向量 $\boldsymbol{\eta}_3=\begin{bmatrix}1\\ 1\\ 2\end{bmatrix}$.

27. 用施密特正交化方法,把向量组 $\boldsymbol{\alpha}_1=(1,2,2,-1)^{\mathrm{T}},\boldsymbol{\alpha}_2=(1,1,-5,3)^{\mathrm{T}}$, $\boldsymbol{\alpha}_3=(3,2,8,-7)^{\mathrm{T}}$ 化为正交单位向量组.

解 先正交化,取 $\boldsymbol{\beta}_1=\boldsymbol{\alpha}_1=\begin{bmatrix}1\\ 1\\ 2\\ -1\end{bmatrix}$

$$\boldsymbol{\beta}_2=\boldsymbol{\alpha}_2-\frac{[\boldsymbol{\beta}_1,\boldsymbol{\alpha}_2]}{[\boldsymbol{\beta}_1,\boldsymbol{\beta}_1]}\boldsymbol{\beta}_1-\frac{[\boldsymbol{\beta}_2,\boldsymbol{\alpha}_3]}{[\boldsymbol{\beta}_2,\boldsymbol{\beta}_2]}\boldsymbol{\beta}_2=\begin{bmatrix}3\\2\\8\\-7\end{bmatrix}-\frac{30}{10}\begin{bmatrix}1\\2\\2\\-1\end{bmatrix}-\frac{-26}{26}\begin{bmatrix}2\\3\\-3\\2\end{bmatrix}=\begin{bmatrix}2\\-1\\-1\\-2\end{bmatrix}$$

再单位化,即得所求的正交单位向量组为

$$\boldsymbol{\gamma}_1=\frac{1}{\sqrt{10}}(1\ ,2\ ,2\ ,-1)^{\mathrm{T}}$$

$$\boldsymbol{\gamma}_2=\frac{1}{\sqrt{26}}(2\ ,3\ ,-3\ ,2)^{\mathrm{T}}$$

$$\boldsymbol{\gamma}_3=\frac{1}{\sqrt{10}}(2,-1,-1,-2)^{\mathrm{T}}.$$

28. 设二次型 $f=2x_1{}^2+x_2^2+4x_3^2+2x_1x_2-2x_2x_3$.

(1) 试写出二次型 f 的矩阵 $\boldsymbol{A}$;

(2) 试判定二次型 f 的正定性;

(3) 试用配方法化二次型 f 为标准形,并写出所用的可逆变换的矩阵.

解 (1) $\boldsymbol{A}=\begin{bmatrix}2&1&0\\1&1&-1\\0&-1&4\end{bmatrix}$.

(2) 由 $a_{11}=2>0$, $\begin{vmatrix}a_{11}&a_{12}\\a_{21}&a_{22}\end{vmatrix}=\begin{vmatrix}2&1\\1&1\end{vmatrix}=1>0$, $|\boldsymbol{A}|=6>0$ 知二次型正定.

(3) 由 $f=2\left(x_1^2+x_1x_2+\frac{1}{4}x_2^2\right)+\frac{1}{2}x_2^2-2x_2x_3+4x_3^2$

$$=2\left(x_1+\frac{1}{2}x_2\right)^2+\frac{1}{2}(x_2^2-4x_2x_3+4x_3^2)+2x_3^2$$

$$=2\left(x_1+\frac{1}{2}x_2\right)^2+\frac{1}{2}(x_2-2x_3)^2+2x_3^2$$

令 $\begin{cases}y_1=x_1+\frac{1}{2}x_2\\y_2=x_2-2x_3\\y_3=x_3\end{cases}$,有 $f=2y_1^2+\frac{1}{2}y_2^2+2y_3^2$,所用可逆变换的矩阵为

$$\boldsymbol{C}=\begin{bmatrix}1&-\frac{1}{2}&-1\\0&1&2\\0&0&1\end{bmatrix}.$$

四、证明题

29. 已知 $\boldsymbol{R}(\boldsymbol{\alpha}_1,\boldsymbol{\alpha}_2,\boldsymbol{\alpha}_3)=2$,$\boldsymbol{R}(\boldsymbol{\alpha}_2,\boldsymbol{\alpha}_3,\boldsymbol{\alpha}_4)=3$,证明 $\boldsymbol{\alpha}_1$ 能由 $\boldsymbol{\alpha}_2,\boldsymbol{\alpha}_3$ 线性表示.

证明 因为 $\boldsymbol{R}(\boldsymbol{\alpha}_2,\boldsymbol{\alpha}_3,\boldsymbol{\alpha}_4)=3$,所以 $\boldsymbol{\alpha}_2,\boldsymbol{\alpha}_3$ 线性无关.

又因为$\boldsymbol{R}(\boldsymbol{\alpha}_1,\boldsymbol{\alpha}_2,\boldsymbol{\alpha}_3)=2$，故$\boldsymbol{\alpha}_1,\boldsymbol{\alpha}_2,\boldsymbol{\alpha}_3$线性相关，即存在不全为0的数$k_1,k_2,k_3$，使$k_1\boldsymbol{\alpha}_1+k_2\boldsymbol{\alpha}_2+k_3\boldsymbol{\alpha}_3=0$. 若$k_1=0$，则存在不全为0的数$k_1,k_2$，使$k_2\boldsymbol{\alpha}_2+k_3\boldsymbol{\alpha}_3=0$，即$\boldsymbol{\alpha}_2,\boldsymbol{\alpha}_3$线性相关，这是不可能的，故$k_1\neq 0$，从而有$\boldsymbol{\alpha}_1=\frac{k_2}{k_1}\boldsymbol{\alpha}_2+\frac{k_3}{k_1}\boldsymbol{\alpha}_3$.

30. 证明：若矩阵$\boldsymbol{A}$正定，则矩阵$\boldsymbol{A}^{-1}$也正定.

证明 因为矩阵$\boldsymbol{A}$正定，故存在可逆矩阵$\boldsymbol{C}$，使$\boldsymbol{C}^{\mathrm{T}}\boldsymbol{A}\boldsymbol{C}=\boldsymbol{E}$，两边取逆，有

$$\boldsymbol{C}^{-1}\boldsymbol{A}^{-1}(\boldsymbol{C}^{\mathrm{T}})^{-1}=\boldsymbol{E}$$

又

$$(\boldsymbol{C}^{\mathrm{T}})^{-1}=(\boldsymbol{C}^{-1})^{\mathrm{T}}((\boldsymbol{C}^{-1})^{\mathrm{T}})^{\mathrm{T}}=\boldsymbol{C}^{-1}$$

故

$$((\boldsymbol{C}^{-1})^{\mathrm{T}})^{\mathrm{T}}\boldsymbol{A}^{-1}(\boldsymbol{C}^{-1})^{\mathrm{T}}=\boldsymbol{E}$$

而$|(\boldsymbol{C}^{-1})^{\mathrm{T}}|=|\boldsymbol{C}^{-1}|\neq 0$，于是$\boldsymbol{A}^{-1}$合同于$\boldsymbol{E}$，即$\boldsymbol{A}^{-1}$也正定.

综合练习二

一、单项选择题

1. 设 $\boldsymbol{A},\boldsymbol{B}$ 为三阶方阵，且 $|\boldsymbol{A}|=2$，$|\boldsymbol{B}|=6$，则 $|\boldsymbol{BA}^{-1}|=$（　　）.

A. -2　　B. $+2$　　C. -3　　D. 3

选 D. $|\boldsymbol{BA}^{-1}|=|\boldsymbol{B}||\boldsymbol{A}^{-1}|=6\times\frac{1}{2}=3$.

2. 若 n 阶方阵 $\boldsymbol{B}$ 满足 $\boldsymbol{B}^2=\boldsymbol{B}+2\boldsymbol{E}$，则 $(\boldsymbol{B}+2\boldsymbol{E})^{-1}=$（　　）.

A. $4(\boldsymbol{B}-3\boldsymbol{E})$　　B. $\frac{1}{4}(\boldsymbol{B}-3\boldsymbol{E})$

C. $4(3\boldsymbol{E}-\boldsymbol{B})$　　D. $\frac{1}{4}(3\boldsymbol{E}-\boldsymbol{B})$

选 D. $(\boldsymbol{B}+2\boldsymbol{E})(3\boldsymbol{E}-\boldsymbol{B})=4\boldsymbol{E}$，即 $\boldsymbol{B}^2=\boldsymbol{B}+2\boldsymbol{E}$.

3. 若非齐次线性方程组 $\boldsymbol{AX}=\boldsymbol{b}$ 的系数矩阵行列式 $|\boldsymbol{A}|=0$，则方程组 $\boldsymbol{AX}=\boldsymbol{b}$（　　）.

A. 有唯一解　　B. 可能有解，可能无解

C. 无解　　D. 有无穷多解

选 B. 因 $|\boldsymbol{A}|=0$，可能 $\boldsymbol{R}(\boldsymbol{A})=\boldsymbol{R}(\boldsymbol{A},\boldsymbol{b})$，也可能 $\boldsymbol{R}(\boldsymbol{A})<\boldsymbol{R}(\boldsymbol{A},\boldsymbol{b})$.

4. 给定 n 维向量组 $A:\boldsymbol{\alpha}_1,\boldsymbol{\alpha}_2,\cdots,\boldsymbol{\alpha}_t$，若 $\boldsymbol{R}(\boldsymbol{\alpha}_1,\boldsymbol{\alpha}_2,\cdots,\boldsymbol{\alpha}_t)=r$，则（　　）.

A. 任意 r 个向量线性无关　　B. $\boldsymbol{\alpha}_1,\boldsymbol{\alpha}_2,\cdots,\boldsymbol{\alpha}_t$ 线性无关

C. 任意 $r+1$ 个向量线性相关　　D. 该向量组有唯一的最大无关组

选 C. 向量组的秩就是该向量组最大无关组向量的个数.

5. 若 n 阶方阵 $\boldsymbol{A}$ 与 $\boldsymbol{B}$ 相似，则（　　）.

A. $\boldsymbol{A}^{-1}\sim\boldsymbol{B}^{-1}$

B. $\boldsymbol{R}(\boldsymbol{A})=\boldsymbol{R}(\boldsymbol{B})$

C. $\boldsymbol{A},\boldsymbol{B}$ 都有互异的特征值

D. $\boldsymbol{A},\boldsymbol{B}$ 都有 n 个线性无关的特征向量

选 B. 相似矩阵有相同的秩.

6. 若三阶方阵 $\boldsymbol{A}$ 的特征值为 $3,-1,\frac{1}{3}$，则 $|\boldsymbol{A}^{99}|=$（　　）.

A. 1　　B. -1　　C. 2　　D. 3

选 B. $A \sim \mathrm{diag}\left(3,-1,\frac{1}{3}\right)$，$|A^{99}| = \left[\det\begin{pmatrix}3 & & \\ & -1 & \\ & & \frac{1}{3}\end{pmatrix}\right]^{99} = (-1)^{99} = -1$.

7. P,Q 为 n 阶方阵，要 $(P+Q)(P-Q) = P^2 - Q^2$ 成立，只有(　　).

A. $P = E$　　B. $Q = O$　　C. $P = Q$　　D. $PQ = QP$

选 D.

8. 给定向量组 $\alpha_1 = (1,0,0)^{\mathrm{T}}$，$\alpha_2 = (0,0,1)^{\mathrm{T}}$，能由向量 α_1，α_2 线性表示的向量 β 是(　　).

A. $(2,0,0)^{\mathrm{T}}$　　B. $(-3,0,4)^{\mathrm{T}}$

C. $(1,1,0)^{\mathrm{T}}$　　D. $(0,-1,0)^{\mathrm{T}}$

选 B. $\beta = (-3,0,4)^{\mathrm{T}} = -3\alpha_1 + 4\alpha_2$.

9. 设向量组 $\beta_1 = (1,0,-1)^{\mathrm{T}}$，$\beta_2 = (-2,2,0)^{\mathrm{T}}$，$\beta_3 = (3,t,2)^{\mathrm{T}}$，若 β_1，β_2，β_3 线性无关，则(　　).

A. $t = -5$　　B. $t = -3$

C. $t \neq -5$　　D. $t \neq -3$

选 C. 只有 $t \neq -5$ 时，β_1，β_2，β_3 组成的矩阵为满秩矩阵.

10. 是二次型 $x_1^2 + 4x_1x_2 + 3x_2^2$ 的矩阵是(　　).

A. $\begin{pmatrix}1 & -1 \\ -1 & 3\end{pmatrix}$　　B. $\begin{pmatrix}1 & 3 \\ 3 & 3\end{pmatrix}$

C. $\begin{pmatrix}1 & 2 \\ 2 & 3\end{pmatrix}$　　D. $\begin{pmatrix}1 & 3 \\ 2 & 3\end{pmatrix}$

选 C. $(x_1,x_2)\begin{pmatrix}1 & 2 \\ 2 & 3\end{pmatrix}\begin{bmatrix}x_1 \\ x_2\end{bmatrix} = x_1^2 + 4x_1x_2 + 3x_2^2$.

二、填空题

11. $2n$ 级全排列 $135,\cdots(2n-1)246\cdots(2n)$ 的逆序数是________.

填 $\frac{n(n-1)}{2}$. 2 的逆序有 $n-1$，4 的逆序有 $n-2$，……，$(2n-2)$ 的逆序有 1，$1+2+\cdots+(n-1) = \frac{n(n-1)}{2}$.

12. 已知 A^* 是 m 阶可逆方阵 A 的伴随矩阵，则 $AA^* =$ ________.

填 $|A|E_{m\times m}$. $A^{-1} = \frac{1}{|A|}A^*$，$AA^{-1} = \frac{1}{|A|}AA^* \Rightarrow AA^* = |A|E_{m\times m}$.

13. 设 A 为三阶方阵，且 $|A| = -2$，则 $\left|\left(\frac{1}{4}A\right)^{-1} + 3A^*\right| =$ ________.

填 4. $\left(\frac{1}{4}A\right)^{-1} + 3A^* = A^*$，$A^* = |A|A^{-1}$ $|A^*| = ||A|A^{-1}| = (-2)^3\left(-\frac{1}{2}\right) = 4$.

14. 若 x 满足 $\begin{vmatrix} 0 & 1 & 0 \\ 3 & x-1 & 3 \\ 1 & -1 & x+1 \end{vmatrix} = 0$，则 $x =$ ______.

填 0. $3-(3+3x)=0$，即 $x=0$.

15. 设 $\boldsymbol{A} = \begin{pmatrix} 1 & 0 & 0 \\ 0 & \frac{1}{2} & \frac{3}{2} \\ 0 & 1 & \frac{5}{2} \end{pmatrix}$，则 $(\boldsymbol{A}^*)^{-1} =$ ______.

填 $\begin{pmatrix} -4 & 0 & 0 \\ 0 & -2 & -6 \\ 0 & -4 & -10 \end{pmatrix}$，$\boldsymbol{A}^* = |\boldsymbol{A}|\boldsymbol{A}^{-1}$，$(\boldsymbol{A}^*)^{-1} = (|\boldsymbol{A}|\boldsymbol{A}^{-1})^{-1} = \frac{1}{|\boldsymbol{A}|}\boldsymbol{A}$

$$|\boldsymbol{A}| = \frac{5}{4} - \frac{3}{2} = -\frac{1}{4},\ \frac{1}{|\boldsymbol{A}|} \cdot \boldsymbol{A} = \begin{pmatrix} -4 & 0 & 0 \\ 0 & -2 & -6 \\ 0 & -4 & -10 \end{pmatrix}.$$

16. 设 $\boldsymbol{A} = \begin{pmatrix} 1 & 2 & 3 \\ 2 & 3 & -5 \\ 4 & 7 & 1 \end{pmatrix}$，则 $\boldsymbol{R}(\boldsymbol{A}) =$ ______.

填 3. $\begin{vmatrix} 1 & 2 & 3 \\ 2 & 3 & -5 \\ 4 & 7 & 1 \end{vmatrix} \neq 0$，所以 $\boldsymbol{A}$ 为满秩矩阵，即 $\boldsymbol{R}(\boldsymbol{A}) = 3$.

17. 已知矩阵 $\boldsymbol{X}$ 满足 $\boldsymbol{X} + \begin{pmatrix} 2 & 5 \\ 1 & 3 \end{pmatrix} + \boldsymbol{X} = \begin{pmatrix} 4 & -6 \\ 2 & 1 \end{pmatrix}$，则 $\boldsymbol{X} =$ ______.

填 $\begin{pmatrix} 1 & -\frac{11}{2} \\ \frac{1}{2} & -1 \end{pmatrix}$，$2X = \begin{pmatrix} 4 & -11 \\ 1 & -2 \end{pmatrix}$，所以 $\boldsymbol{X} = \begin{pmatrix} 2 & -\frac{11}{2} \\ \frac{1}{2} & -1 \end{pmatrix}$.

18. 已知 $\boldsymbol{A} = (a_1, a_2, \cdots, a_n)$，则 $\boldsymbol{A}\boldsymbol{A}^{\mathrm{T}} =$ ______.

填 $a_1^2 a_2^2 \cdots a_n^2$.

19. 已知矩阵 $\boldsymbol{A} = \begin{pmatrix} -1 & 0 & 0 \\ 1 & -1 & 0 \\ 1 & 1 & -1 \end{pmatrix}$，则 $(\boldsymbol{A}+2\boldsymbol{E})^{-1}(\boldsymbol{A}^2-4\boldsymbol{E}) =$ ______.

填 $\begin{pmatrix} -3 & 0 & 0 \\ 1 & -3 & 0 \\ 1 & 1 & -3 \end{pmatrix}$，$(\boldsymbol{A}+2\boldsymbol{E})^{-1}(\boldsymbol{A}^2-4\boldsymbol{E}) = \boldsymbol{A} - 2\boldsymbol{E}$.

20. 方阵 $\boldsymbol{A} = \begin{pmatrix} 3 & -6 \\ -2 & 2 \end{pmatrix}$ 的特征值是______.

填 $\lambda_1 = -1, \lambda_2 = 6$，因为方阵的特征多项式为 $\lambda^2 - 5\lambda - 6$.

三、计算题

21. (1) 已知 $D=\begin{vmatrix}1&2&3&5\\2&3&4&6\\3&4&1&5\\4&1&2&4\end{vmatrix}$，试求 $4\boldsymbol{A}_{14}+\boldsymbol{A}_{24}+2\boldsymbol{A}_{35}+3\boldsymbol{A}_{44}$；

(2) 解行列式方程 $\begin{vmatrix}1&4&3&2\\2&x+4&6&4\\3&-2&x&1\\-3&2&5&-1\end{vmatrix}=0$.

解 (1) 实际上是求行列式

$$\begin{vmatrix}1&2&3&4\\2&3&4&1\\3&4&1&2\\4&1&2&3\end{vmatrix}$$

的值，将四行加在一起放在第一行提出 10 得

$$\begin{vmatrix}1&2&3&4\\2&3&4&1\\3&4&1&2\\4&1&2&3\end{vmatrix}=10\begin{vmatrix}1&1&1&1\\2&3&4&1\\3&4&1&2\\4&1&2&3\end{vmatrix}\xlongequal[\substack{r_3-3r_1\\r_4-4r_1}]{r_2-2r_1}10\begin{vmatrix}1&1&1&1\\0&1&2&-1\\0&1&-2&-1\\0&-3&-2&-1\end{vmatrix}$$

$$\xlongequal[r_4+3r_2]{r_3-r_2}10\begin{vmatrix}1&1&1&1\\0&1&2&-1\\0&0&-4&0\\0&0&4&-4\end{vmatrix}$$

$$\xlongequal{r_4+r_3}10\begin{vmatrix}1&1&1&1\\0&1&2&-1\\0&0&-4&0\\0&0&0&-4\end{vmatrix}=160.$$

(2) 解法 1. 按行列式两行对应元素成比例等于零可知当 $x=4$ 时，第一、第二行对应元素成比例，而当 $x=-5$ 时，三、四行对应元素成比例.

解法 2. $$\begin{vmatrix}1&4&3&2\\2&x+4&6&4\\3&-2&x&1\\-3&2&5&-1\end{vmatrix}\xlongequal[r_2-2r_1]{r_4+r_3}\begin{vmatrix}1&4&3&2\\0&x-4&0&0\\3&-2&x&1\\0&0&x+5&0\end{vmatrix}$$（按第四行展开）

$$=(-1)^{4+3}(x+5)\begin{vmatrix}1&4&2\\0&x-4&0\\3&-2&1\end{vmatrix}\xlongequal[\text{展开}]{\text{按第二行}}-(x+5)(x-4)\begin{vmatrix}1&2\\3&1\end{vmatrix}$$

$= 5(x+5)(x-4) = 0$,所以 $x_1 = -5, x_2 = 4$.

22. 设 $\boldsymbol{A},\boldsymbol{B},\boldsymbol{C}$ 为 n 阶方阵,已知 $|\boldsymbol{A}| = 1, |\boldsymbol{B}| = 2$,试求行列式 $|\boldsymbol{A}^{-1}\boldsymbol{B}^{\mathrm{T}}(\boldsymbol{C}\boldsymbol{B}^{-1} + 2\boldsymbol{E})^{\mathrm{T}} - [(\boldsymbol{C}^{-1})^{\mathrm{T}}\boldsymbol{A}]^{-1}|$ 的值.

解 $\boldsymbol{A}^{-1}\boldsymbol{B}^{\mathrm{T}}(\boldsymbol{C}\boldsymbol{B}^{-1} + 2\boldsymbol{E})^{\mathrm{T}} = \boldsymbol{A}^{-1}[(\boldsymbol{C}\boldsymbol{B}^{-1} + 2\boldsymbol{E})\boldsymbol{B}]^{\mathrm{T}} = \boldsymbol{A}^{-1}(\boldsymbol{C} + 2\boldsymbol{B})^{\mathrm{T}}$

$$[(\boldsymbol{C}^{-1})^{\mathrm{T}}\boldsymbol{A}]^{-1} = \boldsymbol{A}^{-1}[(\boldsymbol{C}^{-1})^{\mathrm{T}}]^{-1} = \boldsymbol{A}^{-1}\boldsymbol{C}^{\mathrm{T}}$$

所以 $\boldsymbol{A}^{-1}\boldsymbol{B}^{\mathrm{T}}(\boldsymbol{C}\boldsymbol{B}^{-1} + 2\boldsymbol{E})^{\mathrm{T}} - [(\boldsymbol{C}^{-1})^{\mathrm{T}}\boldsymbol{A}]^{-1} = \boldsymbol{A}^{-1}\boldsymbol{C}^{\mathrm{T}} + \boldsymbol{A}^{-1}(2\boldsymbol{B})^{\mathrm{T}} - \boldsymbol{A}^{-1}\boldsymbol{C}^{\mathrm{T}}$

$$= 2\boldsymbol{A}^{-1} \cdot \boldsymbol{B}^{\mathrm{T}}$$

故 $|\boldsymbol{A}^{-1}\boldsymbol{B}^{\mathrm{T}}(\boldsymbol{C}\boldsymbol{B}^{-1} + 2\boldsymbol{E})^{\mathrm{T}} - [(\boldsymbol{C}^{-1})^{\mathrm{T}}\boldsymbol{A}]^{-1}| = |2\boldsymbol{B}^{\mathrm{T}}||\boldsymbol{A}^{-1}| = 2^n|\boldsymbol{B}||\boldsymbol{A}^{-1}| = 2^{n+1}$.

23. 已知 $\boldsymbol{A} = \begin{pmatrix} 0 & 1 & 1 \\ 1 & 0 & 1 \\ 1 & 1 & 0 \end{pmatrix}, \boldsymbol{B} = \begin{pmatrix} 1 & 2 & -3 \\ 0 & 1 & 2 \\ 0 & 0 & 1 \end{pmatrix}$,试求 $[(\boldsymbol{A}^{-1}\boldsymbol{B}^{\mathrm{T}})^{-1}]^{\mathrm{T}}$.

解 $[(\boldsymbol{A}^{-1}\boldsymbol{B}^{\mathrm{T}})^{-1}]^{\mathrm{T}} = [(\boldsymbol{B}^{\mathrm{T}})^{-1}(\boldsymbol{A}^{-1})^{-1}]^{\mathrm{T}} = [(\boldsymbol{B}^{-1})^{\mathrm{T}}\boldsymbol{A}]^{\mathrm{T}} = \boldsymbol{A}^{\mathrm{T}}\boldsymbol{B}^{-1}$,$\boldsymbol{A}$ 为对称矩阵. $\boldsymbol{A}^{\mathrm{T}} = \boldsymbol{A}$.

$$\left(\begin{array}{ccc:ccc} 1 & 2 & -3 & 1 & 0 & 0 \\ 0 & 1 & 2 & 0 & 1 & 0 \\ 0 & 0 & 1 & 0 & 0 & 1 \end{array}\right) \xrightarrow[r_1+3r_3]{r_2-2r_3} \left(\begin{array}{ccc:ccc} 1 & 2 & 0 & 1 & 0 & 3 \\ 0 & 1 & 0 & 0 & 1 & -2 \\ 0 & 0 & 1 & 0 & 0 & 1 \end{array}\right) \xrightarrow{r_1-2r_2}$$

$$\left(\begin{array}{ccc:ccc} 1 & 0 & 0 & 1 & -2 & 7 \\ 0 & 1 & 0 & 0 & 1 & -2 \\ 0 & 0 & 1 & 0 & 0 & 1 \end{array}\right), \quad \boldsymbol{B}^{-1} = \begin{pmatrix} 1 & -2 & 7 \\ 0 & 1 & -2 \\ 0 & 0 & 1 \end{pmatrix}$$

$$[(\boldsymbol{A}^{-1}\boldsymbol{B}^{\mathrm{T}})^{-1}]^{\mathrm{T}} = \boldsymbol{A}^{\mathrm{T}}\boldsymbol{B}^{-1} = \boldsymbol{A}\boldsymbol{B}^{-1} = \begin{pmatrix} 0 & 1 & 1 \\ 1 & 0 & 1 \\ 1 & 1 & 0 \end{pmatrix}\begin{pmatrix} 1 & -2 & 7 \\ 0 & 1 & -2 \\ 0 & 0 & 1 \end{pmatrix} = \begin{pmatrix} 0 & 1 & -1 \\ 1 & -2 & 8 \\ 1 & -1 & 5 \end{pmatrix}.$$

24. a,b 取何值时,向量组 A:$\boldsymbol{\alpha}_1 = (1,0,1,1)^{\mathrm{T}}, \boldsymbol{\alpha}_2 = (2,1,2,1)^{\mathrm{T}}, \boldsymbol{\alpha}_3 = (4,5,a-2,-1)^{\mathrm{T}}, \boldsymbol{\alpha}_4 = (3,b+4,3,1)^{\mathrm{T}}$

(1) 线性相关?(2) 线性无关?

解 $$(\alpha_1,\alpha_2,\alpha_3,\alpha_4) = \begin{pmatrix} 1 & 2 & 4 & 3 \\ 0 & 1 & 5 & b+4 \\ 1 & 2 & a-2 & 3 \\ 1 & 1 & -1 & 1 \end{pmatrix} \xrightarrow[r_3-r_4]{r_1-r_4} \begin{pmatrix} 0 & 1 & 5 & 2 \\ 0 & 1 & 5 & b+4 \\ 0 & 1 & a-1 & 2 \\ 1 & 1 & -1 & 1 \end{pmatrix}$$

由后面的矩阵明显可以看出,当 $b = -2$ 时,矩阵的第一行、第二行对应元素相等,$\boldsymbol{R}(\boldsymbol{\alpha}_1,\boldsymbol{\alpha}_2,\boldsymbol{\alpha}_3,\boldsymbol{\alpha}_4) \leqslant 3 < 4$,同样当 $a = 6$ 时,第三行与第一行相同,$\boldsymbol{R}(\boldsymbol{\alpha}_1,\boldsymbol{\alpha}_2,\boldsymbol{\alpha}_3,\boldsymbol{\alpha}_4) < 4$,这时向量组 $\boldsymbol{\alpha}_1,\boldsymbol{\alpha}_2,\boldsymbol{\alpha}_3,\boldsymbol{\alpha}_4$ 线性相关,总之当 $a \neq 6$,且 $b \neq -2$ 时向量组 A 线性无关,而当 $a = 6$ 或 $b = -2$ 时向量组 A 线性相关.

25. 试求矩阵 $$\boldsymbol{A} = \begin{pmatrix} 3 & -2 & 0 & -1 \\ 0 & 2 & 2 & 1 \\ 1 & -2 & -3 & -2 \\ 0 & 1 & 2 & 1 \end{pmatrix}$$

的逆矩阵 $\boldsymbol{A}^{-1}$.

解
$$(\boldsymbol{A}\boldsymbol{E})=\begin{pmatrix}3&-2&0&-1&1&0&0&0\\0&2&2&1&0&1&0&0\\1&-2&-3&-2&0&0&1&0\\0&1&2&1&0&0&0&1\end{pmatrix}\xrightarrow{r_1-3r_3}$$

$$\begin{pmatrix}0&4&9&5&1&0&-3&0\\0&2&2&1&0&1&0&0\\1&-2&-3&-2&0&0&1&0\\0&1&2&1&0&0&0&1\end{pmatrix}\xrightarrow[\substack{r_2-2r_4\\r_1-4r_4}]{r_3+2r_4}$$

$$\begin{pmatrix}0&0&1&1&1&0&-3&-4\\0&0&-2&-1&0&1&0&-2\\1&0&1&0&0&0&1&2\\0&1&2&1&0&0&0&1\end{pmatrix}\xrightarrow[\substack{r_3-r_1\\r_4-2r}]{r_2+2r_1}$$

$$\begin{pmatrix}0&0&1&1&1&0&-3&-4\\0&0&0&1&2&1&-6&-10\\1&0&0&-1&-1&0&4&6\\0&1&0&-1&-2&0&6&9\end{pmatrix}\xrightarrow[\substack{r_3+r_2\\r_4+r_2}]{r_1-r_2}$$

$$\begin{pmatrix}0&0&1&0&-1&-1&3&6\\0&0&0&1&2&1&-6&-10\\1&0&0&0&1&1&-2&-4\\0&1&0&0&0&1&0&-1\end{pmatrix}\xrightarrow[r_2\leftrightarrow r_4]{r_1\leftrightarrow r_3}$$

$$\begin{pmatrix}1&0&0&0&1&1&-2&-4\\0&1&0&0&0&1&0&-1\\0&0&1&0&-1&-1&3&6\\0&0&0&1&2&1&-6&-10\end{pmatrix}$$

所以
$$\boldsymbol{A}^{-1}=\begin{pmatrix}1&1&-2&-4\\0&1&0&-1\\-1&-1&3&6\\2&1&-6&-10\end{pmatrix}.$$

26. 试求向量组 B: $\boldsymbol{\beta}_1=(1,-1,2,1,0)^{\mathrm{T}}$, $\boldsymbol{\beta}_2=(2,-2,4,-2,0)^{\mathrm{T}}$, $\boldsymbol{\beta}_3=(3,0,6,-1,1)^{\mathrm{T}}$, $\boldsymbol{\beta}_4=(0,3,0,0,1)^{\mathrm{T}}$ 的一个最大无关组，并将剩余向量用所求最大无关组线性表示.

解
$$(\boldsymbol{\beta}_1\boldsymbol{\beta}_2\boldsymbol{\beta}_3\boldsymbol{\beta}_4)=\begin{pmatrix}1&2&3&0\\-1&-2&0&3\\2&4&6&0\\1&-2&-1&0\\0&0&1&1\end{pmatrix}\xrightarrow[\substack{r_3-2r_1\\r_4-r_1}]{r_2+r_1}\begin{pmatrix}1&2&3&0\\0&0&3&3\\0&0&0&0\\0&-4&-4&0\\0&0&1&1\end{pmatrix}$$

$$\xrightarrow[\substack{-\frac{1}{4}r_4 \\ r_2\leftrightarrow r_4 \\ r_3\leftrightarrow r_5}]{r_2-3r_5}\begin{pmatrix}1&2&3&0\\0&1&1&0\\0&0&1&1\\0&0&0&0\\0&0&0&0\end{pmatrix}\xrightarrow[r_1-3r_3]{r_2-r_3}\begin{pmatrix}1&2&0&-3\\0&1&0&-1\\0&0&1&1\\0&0&0&0\\0&0&0&0\end{pmatrix}$$

$$\xrightarrow{r_1-2r_2}\begin{pmatrix}1&0&0&-1\\0&1&0&-1\\0&0&1&1\\0&0&0&0\\0&0&0&0\end{pmatrix}$$

选取第一列、第二列、第三列所对应的向量 $\boldsymbol{\beta}_1,\boldsymbol{\beta}_2,\boldsymbol{\beta}_3$ 作为向量组 B 的一个最大无关组，剩余向量为 $\boldsymbol{\beta}_4$，用向量 $\boldsymbol{\beta}_1,\boldsymbol{\beta}_2,\boldsymbol{\beta}_3$ 线性表示的式子是

$$\boldsymbol{\beta}_4=\boldsymbol{\beta}_3-\boldsymbol{\beta}_2-\boldsymbol{\beta}_1.$$

27. 试求矩阵

$$\boldsymbol{A}=\begin{pmatrix}2&1&8&3&7\\2&-3&0&7&-5\\3&-2&5&8&0\\1&0&3&2&0\end{pmatrix}$$

列向量组的秩.

解 $$\boldsymbol{A}=\begin{pmatrix}2&1&8&3&7\\2&-3&0&7&-5\\3&-2&5&8&0\\1&0&3&2&0\end{pmatrix}\xrightarrow[r_3-3r_4]{\substack{r_2-2r_4\\ r_1-2r_4}}\begin{pmatrix}0&1&2&-1&7\\0&-3&-6&3&-5\\0&-2&-4&2&0\\1&0&3&2&0\end{pmatrix}\xrightarrow[r_3+2r_1]{r_2+3r_1}$$

$$\begin{pmatrix}0&1&2&-1&7\\0&0&0&0&16\\0&0&0&0&14\\1&0&3&2&0\end{pmatrix}\xrightarrow[\substack{r_1\leftrightarrow r_2\\ \frac{1}{14}r_3\\ r_4-16r_3}]{r_2\leftrightarrow r_4}\begin{pmatrix}1&0&3&2&0\\0&1&2&-1&7\\0&0&0&0&1\\0&0&0&0&0\end{pmatrix}$$

从最后一个行阶梯形矩阵的非零行数为 3 可知，矩阵 $\boldsymbol{A}$ 的列向量组的秩 $\boldsymbol{R}(\boldsymbol{A}_c)=3$.

28. k 分别取何值时，非齐次方程组

$$\begin{cases}-x_1+x_2-kx_3=k\\x_1+kx_2-x_3=1\\kx_1+x_2+x_3=k\end{cases}$$

无解？有唯一解？有无穷多解？并求其解.

解 $$(\boldsymbol{A},\boldsymbol{b})=\begin{pmatrix}-1&1&-k&k\\1&k&-1&1\\k&1&1&k\end{pmatrix}\xrightarrow[r_3-kr_2]{r_1+r_2}\begin{pmatrix}0&1+k&-(1+k)&1+k\\1&k&-1&1\\0&1-k^2&1+k&0\end{pmatrix}\xrightarrow{r_3-(1-k)r_1}$$

$$\begin{pmatrix} 0 & 1+k & -(1+k) & 1+k \\ 1 & k & -1 & 1 \\ 0 & 0 & 2+k-k^2 & k^2-1 \end{pmatrix} \overset{r_1 \leftrightarrow r_2}{\sim} \begin{pmatrix} 1 & k & -1 & 1 \\ 0 & 1+k & -(1+k) & 1+k \\ 0 & 0 & 2+k-k^2 & k^2-1 \end{pmatrix}$$

由行阶梯形矩阵可知当 $k=2$ 时，$\boldsymbol{R}(\boldsymbol{A})=2<\boldsymbol{R}(\boldsymbol{A},\boldsymbol{b})=3$，此时方程组无解. 而当 $k=-1$ 时，$\boldsymbol{R}(\boldsymbol{A})=\boldsymbol{R}(\boldsymbol{A},\boldsymbol{b})=2<3$，有无穷多解.

当 $k=-1$ 时

$$(\boldsymbol{A},\boldsymbol{b})=\begin{pmatrix} -1 & 1 & 1 & -1 \\ 1 & -1 & -1 & 1 \\ -1 & 1 & 1 & -1 \end{pmatrix} \underset{r_3-r_1}{\overset{r_2+r_1}{\sim}} \begin{pmatrix} -1 & 1 & 1 & -1 \\ 0 & 0 & 0 & 0 \\ 0 & 0 & 0 & 0 \end{pmatrix}$$

$$\begin{cases} x_1 = 1 \cdot x_2 + 1 \cdot x_3 + 1 \\ x_2 = 1 \cdot x_2 + 0 \cdot x_3 + 0 \\ x_3 = 0 \cdot x_2 + 1 \cdot x_3 + 0 \end{cases}$$

所以其通解为 $\begin{pmatrix} x_1 \\ x_2 \\ x_3 \end{pmatrix} = c_1 \begin{pmatrix} 1 \\ 1 \\ 0 \end{pmatrix} + c_2 \begin{pmatrix} 1 \\ 0 \\ 1 \end{pmatrix} + \begin{pmatrix} 1 \\ 0 \\ 0 \end{pmatrix}$，其中 c_1, c_2 为任意常数；

当 $k \neq 2$ 且 $k \neq -1$ 时有唯一解.

$$(\boldsymbol{A},\boldsymbol{b}) \sim \begin{pmatrix} 0 & 1+k & -(1+k) & 1+k \\ 1 & k & -1 & 1 \\ 0 & 0 & 2+k-k^2 & k^2-1 \end{pmatrix} \underset{\frac{1}{2+k-k^2} \cdot r_3}{\overset{\frac{1}{1+k} \cdot r_1}{\sim}} \begin{pmatrix} 0 & 1 & -1 & 1 \\ 1 & k & -1 & 1 \\ 0 & 0 & 1 & \dfrac{k^2-1}{2+k-k^2} \end{pmatrix}$$

$$\overset{r_2-kr_1}{\sim} \begin{pmatrix} 0 & 1 & -1 & 1 \\ 1 & 0 & k-1 & 1-k \\ 0 & 0 & 1 & \dfrac{k^2-1}{2+k-k^2} \end{pmatrix} \underset{r_2-(k-1)r_3}{\overset{r_1+r_3}{\sim}} \begin{pmatrix} 0 & 1 & 0 & \dfrac{1+k}{2+k-k^2} \\ 1 & 0 & 0 & \dfrac{1-k^2}{2+k-k^2} \\ 0 & 0 & 1 & \dfrac{k^2-1}{2-k-k^2} \end{pmatrix}$$

其解为
$$\begin{cases} x_1 = \dfrac{1-k}{2+k-k^2} \\ x_2 = \dfrac{1+k}{2+k-k^2}. \\ x_3 = \dfrac{k^2-1}{2+k-k^2} \end{cases}$$

29. 试求齐次线性方程组

$$\begin{cases} x_1 + x_2 + x_3 + x_4 + x_5 = 0 \\ 2x_1 + 3x_2 + x_3 + x_4 - 3x_5 = 0 \\ x_1 + 2x_3 + 2x_4 + 6x_5 = 0 \\ 4x_1 + 5x_2 + 3x_3 + 4x_4 - x_5 = 0 \end{cases}$$

的一个基础解系和通解.

解 所给齐次线性方程组的系数矩阵为

$$A=\begin{pmatrix}1&1&1&1&1\\2&3&1&1&-3\\1&0&2&2&6\\4&5&3&4&-1\end{pmatrix}\xrightarrow[\substack{r_3-r_1\\r_4-4r_1}]{r_2-2r_1}\begin{pmatrix}1&1&1&1&1\\0&1&-1&-1&-5\\0&-1&1&1&5\\0&1&-1&0&-5\end{pmatrix}\xrightarrow[r_4-r_2]{r_3+r_2}$$

$$\begin{pmatrix}1&1&1&1&1\\0&1&-1&-1&-5\\0&0&0&0&0\\0&0&0&1&0\end{pmatrix}\xrightarrow[r_3\leftrightarrow r_4]{r_1-r_2}\begin{pmatrix}1&0&2&2&6\\0&1&-1&-1&-5\\0&0&0&1&0\\0&0&0&0&0\end{pmatrix}$$

$$\xrightarrow[r_1-2r_3]{r_2+r_3}\begin{pmatrix}1&0&2&0&6\\0&1&-1&0&-5\\0&0&0&1&0\\0&0&0&0&0\end{pmatrix}$$

上述行最简形矩阵所表示的同解方程组是

$$\begin{cases}x_1=-2x_3-6x_5\\x_2=x_3+5x_5\\x_4=0\end{cases}$$

补足方程的个数得

$$\begin{cases}x_1=-2x_3-6x_5\\x_2=1\cdot x_3+5x_5\\x_3=1\cdot x_3+0\cdot x_5\\x_4=0\cdot x_3+0\cdot x_5\\x_5=0\cdot x_3+1\cdot x_5\end{cases}$$

上述方程组两边用向量表示得通解

$$\begin{pmatrix}x_1\\x_2\\x_3\\x_4\\x_5\end{pmatrix}=c_1\begin{pmatrix}-2\\1\\1\\0\\0\end{pmatrix}+c_2\begin{pmatrix}-6\\5\\0\\0\\1\end{pmatrix}$$

其中 c_1、c_2 为任意常数，方程组的一个基础解系则为

$$\begin{pmatrix}-2\\1\\1\\0\\0\end{pmatrix},\quad\begin{pmatrix}-6\\5\\0\\0\\1\end{pmatrix}.$$

30. 试求非齐次线性方程组

$$\begin{cases}x_1-5x_2+2x_3-3x_4=11\\5x_1+3x_2+6x_3-x_4=-1\\2x_1+4x_2+2x_3+x_4=-6\end{cases}$$

的一个特解和对应齐次线性方程组的一个基础解系.

解 $(\boldsymbol{A},\boldsymbol{b})=\begin{pmatrix}1&-5&2&-3&11\\5&3&6&-1&-1\\2&4&2&1&-6\end{pmatrix}\xrightarrow[r_3-2r_1]{r_2-5r_1}\begin{pmatrix}1&-5&2&-3&11\\0&28&-4&14&-56\\0&14&-2&7&-28\end{pmatrix}$

$$\xrightarrow[\frac{1}{28}r_2]{r_3-\frac{1}{2}r_2}\begin{pmatrix}1&-5&2&-3&11\\0&1&-\frac{1}{7}&\frac{1}{2}&-2\\0&0&0&0&0\end{pmatrix}\xrightarrow{r_1+5r_2}\begin{pmatrix}1&0&\frac{9}{7}&-\frac{1}{2}&1\\0&1&-\frac{1}{7}&\frac{1}{2}&-2\\0&0&0&0&0\end{pmatrix}$$

行最简形矩阵所表示的同解方程组是

$$\begin{cases}x_1=-\dfrac{9}{7}x_3+\dfrac{1}{2}x_4+1\\x_2=\dfrac{1}{7}x_3-\dfrac{1}{2}x_4-2\end{cases}$$

补足方程的个数且两边用向量表示得

$$\begin{pmatrix}x_1\\x_2\\x_3\\x_4\end{pmatrix}=\begin{pmatrix}-\frac{9}{7}\\\frac{1}{7}\\1\\0\end{pmatrix}x_3+\begin{pmatrix}\frac{1}{2}\\-\frac{1}{2}\\0\\1\end{pmatrix}x_4+\begin{pmatrix}1\\-2\\0\\0\end{pmatrix}$$

为此非齐次线性方程组的一个特解是

$$\begin{pmatrix}1\\-2\\0\\0\end{pmatrix}$$

对应齐次线性方程组的一个基础解系是

$$\begin{pmatrix}-\frac{9}{7}\\\frac{1}{7}\\1\\0\end{pmatrix},\quad\begin{pmatrix}\frac{1}{2}\\-\frac{1}{2}\\0\\1\end{pmatrix}.$$

31. 求可逆矩阵 $\boldsymbol{P}$,使得 $\boldsymbol{A}=\boldsymbol{P}^{-1}\boldsymbol{BP}$,其中

$$A = \begin{pmatrix} -1 & 2 & -2 \\ -2 & 3 & -1 \\ 2 & -2 & 4 \end{pmatrix}, \quad B = \begin{pmatrix} 1 & 0 & -1 \\ 1 & 2 & 1 \\ 2 & 2 & 3 \end{pmatrix}.$$

解 由于相似矩阵有相同的特征值，则存在可逆矩阵 P_1, P_2，使得

$$A = P_1 \Lambda P_1^{-1}, \quad B = P_2 \Lambda P_2^{-1}$$

其中 $\Lambda = \mathrm{diag}(\lambda_1, \lambda_2, \lambda_3)$，$\lambda_1, \lambda_2, \lambda_3$ 为矩阵 A（同样是矩阵 B）的特征值，这样，$P_1^{-1}AP_1 = P_2^{-1}BP_2$，即 $A = P_1P_2^{-1}BP_2P_1^{-1}$．从而

$$P^{-1} = P_1P_2^{-1}, \quad P = P_2P_1^{-1}$$

$$|\lambda E - A| = \begin{vmatrix} 1+\lambda & -2 & 2 \\ 2 & \lambda-3 & 1 \\ -2 & 2 & \lambda-4 \end{vmatrix} \xlongequal[c_2+c_3]{r_3+r_2} \begin{vmatrix} \lambda+2 & 0 & 2 \\ 2 & \lambda-2 & 1 \\ 0 & 2(\lambda-2) & \lambda-4 \end{vmatrix}$$

$$= (\lambda-2)(\lambda^2-4\lambda+3)$$

所以，矩阵 A 有特征值 $\lambda_1 = 1, \lambda_2 = 2, \lambda_3 = 3$.

分别求出矩阵 A 的属于 $\lambda_1 = 1, \lambda_2 = 2, \lambda_3 = 3$ 的特征向量.

$$P_{11} = \begin{pmatrix} 1 \\ 1 \\ 0 \end{pmatrix}, \quad P_{12} = \begin{pmatrix} 0 \\ 1 \\ 1 \end{pmatrix}, \quad P_{13} = \begin{pmatrix} -\frac{1}{2} \\ 0 \\ 1 \end{pmatrix}$$

得

$$P_1 = \begin{pmatrix} 1 & 0 & -\frac{1}{2} \\ 1 & 1 & 0 \\ 0 & 1 & 1 \end{pmatrix}$$

并求得

$$P_1^{-1} = \begin{pmatrix} 2 & -1 & 1 \\ -2 & 2 & -1 \\ 2 & -2 & 2 \end{pmatrix}$$

同样求出矩阵 B 的属于 $\lambda_1 = 1, \lambda_2 = 2, \lambda_3 = 3$ 的特征向量

$$P_{21} = \begin{pmatrix} -1 \\ 1 \\ 0 \end{pmatrix}, \quad P_{22} = \begin{pmatrix} -1 \\ \frac{1}{2} \\ 1 \end{pmatrix}, \quad P_{23} = \begin{pmatrix} -\frac{1}{2} \\ \frac{1}{2} \\ 1 \end{pmatrix}$$

得

$$P_2 = \begin{pmatrix} -1 & -1 & -\frac{1}{2} \\ 1 & \frac{1}{2} & \frac{1}{2} \\ 0 & 1 & 1 \end{pmatrix}$$

并求得

$$P_2^{-1}=\begin{pmatrix}0 & 1 & -\frac{1}{2}\\ -2 & -2 & 0\\ 2 & 2 & 1\end{pmatrix}$$

这样

$$P=P_2P_1^{-1}=\begin{pmatrix}-1 & -1 & -\frac{1}{2}\\ 1 & \frac{1}{2} & \frac{1}{2}\\ 0 & 1 & 1\end{pmatrix}\begin{pmatrix}2 & -1 & 1\\ -2 & 2 & -1\\ 2 & -2 & 2\end{pmatrix}=\begin{pmatrix}-1 & 0 & -1\\ 2 & -1 & \frac{3}{2}\\ 0 & 0 & 1\end{pmatrix}$$

$$P^{-1}=P_1P_2^{-1}=\begin{pmatrix}1 & 0 & -\frac{1}{2}\\ 1 & 1 & 0\\ 0 & 1 & 1\end{pmatrix}\begin{pmatrix}0 & 1 & -\frac{1}{2}\\ -2 & -2 & 0\\ 2 & 2 & 1\end{pmatrix}=\begin{pmatrix}-1 & 0 & -1\\ -2 & -1 & -\frac{1}{2}\\ 0 & 0 & 1\end{pmatrix}$$

P,P^{-1} 为所求可逆矩阵,且使得 $A=P^{-1}BP$.

32. 试将二次型 $f(x_1,x_2,x_3)=x_1^2+2x_1x_2+5x_2^2-4x_1x_3-4x_3^2$ 化成标准形.

解 用配方法

$$f(x_1,x_2,x_3)=2x_1^2+2x_1x_2+\frac{1}{2}x_2^2+\frac{9}{2}x_2^2-(x_1^2+4x_1x_3+4x_3^2)$$

$$=2\left(x_1+\frac{1}{2}x_2\right)^2+\frac{9}{2}x_2^2-(x_1+2x_3)^2$$

$$=\left[\sqrt{2}\left(x_1+\frac{1}{2}x_2\right)\right]^2+\left(\frac{3}{\sqrt{2}}x_2\right)^2-(x_1+2x_3)^2$$

令

$$y_1=\sqrt{2}\left(x_1+\frac{1}{2}x_2\right),y_2=\frac{3}{\sqrt{2}}x_2,y_3=x_1+2x_3$$

则

$$f(x_1,x_2,x_3)=y_1^2+y_2^2-y_3^2.$$

四、证明题

33. 证明题:

(1) 已知 A^* 为 n 阶非奇异矩阵 A 的伴随矩阵,证明 $|A^*|=|A|^{n-1}$.

(2) 已知向量 η_1,η_2,η_3 是齐次线性方程组 $AX=0$ 的一个基础解系,证明 $\eta_1+\eta_2$, $\eta_2+\eta_3,\eta_3+\eta_1$ 也是 $AX=0$ 的一个基础解系.

证明 (1) 因为 $A^{-1}=\frac{1}{|A|}A^*$,所以 $A^*=|A|A^{-1}$,即

$$||A|A^{-1}|=|A|^n\cdot|A^{-1}|=|A|^{n-1}|A||A^{-1}|=|A|^{n-1}.$$

(2) 由给出条件可知齐次线性方程组 $AX=0$ 的基础解系解向量的个数为 3. 现 $\eta_1+\eta_2,\eta_2+\eta_3,\eta_3+\eta_1$ 也是三个解向量,因此只需证明它们线性无关.

现设存在数 k_1,k_2,k_3,使得

$$k_1(\boldsymbol{\eta}_1+\boldsymbol{\eta}_2)+k_2(\boldsymbol{\eta}_2+\boldsymbol{\eta}_3)+k_3(\boldsymbol{\eta}_3+\boldsymbol{\eta}_1)=\mathbf{0}$$

整理得

$$(k_1+k_3)\boldsymbol{\eta}_1+(k_1+k_2)\boldsymbol{\eta}_2+(k_2+k_3)\boldsymbol{\eta}_3=\mathbf{0}$$

而 $\boldsymbol{\eta}_1,\boldsymbol{\eta}_2,\boldsymbol{\eta}_3$ 线性无关，故

$$\begin{cases}k_1+k_3=0\\k_1+k_2=0\\k_2+k_3=0\end{cases}\tag{1}$$

关于 k_1,k_2,k_3 为未知数的系数行列式

$$\begin{vmatrix}1&0&1\\1&1&0\\0&1&1\end{vmatrix}=2\neq0$$

由克莱姆法则、齐次线性方程组(1) 仅有零解，即 $k_1=k_2=k_3=0$，亦即 $\boldsymbol{\eta}_1+\boldsymbol{\eta}_2,\boldsymbol{\eta}_2+\boldsymbol{\eta}_3,\boldsymbol{\eta}_3+\boldsymbol{\eta}_1$ 线性无关.

参考文献

[1] 樊恽，钱吉林等主编.代数学辞典.武汉：华中师范大学出版社.1994.

[2] 胡金德，王飞燕编.线性代数辅导(第二版).北京：清华大学出版社.1995.

[3] 同济大学数学系编.线性代数附册学习辅导与习题全解.北京：高等教育出版社.2007.